教材+教案+授课资源+考试系统+题库+教学辅助案例

一站式IT系列就业应用教程

ThinkPHP 5 框架原理与实战

黑马程序员◎编著

中国铁道出版社有限公司
CHINA RAILWAY PUBLISHING HOUSE CO., LTD.

内 容 简 介

ThinkPHP 是一个使用 PHP 语言编写的免费、开源、轻量级的框架，主要用来开发 Web 应用，帮助企业提高项目开发速度，降低开发成本。ThinkPHP 从诞生至今经历了多个版本，本书讲解的是 ThinkPHP 5.1 版本，相比以前的 3.x 版本，采用了全新的架构思想，引入了许多 PHP 的新特性。

全书共有 9 章，第 1 章讲解开发环境搭建，第 2~4 章讲解框架基础知识和 ThinkPHP 源码分析，第 5~7 章讲解 ThinkPHP 开发实战，第 8 章讲解 ThinkPHP 与 Memcached、Redis、MongoDB 等服务器技术的结合，第 9 章讲解基于 ThinkPHP+Vue.js 的前后端分离项目“轻社区”的开发实战。通过本书的学习，读者既能理解 ThinkPHP 的架构思想，也能掌握 ThinkPHP 在项目开发中的应用。

本书既可作为高等院校本、专科计算机相关专业程序设计或者 Web 应用开发的教材，也可作为 PHP 进阶提高的培训教材，是一本适合广大计算机编程爱好者的优秀读物。

图书在版编目（CIP）数据

ThinkPHP5 框架原理与实战 / 黑马程序员编著. —北京：中国铁道出版社有限公司，2019.8（2021.7 重印）

国家软件与集成电路公共服务平台信息技术紧缺人才培养工程指定教材

ISBN 978-7-113-25971-6

Ⅰ. ①T… Ⅱ. ①黑… Ⅲ. ①PHP 语言-程序设计-高等学校-教材 Ⅳ. ①TP312.8

中国版本图书馆 CIP 数据核字(2019)第 178733 号

书　　名：ThinkPHP 5 框架原理与实战
作　　者：黑马程序员

策　　划：翟玉峰　　　编辑部电话：（010）83517321
责任编辑：翟玉峰　贾淑媛
封面设计：王　哲
封面制作：刘　颖
责任校对：张玉华
责任印制：樊启鹏

出版发行：中国铁道出版社有限公司（100054，北京市西城区右安门西街 8 号）
网　　址：http://www.tdpress.com/51eds/
印　　刷：三河市宏盛印务有限公司
版　　次：2019 年 8 月第 1 版　2021 年 7 月第 4 次印刷
开　　本：787 mm×1 092 mm　1/16　印张：20　字数：534 千
印　　数：9 001～13 000 册
书　　号：ISBN 978-7-113-25971-6
定　　价：55.00 元

序

江苏传智播客教育科技股份有限公司（简称传智教育）是一家培养高精尖数字化人才的公司，公司主要培养人工智能、大数据、智能制造、软件、互联网、区块链等数字化专业人才及数据分析、网络营销、新媒体等数字化应用人才。成立以来紧随国家互联网科技战略及产业发展步伐，始终与软件、互联网、智能制造等前沿技术齐头并进，已持续向社会高科技企业输送数十万名高新技术人员，为企业数字化转型升级提供了强有力的人才支撑。

公司由一批拥有 10 年以上开发管理经验，且来自互联网或研究机构的 IT 精英组成，负责研究、开发教学模式和课程内容。公司具有完善的课程研发体系，一直走在整个行业发展的前端，在行业内竖立起了良好的品质口碑。

一、黑马程序员——高端 IT 教育品牌

黑马程序员的学员多为大学毕业后，想从事 IT 行业，但各方面条件还不成熟的年轻人。“黑马程序员”的学员筛选制度非常严格，包括了严格的技术测试、自学能力测试，还包括性格测试、压力测试、品德测试等。百里挑一的残酷筛选制度确保学员质量，并降低企业的用人风险。

自黑马程序员成立以来，教学研发团队一直致力于打造精品课程资源，不断在产、学、研 3 个层面创新自己的执教理念与教学方针，并集中“黑马程序员”的优势力量，有针对性地出版了计算机系列教材百余种，制作教学视频数百套，发表各类技术文章数千篇。

二、院校邦——院校服务品牌

院校邦以“协万千名校育人、助天下英才圆梦”为核心理念，立足中国职业教育改革的痛点，为高校提供健全的校企合作解决方案。主要包括：原创教材、高校教辅平台、师资培训、院校公开课、实习实训、产学合作协同育人、专业建设、传智杯大赛等，每种方式已形成稳固的系统的高校合作模式，旨在深化教学改革，实现高校人才培养与企业发展的合作共赢。

（一）为大学生提供的配套服务

（1）请同学们登录 http://stu.ityxb.com，进入“高校学习平台”，免费获取海量学习资源，平台可以帮助高校学生解决各类学习问题。

（2）针对高校学生在学习过程中存在的压力等问题，我们面向大学生量身打造了 IT 学习小助手——“邦小苑”，可提供教材配套学习资源。同学们快来关注“邦小苑”微信公众号。

“邦小苑”微信公众号

（二）为教师提供的配套服务

（1）请高校老师登录 http://tch.ityxb.com，进入“高校教辅平台”，院校邦为 IT 系列教材精心设计“教案+授课资源+考试系统+题库+教学辅助案例”系列教学资源。

（2）针对高校教师在教学过程中存在的授课压力等问题，我们专为教师打造了教学好帮手——“传智院校邦”，老师可添加“码大牛”老师微信/QQ：2011168841，或扫描下方二维码，获取最新的教学辅助资源。

“传智院校邦”微信公众号

三、意见与反馈

为了让高校教师和学生有更好的教材使用体验，如有任何关于教材信息的意见或建议欢迎您扫码进行反馈，您的意见和建议对我们十分重要。

“教材使用体验感反馈”二维码

黑马程序员

前言

PHP 是一种运行于服务器端并完全跨平台的嵌入式脚本编程语言，具有开源免费、易学易用、开发效率高等特点，是目前 Web 应用开发的主流语言之一。ThinkPHP 是一个使用 PHP 语言编写的免费、开源、轻量级的框架，在国内 Web 开发领域非常受欢迎。

为什么要学习本书

本书面向具有网页制作（HTML、CSS、JavaScript）、MySQL 数据库和 PHP 语言基础的人群，讲解 ThinkPHP 的实现原理和开发实战。

为了尽可能地确保读者可以学以致用，具备解决实际问题的能力，本书内容涵盖了大量与 PHP 项目开发相关的实用技术，简要介绍如下。

1. 开发环境搭建

详细讲解了基于 Apache 2.4 + PHP 7.2 + MySQL 5.7 + ThinkPHP 5.1 的开发环境搭建的全过程，帮助读者动手完成每个软件的安装和配置。

2. 开发工具使用

讲解如何使用 Composer 管理项目依赖，介绍了 Visual Studio Code 编辑器的常用扩展以及常用配置。

3. 项目开发技术

讲解数据库迁移、远程调试、前后端交互、令牌验证和 RBAC 技术，帮助读者提高代码质量，避免出现安全漏洞。

4. 框架实现原理

对框架中用到的 MVC 模式、路由、命名空间、自动加载、容器、依赖注入、反射、中间件、异常处理机制、PDO 扩展、数据库访问层、模板引擎等技术进行了全面讲解。

5. 前端技术应用

将 jQuery、Bootstrap、WebUploader、UEditor、Vue.js 等前端技术应用到项目开发中。

6. 后端技术应用

讲解 LNMP（Linux + Nginx + MySQL + PHP）服务器架构的搭建，以及 ThinkPHP 如何与 Memcached、Redis、MongoDB、Elasticsearch、Swoole 等后端技术相结合。

如何使用本书

本书共分为 9 章，简要介绍如下：

第 1 章主要讲解框架的基本概念、ThinkPHP 发展历程、开发环境搭建、ThinkPHP 的安装和使用。通过本章的学习，读者可以体会到使用框架与不使用框架进行开发的区别，掌握使用 ThinkPHP 开发项目的基本流程。

第 2 章讲解框架的基础知识，内容包括 MVC 的基本思想和代码实现、如何设计单一入口框架、路由的实现原理、ThinkPHP 路由的使用、命名空间和自动加载技术在框架中的应用、框架通用的代码规范，以及 Composer 的使用。

第 3 章讲解框架的实现原理（上），内容包括如何从零开始编写一个框架、如何使用 Composer 管理框架依赖和实现自动加载、什么是控制反转、依赖注入的代码实现、反射在框架中的应用、如何管理项目的配置文件，以及路由检测、请求分发、输入过滤、响应处理、中间件等技术的代码实现。

第 4 章讲解框架的实现原理（下），内容包括如何在 PHP 中处理异常、PDO 的使用、数据库操作类的设计思想和代码实现，以及模板引擎的使用。

第 5 章讲解后台管理系统，内容包括数据库迁移、模型的使用、用户登录功能的实现、验证码、使用验证器进行表单验证、封装项目中的 Ajax 操作、远程调试技术、令牌验证的原理和代码实现、使用 Bootstrap 技术进行后台页面搭建等。

第 6 章讲解基于角色的访问控制，在第 5 章开发的后台管理系统的基础上，增加了菜单管理、角色管理、权限管理和用户管理功能，对每个功能实现了增、删、改、查操作，最后讲解了访问控制的实现。

第 7 章讲解在线商城项目，在第 6 章的基础上增加商城项目的后台功能，主要围绕分类管理、图片管理和商品管理进行讲解，涉及分页查询、文件上传、创建缩略图、软删除等技术，以及 WebUploader 上传组件和 UEditor 编辑器的使用。本书在配套源代码中还提供了在线商城前台的代码实现和开发文档。

第 8 章讲解 Linux 环境，内容包括 LNMP 环境搭建、Memcached 技术、Redis 技术、MongoDB 技术、Elasticsearch 技术、Swoole 技术以及 Docker 技术，这些技术一般应用在百万级访问量的大型网站架构中。

第 9 章讲解基于 ThinkPHP + Vue.js 技术的“轻社区”项目，让读者具备横跨前端、后端和移动端的开发能力，掌握 ThinkPHP 在前后端分离项目中的应用。

在上面列举的 9 个章节中，第 1 章讲解入门知识，让初学者对 ThinkPHP 有整体的认识；第 2~4 章讲解框架原理，帮助初学者奠定扎实的基本功；第 5~7 章和第 9 章讲解 ThinkPHP 开发实战，帮助读者快速掌握项目开发技术；第 8 章主要介绍各种软件的安装、配置和使用，帮助读者开阔视野，了解大型网站是如何提高性能的。

在学习过程中，读者一定要亲自动手实践本书中的案例，如果不能完全理解书中所讲知识，读者可以登录高校学习平台，通过平台中的教学视频进行深入学习。学习完一个知识点后，要及时在高校学习平台进行测试，以巩固学习内容。

另外，如果读者在理解知识点的过程中遇到困难，建议不要纠结于某个地方，可以先往后学习。通常来讲，通过逐渐地学习，前面不懂和疑惑的知识也就能够理解了。在学习的过程中，一定要多动手实践，如果在实践的过程中遇到问题，建议多思考，理清思路，认真分析问题发生的原因，并在问题解决后总结经验。

致谢

本书的编写和整理工作由传智播客教育科技股份有限公司完成，主要参与人员有吕春林、韩冬、王颖等，全体人员在这近一年的编写过程中付出了很多辛勤的汗水，在此表示衷心的感谢。

意见反馈

尽管我们付出了最大的努力，但书中难免会有不妥之处，欢迎各界专家和读者朋友们提出宝贵意见，我们将不胜感激。您在阅读本书时，如发现任何问题或有不认同之处，可以通过电子邮件与我们取得联系。

请发送电子邮箱至 itcast_book@vip.sina.com。

黑马程序员

2019 年 6 月于北京

目　录

第 1 章 ThinkPHP 入门

学习目标

◎ 了解 PHP 框架在开发中的作用。

◎ 熟悉 ThinkPHP 开发环境的搭建。

◎ 掌握 ThinkPHP 的安装与使用。

在实际开发中，使用框架可以节省开发者在底层代码上花费的时间，将主要精力放在业务逻辑上，同时还能保证项目的可升级和可维护性。本章将对常用的 PHP 框架、开发环境的搭建以及 ThinkPHP 的安装和使用进行讲解。

1.1 初识 ThinkPHP

1.1.1 什么是框架

ThinkPHP 是一个用 PHP 语言编写的框架，在学习 ThinkPHP 之前，先了解一下什么是框架。

由于每个人的编程习惯各有不同，当同一个项目经过不同的人接手开发、维护和修改时，就容易出现问题。例如，创建的变量名不统一或类名不统一等就会导致变量找不到、加载的文件不存在等情况出现，这看似是小问题，但对于含有几百个甚至更多文件的项目来说，开发人员需要花费一定的时间进行排查。在项目功能需要升级维护时，同样的项目，可能在更换开发人员后，为了优化设计或减少熟悉他人代码的时间，项目可能需要重新开发。为了解决这样的问题，在实际开发中通常都会选择使用“框架”，这样开发人员就可将大部分的精力放在业务功能实现上。

所谓“框架”，可简单理解为，遵循通用代码规范，采用指定设计模式编写的代码文件集合，这些代码文件是程序结构代码，而不是具体项目的业务功能代码。例如，如何根据用户的请求，加载对应的文件进行相关的处理操作，而不是具体处理用户登录验证的业务代码。

在项目开发之初，使用框架可以方便开发人员快速、高效地搭建系统；在项目开发时，可使开发人员的注意力全部集中在业务层面，而无须考虑程序的底层架构，可以节省很多时间；因其灵活性和可维护性，在项目维护和升级时，更便于满足客户的需求。同样的，框架的使用也会导致增加项目的复杂度、降低程序运行的效率等问题。因此，要根据实际需求来决定是否使用框架以及选用何种框架，读者不可一味地生搬硬套，要根据具体情况进行分析。

1.1.2 常见的 PHP 框架

市面上常见的 PHP 框架有很多，如 Laravel、Yii、Symfony、ThinkPHP 等，它们各自的特点如下所述。

1. Laravel

Laravel 是 Taylor Otwell 开发的一款工匠级 Web 开源的 PHP 框架,它于 2011 年 6 月首次发布。此框架在设计时采用了 MVC 架构模式,具备其他优秀 Web 框架的敏捷开发特质,并支持 Composer 依赖扩展工具。Laravel 自发布以来备受 PHP 开发人员的喜爱，其用户增长速度非常快。原因在于 Laravel 秉承“Don't repeat yourself”（不要重复自己）的理念，提倡代码的重用，保证代码的简洁性与优雅性。

2. Yii

Yii 是“Yes, it is!”的缩写，它是薛强开发的一款快速、安全、高效、基于组件的 PHP 框架，并于 2008 年 12 月被首次发布。和其他 PHP 框架类似，Yii 实现了 MVC 设计模式，并基于该模式组织代码。它的代码简洁优雅，秉承不会对代码进行过度设计的理念，将代码的重用性发挥到了极致。此外，Yii 还是一款全栈框架，提供了很多开箱即用的特性（如 RestFul API 的支持），并可根据实际需求自定义或替换任何一处核心代码，非常易于扩展。在 Yii2 中还集成了 jQuery 和一套完整的 Ajax 机制，更便于前后端的开发。

3. Symfony

Symfony 是因 SensioLabs 公司的自身需求而开发，自 2005 年发布以来至今，因其稳定性、长久性、灵活性、可复用组件、速度快、性能高等特性备受关注。相比其他 PHP 框架，Symfony 框架是由低耦合、可复用的 Symfony 组件构成，用于构建网站和开发互联网产品，主要用于建立企业级的完善应用程序。

4. ThinkPHP

ThinkPHP 是一款在国内非常流行的开源 PHP 框架。在 2006 年最初开发时，命名为 FCS，2007 年正式更名为 ThinkPHP。它是为了敏捷 Web 应用开发和简化企业级应用开发而诞生的。由于 ThinkPHP 的灵活、高效以及完善的技术文档，经过多年的发展，已经成为国内最受欢迎的 PHP 框架之一。

相对其他 PHP 框架，ThinkPHP 对于初次接触 PHP 框架的人来说，具有完善的参考手册，入门更加容易；代码风格符合 PSR 规范并支持 Composer 工具的依赖管理，方便项目进行移植、维护和管理。

> 小提示：
>
> 为了方便在开发中管理各种依赖（dependency）关系，不同编程语言采用的方式各不相同。PHP 中使用 Composer 就可根据声明的依赖进行自动安装。

1.1.3 ThinkPHP 的发展历程

ThinkPHP 自 1.5 版本启动商业化服务的支持开始，进入了稳定的发展；ThinkPHP 2.x 完成了新的重构和飞跃，到 ThinkPHP 3.2 系列版本，更是在国内积累了很多用户。随着技术的不断更新，ThinkPHP 5.0 又完成了一次颠覆和重构，采用全新的架构思想，引入了更多的 PHP 新特性，针对

API 开发做了大量的优化等；ThinkPHP 5.1 在 ThinkPHP 5.0 的基础上，又进一步改进了底层的架构，提升 PHP 版本，为开发者提供更加友好的使用体验。

接下来通过对比 ThinkPHP 3.2、5.0 和 5.1 版本的一些区别，来简单介绍 ThinkPHP 的发展历程。

1. 目录结构

ThinkPHP 3.2 和 5.0、5.1 版本的目录结构差别较大，其中 5.0 由于采用了全新的架构思想，因此它与 3.2 有本质的区别，5.1 是在 5.0 的基础上进行改进的，因此不同之处相对较少。3.2、5.0、5.1 目录结构简单对比如表 1-1 所示。

表 1-1 3.2、5.0、5.1 目录结构简单对比

文件目录	3.2 版本	5.0 版本	5.1 版本
入口文件位置	index.php	public\index.php	public\index.php
应用目录	Application	application	application
应用公共配置目录	Application\Common\Conf	application\config.Php	config
第三方依赖目录	ThinkPHP\Library\Vendor	vendor	vendor

2. 5.0 与 3.2 版本的区别

ThinkPHP 5.0 与 3.2 在底层架构上就是两种完全不同的概念，因此它们在使用时有很大的不同，读者也可将其当作两种不同设计思想的框架。下面通过表 1-2 简单列举 5.0 与 3.2 在使用上的区别。

表 1-2 对比 5.0 与 3.2 的使用

使用方式	3.2 版本	5.0 版本
开发规范	仅适用于本框架的开发规范，与其他框架的规范不能够保持统一	符合 PSR 规范，具有通用性
URL 路由模式	普通模式、PATHINFO 模式、REWRITE 模式和兼容模式	默认为 PATHINFO 模式、不支持普通 URL 模式，正则路由改为规则路由和变量规则
函数	采用大量的单字母函数进行开发	不再依赖函数、废除单字母函数，新增助手函数辅助开发
常量	提供系统常量、路径常量辅助开发	废除系统常量，用户根据需要可自定义
错误与异常	不能够完全处理任何级别的错误	采用“零容忍”原则，默认情况下会对任何级别的错误抛出异常
控制器方法的返回方式	直接输出	采用 return 方式返回数据
模型	模型名必须含有 Model 后缀，通常采用 D()、M()等方法进行操作，默认模型查询返回数组类型的数据	模型名默认不含 Model，更加对象化操作，包括关联模型的重构，默认模型查询返回对象类型数据
模型的自动完成	用 create 方法创建数据对象时，根据模型中设置的$_auto 属性或 auto 方法完成相关的处理	利用模型的修改器实现
模型的自动验证	用 create 方法创建数据对象时，根据模型中设置的$_validate 属性或 validate 方法完成相关的处理	使用验证器和 think\Validate 类实现
请求和响应对象	无	新增 Request 和 Response 对象，前者统一处理请求和获取请求信息，后者负责输出客户端或者浏览器响应

对于表 1-2 中描述的概念和使用方式，读者在最初接触 ThinkPHP 时可能很难理解，这里读者仅需要了解 ThinkPHP 不同版本在哪几个方面有不同即可，后面的章节会对相关知识进行详细讲解。

3. 5.0 与 5.1 版本的区别

5.1 版本相比 5.0 版本更加规范和通用，更接近现代开发。在 5.1 版本中引入容器可以更加规范、方便地快速存取对象和管理依赖注入；将大部分核心类修改为动态类，利用 Facade 机制可提供静态调用，可以更好地支持单元测试；5.1 基本重构了路由，在路由规则和路由匹配算法上进行了优化，新增了控制器文件中通过注解的方式快速定义路由、利用路由的定义实现跨域请求等，在大量使用路由的情况下，相比 5.0 可显著提升系统的性能。

需要注意的是，此处读者只需了解 5.1 与 5.0 大致的区别即可，本书会在后面章节详细分析和讲解 5.1 版本，对于需要特别注意的地方也会给出相应的提示。

1.2 开发环境搭建

不论是在学习还是在项目开发中，开发环境的不同可能会产生很多不必要的问题。因此本书在开始使用 ThinkPHP 之前，以 Windows 平台上搭建 PHP 环境为例，讲解 Apache 服务器、PHP 软件和 MySQL 数据库的安装与配置。

1.2.1 Apache 安装与配置

Apache HTTP Server（简称 Apache）是 Apache 软件基金会发布的一款 Web 服务器软件，由于其开源、跨平台和安全性的特点被广泛应用。目前，Apache 有 2.2 和 2.4 两种版本，本书以 Apache 2.4 版本为例，讲解 Apache 软件的安装步骤。

1. 获取 Apache 并解压到指定目录

Apache 在官方网站上提供了软件源代码的下载，但是没有提供编译后的软件下载。可以从其他网站中获取编译后的软件。这里以 Apache Lounge 网站编译的版本为例，找到 httpd-2.4.38-win32-VC15.zip 这个版本进行下载即可。由于版本仍然在更新，读者下载到的可能是 2.4.x 的最新版本，选择较新的版本并不会影响学习。

小提示：

VC15 是指该软件使用 Microsoft Visual C++ 2017 运行库进行编译，在安装 Apache 前需要先在 Windows 系统中安装此运行库。在 Apache Lounge 提供的下载页面中已经给出了运行库的下载链接，读者也可以从 Microsoft 官方网站获取下载链接。

接下来，打开 httpd-2.4.38-win32-VC15.zip 压缩包，将里面的 Apache24 目录中的文件解压出来，解压到 C:\web\apache2.4 作为 Apache 的安装目录，如图 1-1 所示。

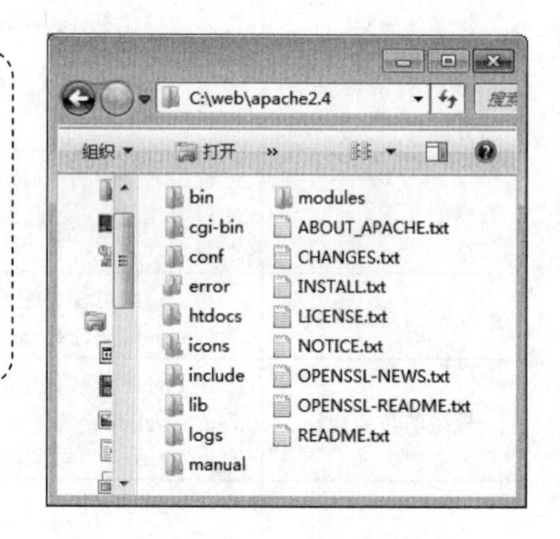

图 1-1 Apache 安装目录

2. 配置 Apache

（1）使用代码编辑器打开 Apache 的配置文件 conf\httpd.conf，找到第 37 行配置，如下所示。

```
Define SRVROOT "c:/Apache24"
```

将上述配置中的路径 c:/Apache24 修改为当前目录 c:/web/apache2.4。需要注意的是，配置文件中的路径分隔符使用“/”，而不是“\”，这是为了避免“\”被解析成转义字符。

另外，读者也可以将 Apache 安装到其他目录，将上述路径指向实际安装目录即可。

（2）配置服务器域名，避免在安装 Apache 服务时出现提醒。在 Apache 配置文件中搜索 ServerName，找到下面一行配置。开头的“#”表示注释，需要删除该符号使配置生效。

```
#ServerName www.example.com:80
```

上述配置中，www.example.com 是一个示例域名，若不需要指定域名，也可以更改为本机地址，如 127.0.0.1 或 localhost。

3. 安装 Apache

在“开始”菜单中搜索命令行工具 cmd，找到该工具后，右击，选择“以管理员身份运行”。然后执行如下命令，将当前目录切换到 Apache 的 bin 目录。

```
cd C:\web\apache2.4\bin
```

切换成功后，输入以下命令开始安装。

```
httpd -k install -n Apache2.4
```

在上述命令中，httpd 是 Apache 的服务程序 httpd.exe，“-k install”表示将 Apache 安装为 Windows 系统的服务项。“-n Apache2.4”表示将 Apache 服务的名称设置为 Apache2.4。

小提示：

在安装 Apache 时，读者也可省略“-n Apache2.4”选项，Apache 会自动生成一个服务名称，但要注意该名称在系统服务中不能重复，否则会安装失败。另外，若需卸载 Apache 服务，使用“httpd -k uninstall -n 服务名称”命令直接卸载即可。

4. 启动 Apache 服务

打开 Apache 提供的 bin\ApacheMonitor.exe 服务监视工具，在 Windows 系统任务栏右下角状态栏中会出现小图标，在图标上单击会弹出控制菜单，可以选择 Start（启动服务）、Stop（停止服务）或 Restart（重启服务）。此时选择 Start 启动服务，等待图标由红色变为绿色表示启动成功。

5. 访问测试

通过浏览器访问本机站点 http://localhost，如果看到图 1-2 所示的画面，说明 Apache 正常运行。

图 1-2　在浏览器中访问 localhost

图 1-2 所示的“It works !”是 Apache 默认站点下的首页，即 htdocs\index.html 这个网页的显示结果。读者也可以将其他网页放到 htdocs 目录下，然后通过“http://localhost/网页文件名”访问。

1.2.2 PHP 的安装与配置

安装 Apache 之后，开始安装 PHP，它是开发和运行 PHP 脚本的核心。在 Windows 中，PHP 有两种安装方式：一种方式是使用 CGI 应用程序；另一种方式是作为 Apache 模块使用。其中，第二种方式较为常见。接下来，讲解 PHP 作为 Apache 模块的安装方式。

1. 获取并解压 PHP

打开 PHP 官方网站，获取与 Apache 搭配的 Thread Safe（线程安全）最新版本 php-7.2.15-Win32-VC15-x86.zip，然后将其解压，保存到 C:\web\php7.2 目录中，如图 1-3 所示。

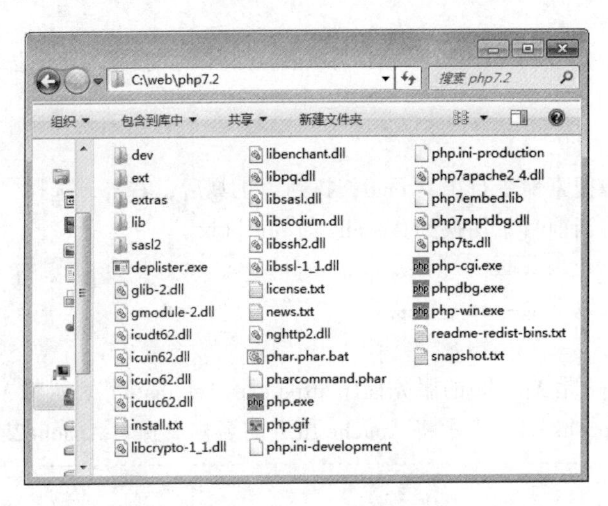

图 1-3　PHP 安装目录

2. 创建 php.ini 配置文件

PHP 提供了开发环境配置模板 php.ini-development 和生产环境配置模板 php.ini-production，在 PHP 的学习阶段，推荐选择开发环境的配置模板。在 PHP 安装目录下复制一份 php.ini-development 文件，并命名为 php.ini，将该文件作为 PHP 的配置文件。

3. 在 Apache 中引入 PHP 模块

打开 Apache 配置文件 C:\web\apache2.4\conf\httpd.conf，在第 185 行（前面有一些 LoadModule 配置）的位置将 PHP 中的 Apache 2.4 模块引入，具体配置如下所示。

```
1  LoadModule php7_module "C:/web/php7.2/php7apache2_4.dll"
2  <FilesMatch "\.php$">
3     setHandler application/x-httpd-php
4  </FilesMatch>
5  PHPIniDir "C:/web/php7.2"
6  LoadFile "C:/web/php7.2/libssh2.dll"
```

在上述配置中，第 1 行表示加载 PHP 中提供的 Apache 模块；第 2~4 行用于匹配 php 扩展名的文件，将其交给 PHP 来处理；第 5 行用于指定 PHP 的初始化文件 php.ini 的路径；第 6 行表示加载 PHP 目录中的 libssh2.dll 文件，用于确保 PHP 的 cURL 扩展能够正确加载。

4. 测试 PHP 是否安装成功

修改 Apache 配置文件后，需要重新启动 Apache 服务，才能使配置生效。为了检查 PHP 是否安装成功，可在 Apache 的 Web 站点目录 htdocs 下，创建一个 test.php 文件，并在文件中添加以下内容。

```
1  <?php
2      phpinfo();
3  ?>
```

然后使用浏览器访问地址 http://localhost/test.php，如果看到图 1-4 所示的 PHP 配置信息，说明上述配置成功。否则，需要检查上述配置操作是否有误。

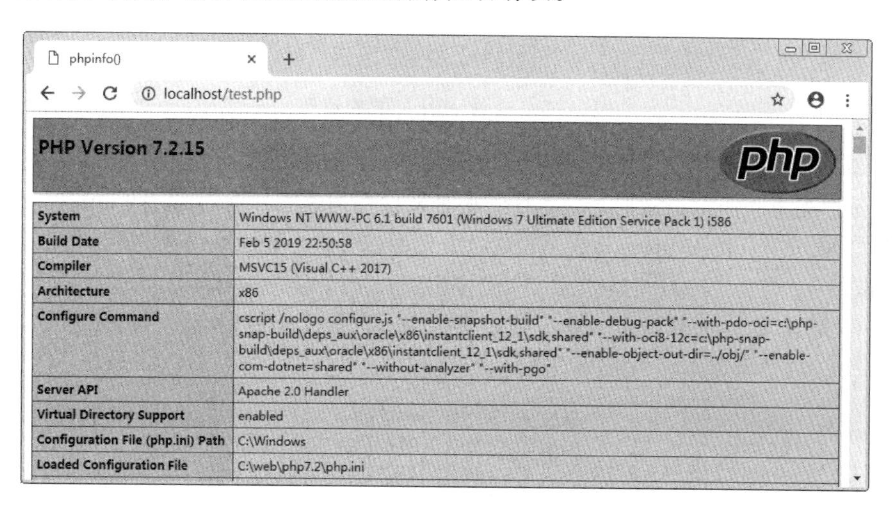

图 1-4　显示 PHP 配置信息

5. 开启常用的 PHP 扩展

在 PHP 的安装目录中，ext 目录保存的是 PHP 的扩展。在安装后的默认情况下，PHP 扩展是全部关闭的，用户可以根据情况手动打开或关闭扩展。下面讲解如何开启项目开发中常用的 PHP 扩展。

（1）在 php.ini 中搜索文本 extension_dir，找到下面一行配置。

```
; extension_dir = "ext"
```

将这行配置取消“;”注释，并修改成 PHP 扩展的文件保存路径，具体如下。

```
extension_dir = "c:/web/php7.2/ext"
```

（2）搜索“;extension=”可以找到载入扩展的配置，其中“;”表示该行配置是注释，只有删去“;”才可以使配置生效。需要开启的扩展具体如下。

```
extension=curl
extension=gd2
extension=mbstring
extension=mysqli
extension=openssl
extension=pdo_mysql
```

在上述扩展中，curl 扩展常用于 PHP 请求其他服务器，在微信接口开发中需要用到；gd2 是指 gd 扩展的第 2 版，常用于图像处理，如创建缩略图、裁剪图片、制作验证码图片等；mysqli 用于访问 MySQL 数据库；openssl 扩展常用于加密和解密，在后面安装 Composer 时需要开启此扩展；pdo_mysql 也是访问 MySQL 数据库的扩展，在 ThinkPHP 中访问 MySQL 需要开启此扩展。

（3）保存配置文件后，重启 Apache 服务使配置生效，然后在 phpinfo 中可以看到这些扩展的信息。例如，在浏览器中按【Ctrl+F】组合键，输入 curl 进行搜索，如图 1-5 所示。

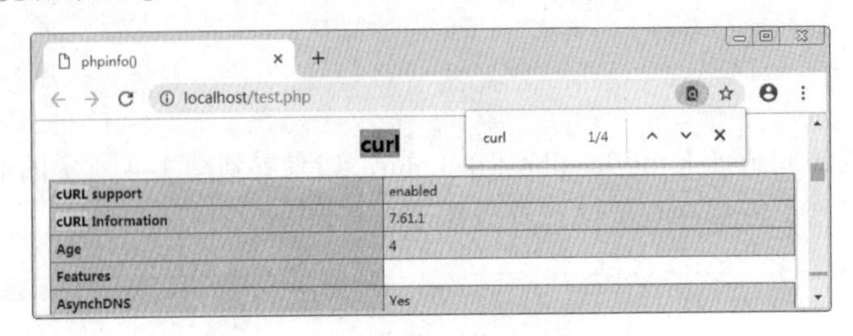

图 1-5　查看 curl 扩展的信息

6. 配置索引页

索引页是指当访问一个目录时，自动打开哪个文件作为索引。例如，访问 http://localhost 实际上访问到的是 http://localhost/index.html，这是因为 index.html 是默认索引页，所以可以省略索引页的文件名。

在 Apache 配置文件 conf/httpd.conf 中搜索 DirectoryIndex，找到关于索引页的配置，如下所示。

```
<IfModule dir_module>
   DirectoryIndex index.html
</IfModule>
```

上述第 2 行的 index.html 是默认索引页，将 index.php 也添加为默认索引页，如下所示。

```
<IfModule dir_module>
   DirectoryIndex index.html index.php
</IfModule>
```

上述配置表示在访问目录时，首先检测是否存在 index.html，如果存在，则显示，否则就继续检查是否存在 index.php。如果一个目录下不存在索引页文件，默认情况下 Apache 会自动列出该目录下的文件列表。对于线上的服务器中，如果没有特殊需求，一般会关闭文件列表功能，提高服务器的安全性。如果不希望 Apache 列出文件列表，可以在<Directory>配置中通过 Options -indexes 关闭，关闭后会使用 403 错误页面代替文件列表。关于<Directory>配置具体在配置虚拟主机小节中介绍。

1.2.3　MySQL 安装与配置

MySQL 数据库是开放源码的关系型数据库管理系统。因其跨平台性、可靠性、适用性、开源性以及免费等特点，一直被认为是 PHP 的最佳搭档。接下来讲解如何安装与配置 MySQL。

1. 获取并解压 MySQL

打开 MySQL 的官方网站，获取社区版（Community）中的 ZIP 压缩包版本 mysql-5.7.24-win32.zip。然后将其解压保存到 C:\web\mysql5.7 目录中，如图 1-6 所示。

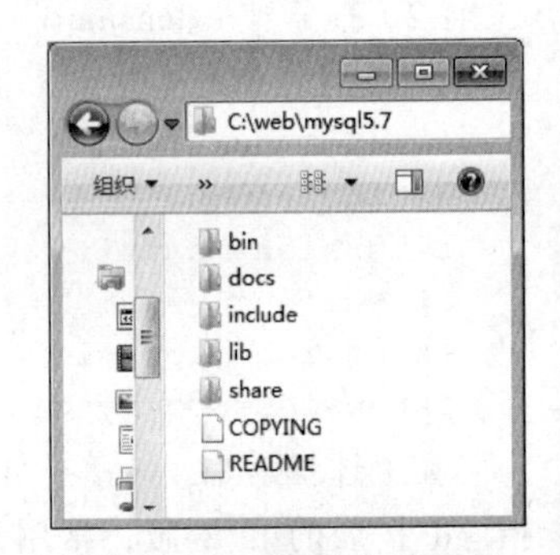

图 1-6　MySQL 安装目录

2. 安装 MySQL

以管理员身份运行命令行工具，输入以下命令开始安装。

```
cd C:\web\mysql5.7\bin
mysqld -install mysql5.7
```

在上述命令中，mysqld 是 MySQL 的服务程序 mysqld.exe，“-install”表示安装，mysql5.7 是服务名称。安装成功后，如需卸载，将上述命令中的“-install”改为“-remove”即可。

3. 创建 MySQL 的配置文件

创建配置文件 C:\web\mysql5.7\my.ini，在配置文件中指定 MySQL 的安装目录（basedir）、数据库文件的保存目录（datadir）和端口号（port），配置内容如下。

```
[mysqld]
basedir=C:/web/mysql5.7
datadir=C:/web/mysql5.7/data
port=3306
```

4. 初始化数据库

创建 my.ini 配置文件后，数据库文件目录 C:\mysql5.7\data 还没有创建。接下来需要通过 MySQL 的初始化功能，自动创建数据文件目录，具体命令如下。

```
mysqld --initialize-insecure
```

在上述命令中，“--initialize”表示初始化数据库，“-insecure”表示忽略安全性。当省略“-insecure”时，MySQL 将自动为默认用户“root”生成一个随机的复杂密码，而加上“-insecure”时，“root”用户的密码为空。由于自动生成的密码输入比较麻烦，因此这里选择忽略安全性。

5. 启动 MySQL 服务

以管理员身份运行命令行工具，输入如下命令启动或停止名称为 mysql5.7 的服务。

```
net start mysql5.7
net stop mysql5.7
```

6. 登录 MySQL 服务器

打开命令行工具，启动命令行客户端工具访问数据库，命令如下。

```
cd C:\web\mysql5.7\bin
mysql -u root
```

在上述命令中，“mysql”表示运行当前目录（C:\web\mysql5.7\bin）下的 mysql.exe；“-u root”表示以 root 用户的身份登录。其中，“-u”和“root”之间的空格可以省略。

成功登录 MySQL 服务器后，运行效果如图 1-7 所示。

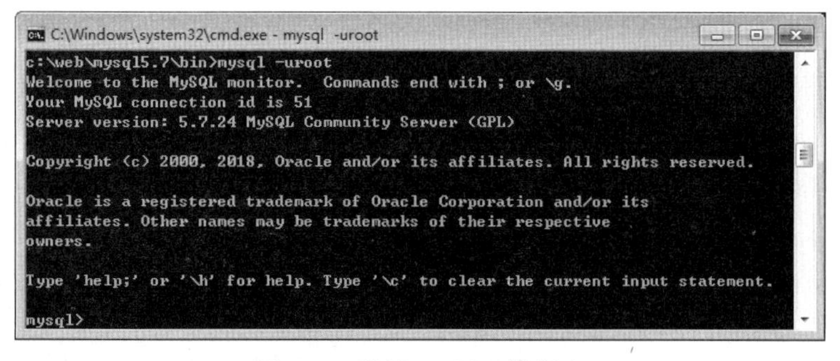

图 1-7　登录 MySQL 数据库

如果需要退出 MySQL，可以直接使用 exit 或 quit 命令退出登录。

7. 设置用户密码

为了保护数据库的安全，需要为登录 MySQL 服务器的用户设置密码。下面以设置 root 用户的密码为例，登录 MySQL 后，执行如下命令即可。

```
mysql> ALTER USER 'root'@'localhost' IDENTIFIED BY '123456';
```

上述命令表示为 localhost 主机中的 root 用户设置密码，密码为 123456。当设置密码后，退出 MySQL，然后重新登录时，就需要输入刚才设置的密码。

在登录有密码的用户时，需要使用的命令如下。

```
mysql -uroot -p123456
```

在上述命令中，“-p123456”表示使用密码 123456 进行登录。如果在登录时不希望密码被直接看到，可以省略“-p”后面的密码，然后按回车键，会提示输入密码。

1.2.4 配置虚拟主机

在本地环境进行项目开发时，经常需要部署多个网站，每个网站用不同的域名访问，这就需要通过 Apache 的虚拟主机功能来实现。虚拟主机的具体配置步骤如下。

（1）配置域名。由于申请真实域名比较麻烦，为了便于学习和测试，可以更改系统 hosts 文件，实现将任意域名解析到指定 IP。在操作系统中，hosts 文件用于配置域名与 IP 之间的解析关系，当请求域名在 hosts 文件中存在解析记录时，直接使用该记录，不存在时，再通过 DNS 域名解析服务器进行解析。

以管理员身份运行命令行工具，输入如下命令打开 hosts 文件。

```
notepad C:\Windows\System32\drivers\etc\hosts
```

上述命令表示用记事本（notepad）打开 hosts 文件。将文件打开后，添加如下内容。

```
127.0.0.1 thinkphp.test
```

经过上述配置后，就可以在浏览器上通过 http://thinkphp.test 来访问本机的 Web 服务器，这种方式只对本机有效。由于当前还没有配置虚拟主机，此时用 http://thinkphp.test 访问到的是 Apache 的默认主机。

（2）启用辅配置文件。辅配置文件是 Apache 配置文件 httpd.conf 的扩展文件，用于将一部分配置抽取出来便于修改，但默认并没有启用。

打开 httpd.conf 文件，找到如下所示的一行配置，删除“#”取消注释即可启用。

```
#Include conf/extra/httpd-vhosts.conf
```

（3）配置虚拟主机。打开 conf/extra/httpd-vhosts.conf 虚拟主机配置文件，可以看到 Apache 提供的默认配置，具体如下。

```
1  <VirtualHost *:80>
2      ServerAdmin webmaster@dummy-host.example.com
3      DocumentRoot "c:/Apache24/docs/dummy-host.example.com"
4      ServerName dummy-host.example.com
5      ServerAlias www.dummy-host.example.com
6      ErrorLog "logs/dummy-host.example.com-error_log"
7      CustomLog "logs/dummy-host.example.com-access_log" common
8  </VirtualHost>
```

上述配置中，第 1 行的*:80 表示该主机通过 80 端口访问；ServerAdmin 是管理员邮箱地址；DocumentRoot 是该虚拟主机的文档目录；ServerName 是虚拟主机的域名；ServerAlias 用于配置多个域名别名（用空格分隔）；ErrorLog 是错误日志；CustomLog 是访问日志，其后的 common 表示日志格式为通用格式。

由于上述默认配置用不到，直接删除即可，也可以全部加上“#”注释起来，以便于参考。然后编写新的虚拟主机配置，具体如下。

```
1  <VirtualHost *:80>
2      DocumentRoot "c:/web/apache2.4/htdocs"
3      ServerName localhost
4  </VirtualHost>
5  <VirtualHost *:80>
6      DocumentRoot "c:/web/www/thinkphp/public"
7      ServerName thinkphp.test
8  </VirtualHost>
9  <Directory "c:/web/www">
10     Options -indexes
11     AllowOverride All
12     Require local
13 </Directory>
```

上述配置实现了两个虚拟主机，分别是 localhost 和 thinkphp.test，并且这两个虚拟主机的站点目录指定在了不同的路径下。第 9~13 行用于配置 c:/web/www 目录的访问权限。其中，第 10 行用于关闭文件列表功能；第 11 行用于开启分布式配置文件，开启后会自动读取目录下的.htaccess 文件中的配置，在使用 ThinkPHP 时推荐开启此功能；第 12 行用于配置目录访问权限，设为 Require local 表示只允许本地访问，若允许所有访问，可设为 Require all granted，若拒绝所有访问，可设为 Require all denied。

（4）创建 C:\web\www\thinkphp\public 目录，并在目录中编写一个内容为 ThinkPHP 的 index.html 网页。然后重启 Apache 服务使配置生效，使用浏览器访问测试，效果如图 1-8 所示。

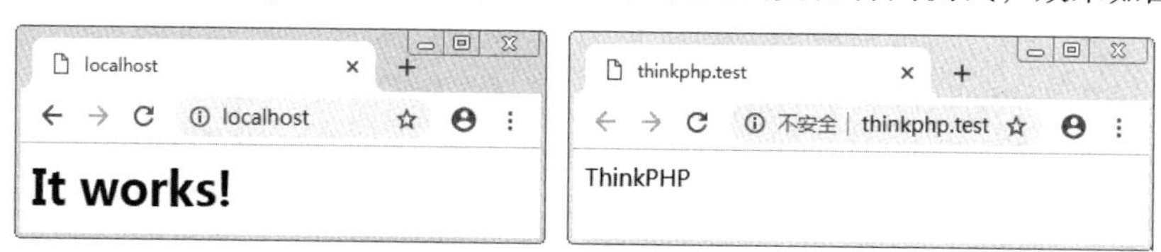

图 1-8　访问虚拟主机

1.2.5　安装 Composer 依赖管理工具

Composer 是 PHP 用来管理依赖（dependency）关系的工具。开发人员只要在项目中声明依赖的外部工具库，Composer 就会自动安装这些依赖的库文件。

在 Composer 的官方网站可以下载 Composer 工具。对于 Windows 用户来说，有两种方式安装 Composer：一种是使用安装程序，另外一种是使用命令行安装。本书选择安装程序方式，下载并运行 Composer-Setup.exe，根据安装向导的提示安装即可。

Composer 的安装过程主要分为 4 步，具体如下。

（1）是否使用开发者模式（Developer mode）。若选中此项，则不提供卸载功能，推荐不选中。

（2）选择 PHP 命令行程序。单击“Browse”按钮浏览文件，选择 C:\web\php7.2\php.exe 即可。

（3）更新 php.ini。若当前 php.ini 不符合 Composer 的环境需求，安装程序会提示修改 php.ini，并创建备份文件。若 php.ini 符合需求，则该步骤会自动跳过。

（4）填写代理服务器。无须使用，留空即可。

安装成功后，Composer 会自动添加环境变量，具体如下所示。

```
# 系统变量 Path
```

```
C:\web\php7.2                                       # PHP 安装目录
C:\ProgramData\ComposerSetup\bin                    # Composer 的可执行文件目录
# 用户变量 Path
C:\Users\用户名\AppData\Roaming\Composer\vendor\bin # 全局依赖包的可执行文件目录
```

添加环境变量后，打开新的命令行窗口，使用 composer 命令来测试 Composer 是否安装成功，如果看到如下结果，说明 Composer 安装成功。

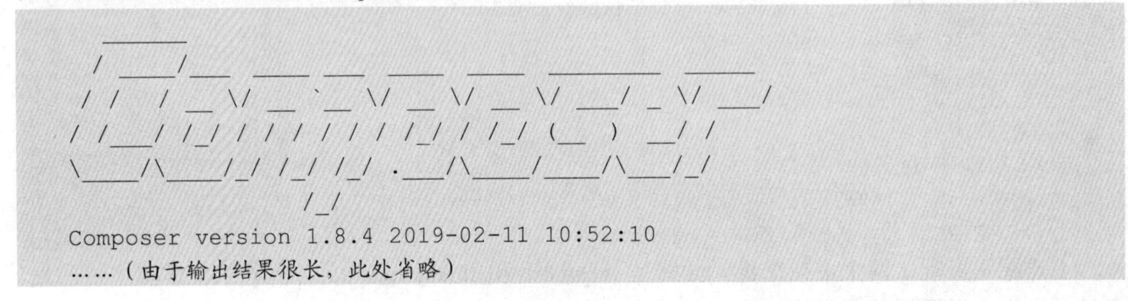

```
   ______
  / ____/___  ____ ___  ____  ____  ________  _____
 / /   / __ \/ __ `__ \/ __ \/ __ \/ ___/ _ \/ ___/
/ /___/ /_/ / / / / / / /_/ / /_/ (__  )  __/ /
\____/\____/_/ /_/ /_/ .___/\____/____/\___/_/
                    /_/
Composer version 1.8.4 2019-02-11 10:52:10
……（由于输出结果很长，此处省略）
```

1.2.6 安装 Visual Studio Code 编辑器

Visual Studio Code（简称 VS Code）是微软开发的一款代码编辑器，具有免费、开源、轻量级、高性能、跨平台等特点，在官方网站可以获取软件的下载。

将 VS Code 安装完成后，启动编辑器，主界面如图 1-9 所示。

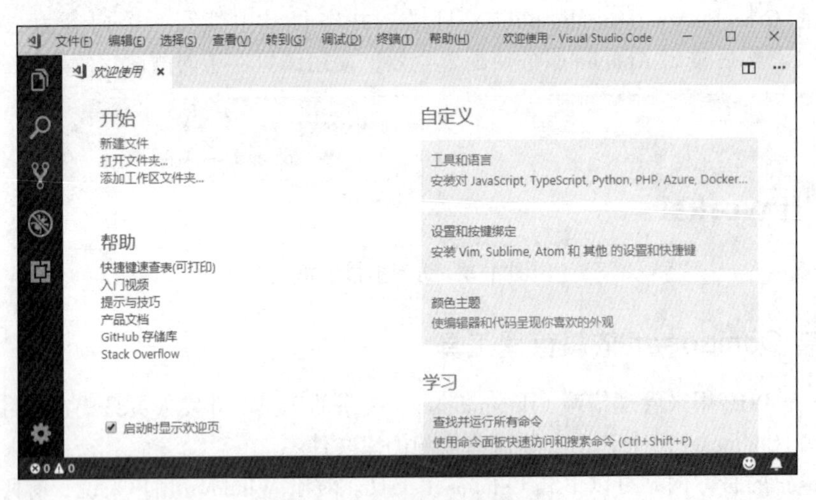

图 1-9 VS Code 编辑器

VS Code 安装后，默认的主题为黑色背景，若更换主题，单击左下角齿轮形状的 Manage（管理）按钮，在弹出的菜单中选择 Color Theme（颜色主题），然后选择 Light+ (default light)，即可与图 1-9 效果相同。VS Code 默认语言为英文，若切换为中文，单击左边栏的第 5 个图标按钮 Extensions（扩展），然后输入关键词 Chinese 即可找到中文语言扩展，单击 Install 按钮安装即可。

在图 1-9 所示的欢迎使用界面中，单击“打开文件夹”，选择 C:/web/www/thinkphp 目录，即可进入代码编写环境。在左侧“资源管理器”中选择 public/index.html 进行编辑，如图 1-10 所示。

图 1-10 编辑 public/index.html

在图 1-10 中，资源管理器右边是代码编辑区域，标签页 index.html 的字体显示为斜体，在这个状态下，当切换到其他文件进行编辑时，会替代当前的标签页。若代码发生了修改，或双击这个标签页的标题，则会看到 index.html 字体取消斜体，该标签页将不会被替代。

代码编辑区域的下半部分是一个面板，该面板可通过单击菜单栏【查看】→【终端】，或单击编辑器左下角的 ⊗0 ⚠0 进行显示或隐藏。在终端面板中可以很方便地输入命令。

1.3 ThinkPHP 的安装和使用

在完成开发环境的搭建后，本节将开始讲解如何下载和安装 ThinkPHP，并通过一个简单的案例来演示如何使用 ThinkPHP 进行项目开发。对于初学者来说，可能一开始很难理解本节出现的这些代码的含义，这是正常情况，读者此时只需按照步骤操作，熟悉使用 ThinkPHP 框架开发项目的整体流程即可。熟悉之后，再通过后面章节的学习，充分理解这些代码的含义。

1.3.1 安装 ThinkPHP

本书基于 ThinkPHP 5.1 版本进行讲解，在 ThinkPHP 官方网站中可以找到 ThinkPHP 5.1 的开发手册。开发手册中介绍了 ThinkPHP 5.1 的两种安装方式：一种是使用 Composer 安装，另一种是使用 Git 安装。由于前面已经安装过 Composer，因此这里选择 Composer 安装方式即可。

在 VS Code 编辑器中打开 C:/web/www/thinkphp 项目，删除该目录下的所有文件，确保该目录为空。然后打开终端，执行如下命令，开始安装 ThinkPHP。

```
composer create-project topthink/think=5.1.36 .
```

在上述命令中，create-project 表示创建项目，topthink/think 是 ThinkPHP 在 Composer 的默认包仓库网站 packagist.org 中的包名，5.1.36 是版本号，“.” 表示安装到当前目录。

若读者希望自己获取到的版本与本书完全一致，就使用 5.1.36 版本即可。若希望使用 ThinkPHP 5.1.x 系列的最新版本，可以将命令中的版本号改为“5.1.x-dev”。

小提示：

由于 Composer 的资源库 packagist 是国外网站，在中国访问连接速度会很慢，也有很大的可能被防火墙阻拦或直接显示不存在，此时可以利用以下的命令从“Packagist 中国全量镜像”获取缓存的数据，进而达到加速的目的。执行如下命令即可。

```
composer config -g repo.packagist composer 在此处填写镜像地址
```

上述命令执行后，如果需要取消，则执行如下命令即可。

```
composer config -g --unset repos.packagist
```

将 ThinkPHP 安装成功后，效果如图 1-11 所示。

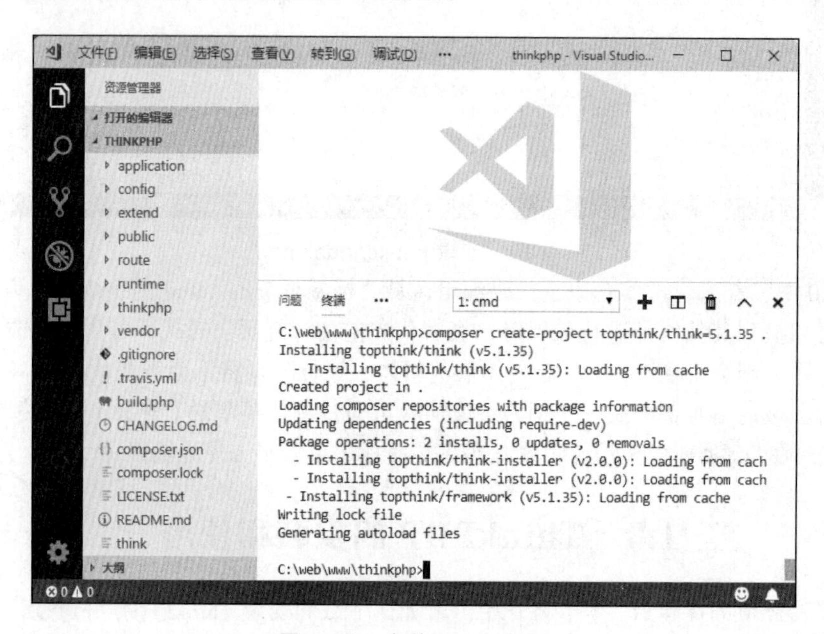

图 1-11　安装 ThinkPHP

在图 1-11 中，通过左侧的资源管理器可以看到 ThinkPHP 的目录结构，需要注意的是，该目录结构中的 thinkphp 目录内部才是 ThinkPHP 框架的核心代码，而其他文件不属于框架。当框架需要版本更新时，只需要更新 thinkphp 目录即可，其他文件一般不需要更新，除非框架提供的某些功能发生了重大变化，需要改动其他文件中的代码才能正确运行的情况。

在已经安装 ThinkPHP 后，如果希望升级框架，可以使用如下命令来升级。

```
composer update topthink/framework
```

上述命令执行后，会更新框架目录 thinkphp 中的代码。

接下来访问 http://thinkphp.test，如果看到图 1-12 所示的结果，说明 ThinkPHP 安装成功。

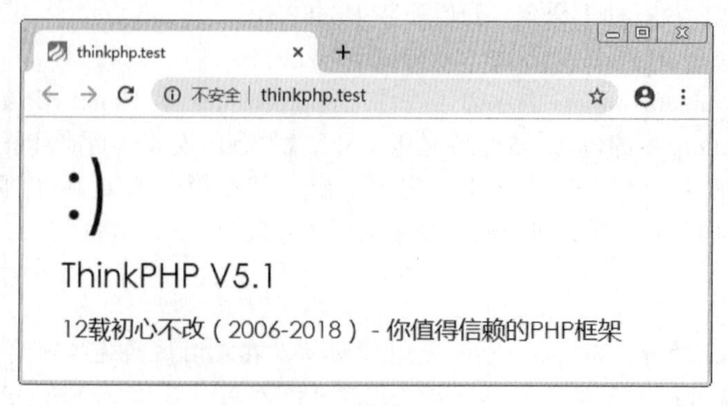

图 1-12　访问 ThinkPHP

小提示：

如果读者无法打开 http://thinkphp.test 这个地址，请先参考 1.2.4 节配置虚拟主机。

1.3.2　使用 ThinkPHP 开发项目

在安装了 ThinkPHP 后，如何使用 ThinkPHP 开发项目呢？其实 ThinkPHP 的使用非常简单，如果读者此前从未使用过任何框架，会发现使用框架以后，开发速度更快、代码的编写更简单。本节将通过一个获取学生列表的案例，来演示如何使用 ThinkPHP 开发项目，具体如例 1-1 所示。

【例 1-1】获取学生列表

（1）打开 application/index/controller/Index.php 文件，可以看到里面有如下代码。

```
1  <?php
2  namespace app\index\controller;
3
4  class Index
5  {
6      public function index()
7      {
8          return '<style type = "text/css">……（由于代码很长，此处省略）';
9      }
10
11     public function hello($name = 'ThinkPHP5')
12     {
13         return 'hello,'.$name;
14     }
15 }
```

在上述代码中，第 1 行用于定义命名空间，关于命名空间的使用具体会在后面的章节中讲解；第 4~15 行是一个 Index 类，类中有 index()和 hello()这两个方法，在 index()方法中，第 8 行通过 return 返回的字符串就是项目首页的 HTML 内容。

Index 类中的第 2 个方法 hello()，可以通过 http://thinkphp.test/index.php/index/index/hello 这个 URL 来访问，打开后，网页中显示“hello,ThinkPHP5”。在这个 URL 中，index.php 后面的部分与文件和代码的对应关系如图 1-13 所示。

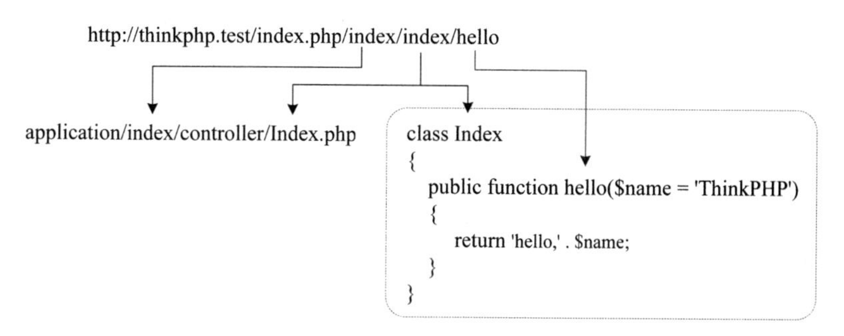

图 1-13　URL 与文件和代码的对应关系

在 hello()方法中有一个参数$name，默认值为 ThinkPHP，该参数可以通过 URL 来传入，传入方式有两种，具体如下所示。

```
http://thinkphp.test/index.php/index/index/hello/name/PHP
http://thinkphp.test/index.php/index/index/hello?name=JavaScript
```

使用上述 URL 访问后，得到的结果分别是“hello,PHP”和“hello,JavaScript”。

（2）准备数据表和测试数据。登录 MySQL 服务器后，执行如下 SQL 语句。

```
# 创建数据库
CREATE DATABASE `mytp`;
USE `mytp`;
# 创建学生表
CREATE TABLE `student` (
  `id` INT UNSIGNED PRIMARY KEY AUTO_INCREMENT COMMENT '学生 id',
  `name` VARCHAR(10) NOT NULL UNIQUE DEFAULT '' COMMENT '姓名',
  `gender` TINYINT UNSIGNED NOT NULL DEFAULT 0 COMMENT '性别',
  `email` VARCHAR(128) NOT NULL DEFAULT '' COMMENT '邮箱',
  `mobile` VARCHAR(20) NOT NULL DEFAULT '' COMMENT '手机号',
  `entry_date` DATE NOT NULL COMMENT '入学日期'
) ENGINE=InnoDB DEFAULT CHARSET=utf8;
# 添加测试数据
INSERT INTO `student` VALUES
(1, 'Allen', 0, 'allen@thinkphp.test', '12300004567', '2019-09-01'),
(2, 'James', 0, 'james@thinkphp.test', '12311114567', '2019-09-01'),
(3, 'Rose', 1, 'rose@thinkphp.test', '12322224567', '2019-09-01'),
(4, 'Mary', 1, 'mary@thinkphp.test', '12333334567', '2019-09-01');
```

在上述 SQL 语句中，性别的取值为 0 和 1，分别表示男和女。

（3）编辑 config/database.php 文件，参考如下代码修改数据库连接配置。

```
'type'     => 'mysql',       // 数据库类型
'hostname' => '127.0.0.1',   // 服务器地址
'database' => 'mytp',        // 数据库名
'username' => 'root',        // 用户名
'password' => '123456',      // 密码
'hostport' => '3306',        // 端口
'charset'  => 'utf8',        // 数据库编码默认采用 utf8
```

（4）在 Index 控制器类中新增一个 student()方法，将 student 表查询出来，具体代码如下。

```
1  public function student()
2  {
3      $student = \think\Db::query('SELECT `name` FROM `student`');
4      $arr = [];
5      foreach ($student as $v) {
6          $arr[] = $v['name'];
7      }
8      return implode(', ', $arr);
9  }
```

访问 http://thinkphp.test/index.php/index/index/student 进行测试，可以看到执行结果为“Allen，James，Rose，Mary”。通过以上代码可知，无须编写操作数据库的代码，直接使用 ThinkPHP 提供的\think\Db 类和 query()方法即可执行 SQL 语句。

（5）在实际开发中，经常会遇到各种错误，为了更好地调试错误，ThinkPHP 提供了非常强大的错误报告和跟踪调试功能。打开 config/app.php 文件，找到如下两行配置，将值改为 true。

```
'app_debug' => true,          // 应用调试模式
```

```
'app_trace' => true,          // 应用 Trace
```

开启 app_debug 后，当程序发生错误时，会显示非常详细的错误报告。开启 app_trace 后，会在页面的右下角出现一个小按钮，如图 1-14 所示，单击按钮会出现一个跟踪调试面板，如图 1-15 所示。

图 1-14　开启 app_trace

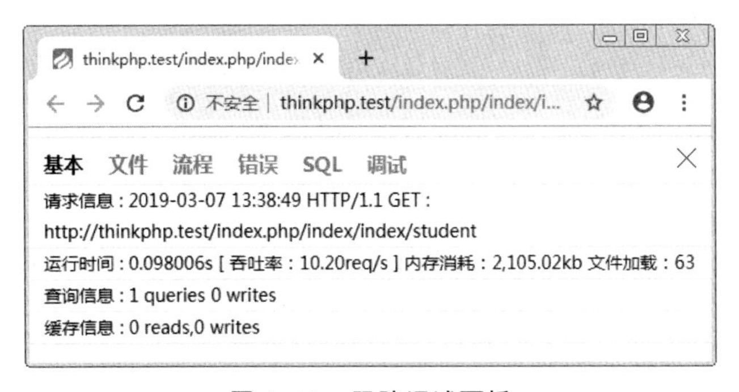

图 1-15　跟踪调试面板

下面将 student()方法中的 SQL 语句修改为“SELECT * FROM `test`”，由于 test 数据表不存在，程序会出错，ThinkPHP 显示的详细错误报告如图 1-16 所示。

图 1-16　错误报告

（6）在前面的步骤中，网页中的内容都是直接拼接字符串，通过 return 返回的，而实际开发中，需要编写大量的 HTML 网页。为了更方便地编写 HTML，可以将 HTML 专门保存在一个单独的模板文件中。为了实现这个效果，需要先让 Index 类继承\think\Controller 类，如下所示。

```
1  class Index extends \think\Controller
```

继承\think\Controller 类以后，就可以使用这个类中提供的 assign()和 fetch()方法。接下来修改 student()方法，调用 assign()方法为模板赋值，再调用 fetch()方法渲染模板，具体代码如下。

```
1  public function student()
2  {
3      $student = \think\Db::query('SELECT `name` FROM `student`');
4      $this->assign('data', $student);
5      return $this->fetch();
6  }
```

完成上述代码后，访问测试，程序会提示模板不存在，并给出了模板的路径，也就是位于项目目录下的 application/index/view/index/student.html 文件。手动创建模板文件和其所在的目录，编写代码如下。

```
1  <!DOCTYPE html>
2  <html>
3    <head>
4      <meta charset="utf-8">
5      <title>学生列表</title>
6    </head>
7    <body>
8      <?php foreach ($data as $v): ?>
9        <div><?=$v['name']?></div>
10     <?php endforeach; ?>
11   </body>
12 </html>
```

在上述代码中，$data 的值是通过 student()方法中的“$this->assign('data', $student);”传入的，assign()方法的第 1 个参数表示模板中使用的变量名，第 2 个参数是变量的值。

通过浏览器访问测试，运行结果如图 1-17 所示。

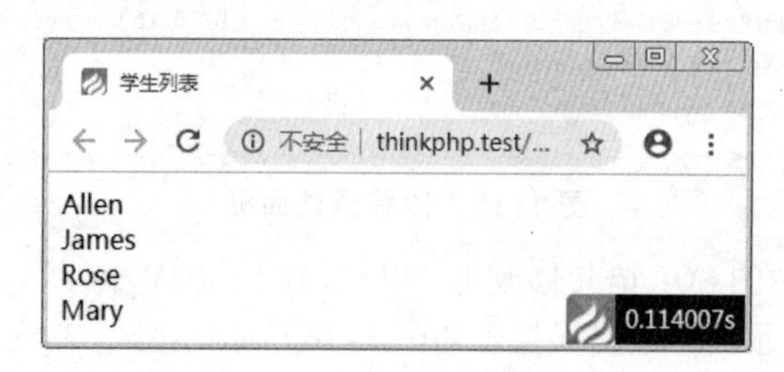

图 1-17　显示学生列表

（7）在以上操作中，直接在 student()方法中编写 SQL 语句，以及直接在模板文件 student.html 中编写 PHP 代码，是一种接近原生 PHP 开发的操作方式。实际上，ThinkPHP 还提供了更方便的语法，可以加快开发速度。下面修改 student()方法，使用\think\Db 类中的 name()、field()和 select()方法来查询数据。

```
1  public function student()
2  {
3      $student = \think\Db::name('student')->field('name')->select();
4      $this->assign('data', $student);
5      return $this->fetch();
6  }
```

在上述代码中，第 3 行的 name()方法用于传入数据表名，field()方法用于指定查询的字段，select()方法用于执行 SELECT 查询。当程序执行时，ThinkPHP 会自动生成 SQL 语句来查询数据。

查询之后，修改 student.html 中的<body>代码，使用 ThinkPHP 的模板语法进行输出，如下所示。

```
1  <body>
2    {foreach $data as $v}
3      {$v.name}<br>
4    {/foreach}
5  </body>
```

在上述代码中，ThinkPHP 的模板语法写在一对大括号“{}”中，第 3 行的{$v.name}表示输出$v 数组中的 name 元素。通过浏览器访问测试，运行结果与图 1-17 相同。

（8）在跟踪调试面板中可以检查 ThinkPHP 自动生成的 SQL 是否符合需求，如图 1-18 所示。

图 1-18　查看 SQL

（9）在 student.html 中编写的模板语法会被 ThinkPHP 解析成 PHP 原生代码，在跟踪调试面板中可以查看当前模板解析后的文件路径，需要将滚动条拉到最下面，如图 1-19 所示。

图 1-19　查看编译后的模板文件路径

在图 1-19 中，位于 C:\web\www\thinkphp\runtime\temp 目录中的文件就是解析后的模板文件，它由 ThinkPHP 自动生成。使用编辑器打开该文件，如图 1-20 所示。

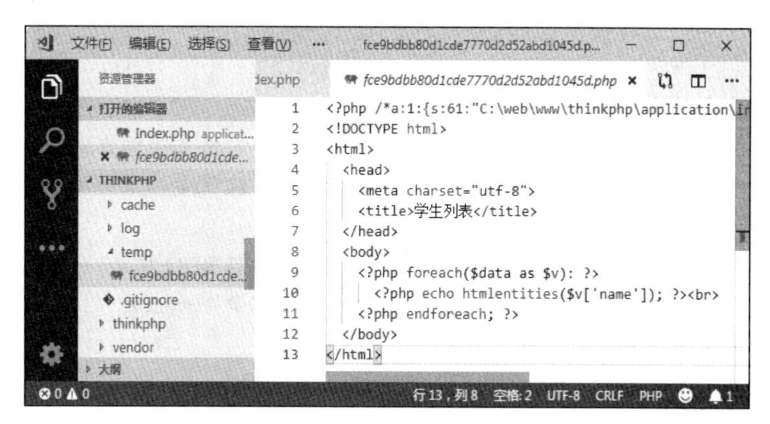

图 1-20　查看模板解析结果

从图 1-20 中可以看出，ThinkPHP 在模板中输出变量时，会通过 htmlentities()函数进行处理，该函数用于将字符串转换为 HTML 实体，以防止变量的值中出现大括号等特殊字符时，被当成 HTML 解析。

本 章 小 结

本章在讲解 ThinkPHP 框架前，首先介绍什么是框架、常用 PHP 框架各自的特点，然后对

ThinkPHP 主要版本的特性进行了简单的对比。为了保证读者开发环境的一致，介绍了 Apache、PHP 和 MySQL 的安装与配置。最后，通过一个案例带领读者体验 ThinkPHP 的安装和使用，让读者对 ThinkPHP 有一个初步的认识。

课后练习

一、填空题

1. Apache 服务器的默认端口号是________。
2. ________可在命令行中初始化 MySQL 数据库并将 root 密码设置为空。
3. ThinkPHP 5.1 的入口文件的路径是________。
4. 在命令行中，执行________命令可卸载名称为 Apache 的服务。
5. ThinkPHP 5.1 中默认访问的模块是________。

二、判断题

1. ThinkPHP 5.1 的安装方式是 Composer。（　　）
2. Composer 可自动安装和管理 PHP 所需的依赖。（　　）
3. ThinkPHP 5.1 中默认控制器的输出全部采用 return 的方式。（　　）
4. ThinkPHP 提供的内置标签 notempty 可判断指定数据是否为空。（　　）
5. ThinkPHP 5.1 采用“零容忍”原则，默认情况下会对任何级别的错误抛出异常。（　　）

三、选择题

1. 在 Apache 中（　　）用于加载 PHP 模块。

   A. FilesMatch　　B. PHPIniDir　　C. LoadModule　　D. 以上选项都不正确

2. 以下（　　）命令可退出 MySQL 的登录。

   A. out　　B. exit　　C. get　　D. 以上答案全部正确

3. 以下选项属于 ThinkPHP 5.1 的特点的是（　　）。

   A. 模型名默认不含 Model　　B. 控制器采用直接输出的方式
   C. 采用大量的单字母函数进行开发　　D. 提供系统常量辅助开发

4. 下面关于 ThinkPHP 5.1 的运行环境描述正确的是（　　）。

   A. PHP 版本大于等于 5.6.0　　B. 确认开启 PDO 扩展
   C. 确认开启 mbstring 扩展　　D. 以上答案全部正确

5. 下列选项中运用 MVC 设计模式的是（　　）。

   A. Laravel　　B. Yii　　C. ThinkPHP　　D. 以上答案全部正确

四、简答题

1. 请简述什么是框架，并列举至少 3 种常见的 PHP 框架。
2. 请简述 ThinkPHP 3.2.x 与 ThinkPHP 5 的区别，至少 4 点。

五、程序题

1. 配置一个域名为 my.thinkphp.test 的虚拟主机，将网站根目录指向 C:/web/www/think-5.1/public。
2. 创建用户数据表，字段包括 id、name、mobile、gender、email 和 addtime。

第 2 章 框架的基础知识

学习目标

◎ 掌握 MVC 开发模式的基本思想。
◎ 掌握路由的定义和使用。
◎ 掌握 PHP 命名空间和自动加载的使用。
◎ 掌握 Composer 在框架中的使用。

在第 1 章简单介绍了 ThinkPHP 的使用，可以看出使用 ThinkPHP 开发项目非常快捷、高效。但对于想要深入学习 ThinkPHP 的人来说，仅仅学会基本的使用方法是不够的，还要理解框架的实现原理，能够读懂 ThinkPHP 的源代码。本节将针对框架的基础知识进行详细讲解。

2.1 MVC 开发模式

ThinkPHP 是一种支持 MVC 开发模式的框架，若要理解 ThinkPHP 的设计思想，首先需要理解什么是 MVC 开发模式。本节将针对 MVC 开发模式的基本概念和代码实现进行详细讲解。

2.1.1 什么是 MVC

MVC 是 Xerox PRAC（施乐帕克研究中心）在 20 世纪 80 年代为编程语言 Smalltalk－80 发明的一种软件设计模式，到目前为止 MVC 已经成为了一种广泛流行的软件开发模式。MVC 采用了人类分工协作的思维方法，将程序中的功能实现、数据处理和界面显示相分离，从而在开发复杂的应用程序时，开发者可以专注于其中的某个方面，进而提高开发效率和项目质量，便于代码的维护。

MVC 是模型（Model）、视图（View）和控制器（Controller）的英文单词首字母的缩写，它表示将软件系统分成三个核心部件：模型、视图、控制器，分别用于处理各自的任务。

在用 MVC 进行的 Web 应用开发中，模型是指处理数据的部分，视图是指显示在浏览器中的网页，控制器是指处理用户交互的程序。例如，用户提交表单时，由控制器负责读取用户提交的数据进行处理，然后向模型发送数据，再通过视图将处理结果显示给用户。MVC 的工作流程如图 2-1 所示。

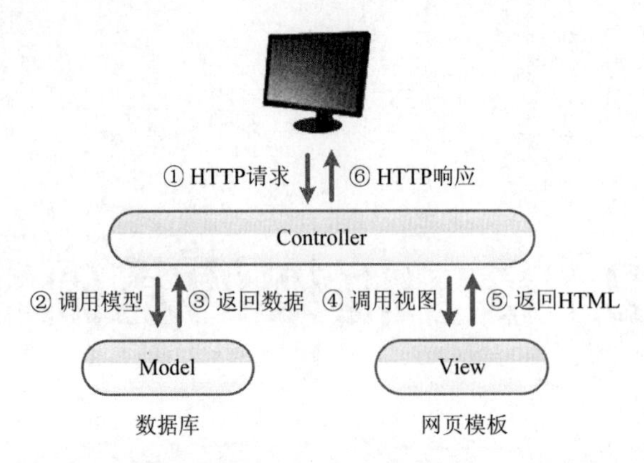

图 2-1 MVC 工作流程

从图 2-1 中可以看出，浏览器向服务器端的控制器发送了 HTTP 请求，控制器就会调用模型来取得数据，然后调用视图，将数据分配到网页模板中，再将最终结果的 HTML 网页返回给浏览器。

下面为了使读者更好地理解，通过一个具体的案例演示 MVC 开发模式。具体如例 2-1 所示。

【例 2-1】MVC 开发模式

（1）在 Apache 的 conf/extra/httpd-vhosts.conf 配置文件中创建一个虚拟主机，具体配置如下。

```
1  <VirtualHost *:80>
2     DocumentRoot "C:/web/www/mytp/public"
3     ServerName mytp.test
4  </VirtualHost>
```

保存配置文件后，创建 C:/web/www/mytp/public 目录，然后重启 Apache 使配置生效。

（2）编辑 Windows 系统的 hosts 文件，添加一条解析记录“127.0.0.1 mytp.test”。

（3）使用 VS Code 编辑器打开 C:/web/www/mytp 目录，创建 public/index.php 文件，然后使用 echo 输出字符串“mytp.test”。通过浏览器访问 http://mytp.test，如果出现 mytp.test，说明虚拟主机创建成功。

（4）为 mytp 数据库中的 student 表创建模型文件 public/StudentModel.php，具体代码如下。

```
1  <?php
2  class StudentModel
3  {
4     protected $link;
5     public function __construct()
6     {
7        $this->link = new MySQLi('localhost', 'root', '123456', 'mytp');
8        $this->link->set_charset('utf8');
9     }
10    public function getAll()
11    {
12       $sql = "SELECT * FROM `student`";
13       $res = $this->link->query($sql);
14       return $res->fetch_all(MYSQLI_ASSOC);
15    }
16 }
```

在上述代码中，第 5~9 行的构造方法用于连接数据库，第 10~15 行的 getAll()方法用于查询

student 表中的所有记录，将查询结果返回。

（5）创建 student 控制器文件 public/StudentController.php，具体代码如下。

```
1  <?php
2  class StudentController
3  {
4      public function index()
5      {
6          require 'StudentModel.php';
7          $model = new StudentModel();
8          $data = $model->getAll();
9          require 'student.html';
10     }
11 }
```

在上述代码中，第 6 行用于引入 student 模型，第 7 行用于实例化 student 模型，第 8 行用于调用模型的 getAll()方法获取数据，第 9 行用于引入视图文件，将数据显示到网页模板中。

（6）创建视图文件 public/student.html，在<body>标签中编写代码如下。

```
1  <table>
2    <tr><th>ID 编号</th><th>姓名</th><th>性别</th></tr>
3    <?php foreach ($data as $row): ?>
4    <tr>
5      <td><?=$row['id']?></td>
6      <td><?=$row['name']?></td>
7      <td><?=['男', '女'][$row['gender']]?></td>
8    </tr>
9    <?php endforeach;?>
10 </table>
```

上述代码用于将数据库查询出的数据$data 输出到<table>表格中。由于控制器中使用 require 加载了此视图文件，因此可以直接使用控制器中的变量$data。

（7）按照以上方式完成 MVC 的分离后，在 public/index.php 中编写如下代码进行测试。

```
1  <?php
2  require 'StudentController.php';
3  $student = new StudentController();
4  $student->index();
```

（8）使用浏览器访问 http://mytp.test，运行结果如图 2-2 所示。

图 2-2　运行结果

通过例 2-1 不难看出，采用 MVC 设计思想后，每一个请求都被拆分成了控制器、模型、视图三部分来完成。对于小型项目来说，如果严格遵循 MVC，会增加结构的复杂性，增加工作量，降低运行的效率，因此 MVC 不适用于小型项目。而对于团队协作开发的大型项目来说，MVC 可以使代码的结构更清晰，能形成一定的规范和约束力，使每个人的职责分工更明确。

2.1.2　单一入口的框架设计

框架通常会采用单一入口的设计，单一入口是指整个项目只对外开放 index.php 一个入口文件，而不是项目中的每个功能都提供一个入口文件。使用单一入口后，项目中的所有功能都需要经过一个统一的处理流程，这个流程会完成框架初始化、载入配置文件、获取请求信息、匹配路由规则等任务，然后根据请求信息找到对应的模块（Module）、控制器（Controller）和操作（Action），来完成具体的功能。关于模块、控制器和操作的具体说明如下。

- 模块：对于一个复杂的项目来说，往往需要划分多个模块，通过划分模块可以将一个复杂的问题拆分为若干个小问题来解决。例如，一个电子商务网站系统可以划分成商品管理模块、物流管理模块、广告管理模块、用户管理模块等。
- 控制器：在一个模块内，可以创建多个控制器，每个控制器表示一个可操作的资源。例如，在商品管理模块中，可以创建商品信息控制器、商品分类控制器、商品属性控制器等。在项目中，通常将每个模块单独放在一个目录下，在目录中保存和模块相关的控制器、模型和视图等文件。
- 操作：在一个控制器中，会提供一些具体的操作。例如，商品信息控制器中的操作有商品信息查询、商品信息修改、商品信息添加、商品信息删除等。在项目中，操作就是定义在控制器类中的方法。

为了使读者更好地理解，下面通过图 2-3 来演示单一入口框架的工作流程。

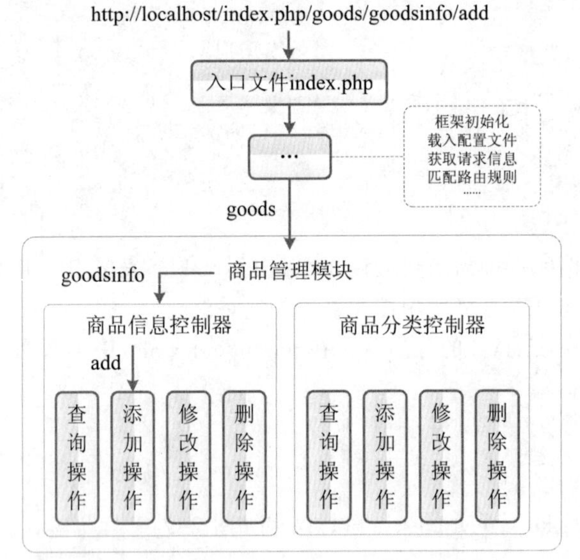

图 2-3　单一入口框架的工作流程

在图 2-3 中，“http://localhost/index.php”后面的“/goods/goodsinfo/add”是传递给 PHP 脚本的附加信息。其中，goods 表示商品管理模块，goodsinfo 表示商品信息控制器，add 表示添加操作。

接下来通过案例演示如何在入口文件中获取请求信息，并根据请求信息找到对应的模块、控制器和操作，具体如例 2-2 所示。

【例 2-2】入口文件的工作流程

（1）在例 2-1 代码的基础上，修改 public/index.php 文件，具体代码如下。

```
1  <?php
2  $pathinfo = isset($_SERVER['PATH_INFO']) ? $_SERVER['PATH_INFO'] : '';
3  echo $pathinfo;
```

在上述代码中，$_SERVER['PATH_INFO']用于获取 URL 中的文件路径后面的附加信息。通过浏览器访问 http://mytp.test/index.php/goods/goodsinfo/add，可以看到输出结果为"/goods/goodsinfo/add"。

小提示：

$_SERVER['PATH_INFO']的值是由 Apache 解析 URL 后传递给 PHP 的，ThinkPHP 就是使用该值来获取 URL 中的模块、控制器和操作。但需要注意的是，由于该值依赖于 Web 服务器，如果在 Apache 中关闭 PATH_INFO 功能，或者使用 Nginx 来代替 Apache，则可能会导致无法获取到该值，所以在实际开发时，应注意检查服务器环境的配置。另外，使用 Nginx 也可以实现 PATH_INFO，但需要专门进行配置，具体会在后面的章节进行讲解，读者也可以参考 ThinkPHP 官方手册中的说明。

（2）在 public 目录下创建 student 目录表示 student 模块，然后在 student 目录中创建 controller、model 和 view 目录，将原有的文件放入相应目录下面。调整后的目录结构如下所示。

```
public/student/controller/StudentController.php
public/student/model/StudentModel.php
public/student/view/student.html
public/index.php
```

（3）修改 public/index.php 文件，从$pathinfo 中提取出模块、控制器和操作，具体代码如下。

```
1  <?php
2  $pathinfo = isset($_SERVER['PATH_INFO']) ? $_SERVER['PATH_INFO'] : '';
3  $arr = explode('/', trim($pathinfo, '/'));
4  if (!isset($arr[2])) {
5     exit('请求信息有误。');
6  }
7  list($module, $controller, $action) = $arr;
8  define('MODULE_PATH', './' . $module . '/');
9  $controller_name = ucwords($controller) . 'Controller';
10 $controller_path = MODULE_PATH . 'controller/' . $controller_name . '.php';
11 require $controller_path;
12 $obj = new $controller_name();
13 $obj->$action();
```

在上述代码中，第 3~7 行将模块、控制器、操作提取出来后，分别保存到$module、$controller、$action 变量中；第 8 行将模块路径保存为常量，用于在其他脚本中使用；第 9 行用于拼接控制器的类名；第 10 行用于拼接控制器的文件路径；第 11 行用于载入控制器类文件；第 12 行用于实例化控制器类；第 13 行用于以变量$action 的值作为方法名调用控制器中的方法。

（4）修改 public/student/StudentController.php 文件中的模型路径和视图路径，具体代码如下。

```
1  public function index()
2  {
3     require MODULE_PATH.'model/StudentModel.php';      // 修改模型路径
4     $model = new StudentModel();
5     $data = $model->getAll();
6     require MODULE_PATH . 'view/student.html';          // 修改视图路径
7  }
```

经过上述修改后，在控制器中即可正确调用模型和视图。

（5）通过浏览器访问 http://mytp.test/index.php/student/student/index，如果能看到学生信息的输

出结果，说明程序已经执行成功。另外，读者也可以尝试创建 goods 模块 Goodsinfo 控制器 add 操作，来测试是否能够正确访问。

2.2 路　由

在框架中，如何将 URL 中的请求信息分发到具体的控制器，通常有两种实现方式。第一种在前面已经演示过，就是在入口文件 index.php 后面添加“/模块/控制器/操作”，这种方式虽然简单方便，但是限制了 URL 的格式，不能随意自定义 URL。还有一种方式是通过定义路由规则来实现，也就是专门编写路由程序对 URL 进行匹配，找到对应的模块、控制器和操作。接下来，本节将针对框架中的路由的实现原理，以及 ThinkPHP 中路由的使用进行详细讲解。

2.2.1 路由的实现原理

Web 开发中的路由可以简单理解为 URL 到具体模块、控制器和操作的映射。在 ThinkPHP 中，开发人员不需要专门定义路由规则，框架会自动识别 URL 地址中的模块、控制器和操作。若定义了路由规则，可以使项目的 URL 更加灵活。下面通过图 2-4 演示路由的工作流程。

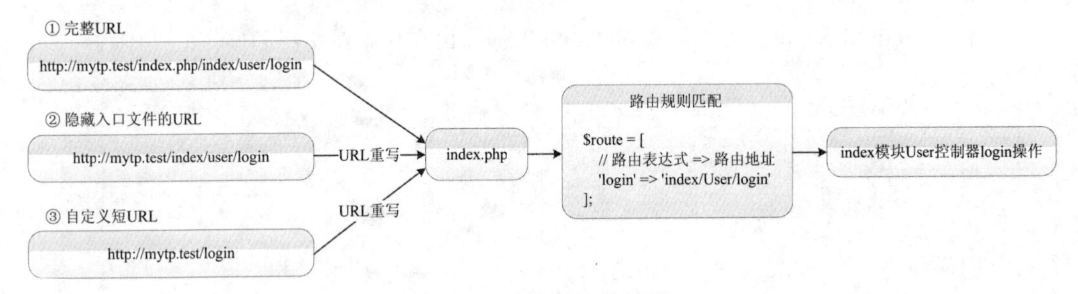

图 2-4　路由的工作流程

在图 2-4 中，一共有 3 个 URL 地址，它们都会进入到入口文件 index.php，然后在框架中进行路由规则匹配，最后进入到了 index 模块 User 控制器 login 操作。其中，路由规则定义在$route 数组中，数组的键名表示路由表达式，值表示路由地址。

为了使读者更好地理解，下面对这 3 个 URL 的处理过程分别进行解释，具体如下。

（1）完整 URL：通过完整 URL 可以直接找到入口文件 index.php，然后对 index/user/login 进行路由规则匹配。由于在路由表达式中没有定义 index/user/login 的映射地址，因此路由规则没有生效，最后由框架的自动路由机制识别为 index 模块 User 控制器 login 操作。

（2）隐藏入口文件的 URL：利用 Apache 的 URL 重写功能可以在 URL 中隐藏入口文件 index.php，然后对 index/user/login 进行路由规则匹配，和完整 URL 一样，路由规则没有生效，由框架自动路由机制识别为 index 模块 User 控制器 login 操作。

（3）自定义短 URL：在 URL 重写后找到 index.php，然后对 login 进行路由规则匹配，通过路由表达式获得路由地址 index/User/login，然后找到了 index 模块 User 控制器 login 操作。

通过以上解释可以看出，利用 URL 重写功能可以隐藏 URL 中的入口文件 index.php，然后通过路由功能可以进一步缩短 URL 地址。从用户体验来说，一个短的 URL 更有利于用户记忆。

在实际开发中，虽然框架的自动路由机制免去了开发人员手动定义路由规则的麻烦，但仍然推荐手动定义路由规则，这是因为手动定义路由规则可以使 URL 具有独立性。当项目的内部结构发生变更时，URL 会发生改变，导致以前的 URL 无法访问或出错。而手动定义路由规则，可以为项目设计一套独立的 URL，不用担心 URL 发生改变的问题。

2.2.2　隐藏入口文件

在 URL 中，index.php 是项目的入口文件，为了让 URL 更加简洁，通常会省略 URL 中的入口文件。例如，用户登录的 URL 为 http://localhost/index.php/index/user/login，由于这个地址比较长，不利于记忆，希望换成一个简化地址 http://localhost/login。接下来，在例 2-2 的基础上进行修改，实现隐藏入口文件，并进行路由规则匹配，具体如例 2-3 所示。

【例 2-3】隐藏入口文件并定义路由规则

（1）使用 Apache 的重写功能隐藏入口文件 index.php。重写功能可以打破 URL 和文件的对应关系，实现自定义 URL 的效果。若要使用重写功能，需要在 Apache 配置文件 httpd.conf 中开启 rewrite 模块，在配置文件中搜索“LoadModule rewrite_module”找到加载模块的配置，取消“#”注释，如下所示。

```
LoadModule rewrite_module modules/mod_rewrite.so
```

（2）开启 rewrite 模块后，重启 Apache 服务，就可以通过编写配置实现重写。但由于直接在 Apache 配置文件中重写配置比较麻烦，每次修改配置都需要重启 Apache 才会生效，一旦配置有误将无法启动，所以推荐将重写的配置写在分布式配置文件.htaccess 中。

在 C:/web/www/mytp/public 目录中创建.htaccess 文件，具体代码如下。

```
1  <IfModule mod_rewrite.c>
2    Options +FollowSymlinks -Multiviews
3    RewriteEngine On
4    RewriteCond %{REQUEST_FILENAME} !-d
5    RewriteCond %{REQUEST_FILENAME} !-f
6    RewriteRule ^(.*)$ index.php/$1 [QSA,PT,L]
7  </IfModule>
```

在上述配置中，最外层的<IfModule>用于判断模块是否存在，即当开启 rewrite 模块时，该配置块中的配置（第 2~6 行）才会生效。若没有这个判断，会因为 RewriteEngine 等指令无效而导致配置出错。第 2 行用于配置目录选项，+FollowSymlinks 表示开启符号链接（对于 Linux 系统有效），-Multiviews 表示关闭多视图搜索（该功能会影响重写）；第 3 行用于开启重写引擎；第 4 行和第 5 行的 RewriteCond 用于配置重写条件，当请求的文件名不存在（既不是目录也不是文件时），执行重写规则。

第 6 行的 RewriteRule 用于配置重写规则，它有 3 个参数，第 1 个参数^(.*)$是一个正则表达式，它用于捕获请求路径，例如，当访问 http://mytp.test/login 时，由于 login 不存在，则捕获结果为 login；第 2 个参数是重写后的路径，这里重写给了 index.php/$1，$1 用于引用^(.*)$的捕获结果；在第 3 个参数中，QSA 表示追加查询字符串，若省略则无法将查询字符串传递给 index.php，PT 表示移交给下一个处理器，避免影响其他模块的功能，L 表示不再应用其他重写规则（对于有多个重写规则的情况）。

（3）在 C:/web/www/mytp 目录下创建 application 目录，将原来的 public/student 目录放入 application 目录中。经过调整后，新的目录结构如下。

```
application/student/controller/StudentController.php
application/student/model/StudentModel.php
```

```
application/student/view/student.html
public/index.php
public/.htaccess
```

从以上目录结构可以看出，将控制器、模型和视图文件放在 application 目录中后，public 目录只有入口文件 index.php 提供对外访问，这样的目录结构安全性更高，并且不影响重写功能。

（4）将 index.php 中的模块路径修改为上级目录下的 application 目录中，具体代码如下。

```
define('MODULE_PATH', '../application/' . $module . '/');
```

（5）通过浏览器访问 http://mytp.test/student/student/index，如果能访问成功，说明已经成功实现了在 URL 中隐藏入口文件的功能。

（6）在 index.php 中定义路由规则，具体代码如下。

```
1  <?php
2  $pathinfo = isset($_SERVER['PATH_INFO']) ? $_SERVER['PATH_INFO'] : '';
3  // 以下是新增代码
4  $route = [
5      'student' => 'student/student/index',
6      'login' => 'index/user/login'    // 需要创建对应的模块、控制器和操作才可以访问
7  ];
8  $pathinfo = trim($pathinfo, '/');
9  if (isset($route[$pathinfo])) {
10     $pathinfo = $route[$pathinfo];
11 }
12 ……（原有代码）
```

在上述代码中，第 4~7 行通过$route 数组定义了两个路由规则，数组的键名表示匹配规则，值表示路由地址，此处读者也可以添加更多的规则来测试。第 9~11 行用于进行路由匹配，如果匹配成功，则将数组中保存的路由地址替换$pathinfo。

（7）通过浏览器访问 http://mytp.test/student，如果能访问成功，说明已经成功实现了路由功能。

2.2.3 ThinkPHP 中的路由

ThinkPHP 5.1 中的路由功能非常强大，不仅可以让复杂的访问简单化，而且支持多种定义方式。项目目录下的 route 目录用于存放路由定义文件，该目录下所有的路由定义文件都会被加载，默认的路由定义文件为 route.php。打开在第 1 章中安装过的 C:/web/www/thinkphp 项目，查看 route/route.php 文件。为了使读者更好地理解，下面对该文件中的关键代码进行讲解，具体如下。

```
1  // 方式1（闭包）
2  Route::get('think', function () {
3      return 'hello,ThinkPHP5!';
4  });
5  // 方式2（非闭包）
6  Route::get('hello/:name', 'index/hello');
7  // 方式3（数组）
8  return [];
```

上述代码演示了定义路由的 3 种方式。第 1 种方式可以通过 http://thinkphp.test/think 进行访问，页面打开后，输出结果为“hello,ThinkPHP5!”。由此可见，Route::get()方法的第 1 个参数用来匹配请求信息，第 2 个参数是一个闭包函数，函数的返回值将作为输出结果。

第 2 种方式通过 http://thinkphp.test/hello/name 进行访问，其中 name 可以换成自定义的内容，

输出结果为“hello,name”。Route::get()的第 2 个参数表示 Index 控制器的 hello()方法，第 1 个参数中的“:name”用来匹配用户传入的值，将值作为 hello()方法的参数$name 传入。hello()方法的具体代码如下。

```
1  public function hello($name = 'ThinkPHP5')
2  {
3      return 'hello,' . $name;
4  }
```

第 3 种方式是定义数组方式的路由，数组的键和值与 Route::get()的前 2 个参数相同，示例代码如下。

```
1  return [
2      'hello/:name' => 'index/hello'
3  ];
```

考虑到框架后期的版本升级，建议尽量使用 Route 类的方法注册路由规则，数组方式定义路由将在后续的版本中取消，不再建议使用。

在熟悉了 ThinkPHP 自带的 route/route.php 文件后，下面对 ThinkPHP 的路由功能进行详细详解。

1. 使用 Route::rule()定义路由

Route 是 ThinkPHP 中的路由类，该类提供了 rule()方法用来注册路由规则，其基本语法格式如下。

```
Route::rule('路由表达式', '路由地址', '请求类型');
```

在上述语法中，路由表达式用来匹配请求地址；路由地址表示匹配成功时执行的实际地址，即“模块/控制器/操作”，模块可以省略，默认为 index 模块；请求类型表示该路由规则只针对某种类型的请求有效，如 GET、POST，若省略该参数，则表示任何请求类型都有效。需要注意的是，如果要匹配首页，则路由规则应使用“/”，而如果匹配其他页面，则不需要以“/”开始。

请求类型可以使用 GET、POST、PUT、DELETE、PATCH 以及其他任何请求，并且 Route 类还提供了对应的快捷方法，分别是 get()、post()、put()、delete()、patch()、any()。如 Route::get()表示匹配 GET 类型的请求，而其他类型的请求则不会被匹配。

下面演示一些典型的配置，示例代码如下。

```
Route::rule('/', 'index/index2');                  // 将首页路由到 index2()方法
Route::rule('hello1', 'admin/index/hello');        // 将 hello1 路由到 admin 模块
Route::get('hello2', 'index/index/hello');         // 定义 GET 路由规则
Route::post('hello3', 'index/index/hello');        // 定义 POST 路由规则
Route::any('hello4', 'index/index/hello');         // 所有请求类型都支持的路由规则
```

需要注意的是，如果定义了多条规则都能匹配当前请求，则只有最前面的规则会生效。

2. 在路由表达式中传递参数

在路由表达式中通过“:参数名”来表示 URL 中的动态参数，示例代码如下。

```
Route::rule('user/:id/:name/:age', 'index/detail');
```

当路由表达式匹配成功时，就会执行 Index 控制器的 detail()方法，在 detail()方法中可以接收参数$id、$name 和$age，参数名和路由表达式中的“:参数名”对应，与参数的顺序无关。需要注意的是，detail()方法中的参数必须与路由表达式中的参数一致，如果省略了任意一个参数，就会报错。

下面在 Index 控制器中编写 detail()方法，具体代码如下。

```
1  public function detail($id, $name, $age)
2  {
3      return 'id: ' . $id . ', name: ' . $name . ', age: ' . $age;
4  }
```

通过浏览器访问 http://thinkphp.test/user/1/test/18，输出结果为“id：1，name：test，age：18”。

3．传递可选参数

在路由表达式中，可以用“[]”符号表示可选参数，示例代码如下。

```
Route::rule('user/:id/:name/[:age]', 'index/detail');
```

从上述代码可知，age 就是可选参数，无论是否传入该参数，路由规则都会匹配成功。为了确保在缺少$age 参数时 detail()方法也能执行，需要为$age 参数指定一个默认值，示例代码如下。

```
public function detail($id, $name, $age = 0)
```

需要注意的是，可选参数必须放在必选参数的后面，如果中间使用了可选参数，后面的参数都会变成可选参数。

接下来通过浏览器分别访问 http://thinkphp.test/user/1/test 和 http://thinkphp.test/user/1/test/18 进行测试，可以看到 detail()方法都能正常执行。

4．传递固定参数

这里所说的固定参数并不是指 URL 中传递的参数，而是在路由地址中为指定的操作方法传入参数，在访问的 URL 中是不可见的，能起到一定的安全保护作用，示例代码如下。

```
Route::rule('user/:id', 'index/detail?name=test');
```

当浏览器访问 http://thinkphp.test/user/1 时，detail()方法会接收到$id 和$name 两个参数，值分别为 1 和 test。$id 会根据 URL 实际传入的参数而改变，而 name 的值是固定的 test。

5．闭包支持

使用闭包方式定义路由，不需要指定对应的控制器和操作方法，将需要执行的代码直接写在闭包函数中即可，用于满足有特殊需求的访问，示例代码如下。

```
1  Route::get('hello/:name', function ($name) {
2      return 'Hello,' . $name;
3  });
```

在上述代码中，闭包函数的参数$name 就是路由表达式中的参数“:name”的值，return 返回的值是输出结果。因此，当访问 http://thinkphp.test/hello/world 时，浏览器输出结果为 hello world。

需要注意的是，使用闭包方式虽然有时候很方便，但由于无法支持路由缓存，所以请谨慎使用。

2.3 命名空间

命名空间是一种解决项目中的各种类库之间命名冲突的方案，它类似于在磁盘中划分一层层的目录，将不同的软件安装到不同的目录，从而避免文件名重名的情况。在项目开发中，经常会用到大量的类库，每个类库中又包含大量的类文件，为了避免不同类库发生命名冲突，可以将一个类库内的类放在命名空间里，通过路径（如 a\b\c）来访问类库中的类。本节将围绕命名空间进行详细讲解。

2.3.1 命名空间的定义

PHP 中命名空间使用关键字 namespace 定义，基本语法格式如下。

```
namespace 空间名称;
```

在上述语法中，空间名称遵循基本标识符命名规则，以数字、字母和下画线构成，且不能以数字开头。

如果一个脚本的开始处需要定义命名空间，除 PHP 提供的 declare 语句外，命名空间必须是程序脚本的第 1 条语句，如果在 PHP 开始标记前有空格等都会报“Fatal error”错误提示。

1. 命名空间的定义规则

（1）合法命名空间的定义

```
<?php
namespace app;

/* 此处编写 PHP 代码 */
```

```
<?php
declare(ticks = 1);
namespace app;

/* 此处编写 PHP 代码 */
```

在上述示例中，app 是定义的空间名称。根据 PSR（PHP 的代码规范）要求，namespace 定义后必须插入一个空白行。此处读者对 PSR 规范了解即可，本书会在后面的章节详细讲解。

需要注意的是，当和命名空间结合起来时，declare 的唯一合法语法是 declare(参数='值')。而 declare(参数='值') {} 将在与命名空间结合时产生解析错误。

（2）非法命名空间的定义

```

<?php
header('Content-Type: text/html; charset=UTF-8');
namespace app;

/* 此处编写 PHP 代码 */
```

在上述示例中，只要脚本的开始处含有空格，或命名空间定义前含有除 declare 外的其他语句中的任何一个，服务器都会报以下的错误提示信息。

```
Fatal error: Namespace declaration statement has to be the very first statement
or after any declare call in the script in …
```

2. 定义子命名空间

PHP 命名空间允许指定多层次的命名空间，通常把这种用法称为定义子命名空间，具体示例如下。

```
<?php
namespace app\index\controller;

/* 此处编写 PHP 代码 */
```

在上述示例中，index 是 app 的子空间，controller 是 index 的子空间，在创建 controller 子空间时，会同时创建 app 和 index 命名空间。

值得一提的是，同一个命名空间也可以定义在多个文件中，即允许将同一个命名空间的内容分割存放在不同的文件中。

多学一招：定义多个命名空间

在一个脚本中不仅可以定义多层次的命名空间，还允许定义多个命名空间。PHP 提供了简单组合和大括号“{}”两种语法。具体示例如下。

```
<?php
// ① 简单组合方式
namespace MyNamespace;

/* 此处编写 PHP 代码 */
namespace AnotherNamespace;

/* 此处编写 PHP 代码 */
```

```
<?php
// ② 大括号方式
namespace MyNamesapce {
    /* 此处编写 PHP 代码 */
}
namespace AnotherNamespace {
    /* 此处编写 PHP 代码 */
}
```

不论是简单组合方式，还是大括号方式，在实际项目开发中，都不推荐在同一个 PHP 文件中定义多个命名空间。

2.3.2 命名空间的使用

虽然任意合法的 PHP 代码都可以包含在命名空间中，但只有类（包括抽象类和 traits）、接口、函数和常量受命名空间的影响。其中，受命名空间影响的代码也称为空间成员。

为了读者更好地理解，接下来通过一个案例演示是否可以在一个命名空间中直接访问另一个命名空间中的常量和变量，如例 2-4 所示。

【例 2-4】命名空间中常量和变量的使用

（1）创建 C:/web/apache2.4/htdocs/namespace01.php 文件，具体代码如下。

```
1  <?php
2  namespace one;
3
4  $name = 'Tom';
5  const PI = 3.14;
6  echo PI;
```

（2）创建 C:/web/apache2.4/htdocs/namespace02.php 文件，具体代码如下。

```
1  <?php
2  namespace two;
3
4  require './namespace01.php';
5  echo $name, PI;
```

在上述代码中，one 命名空间中定义了变量$name 和常量 PI，two 命名空间直接输出变量$name 和常量 PI，运行结果如图 2-5 所示。

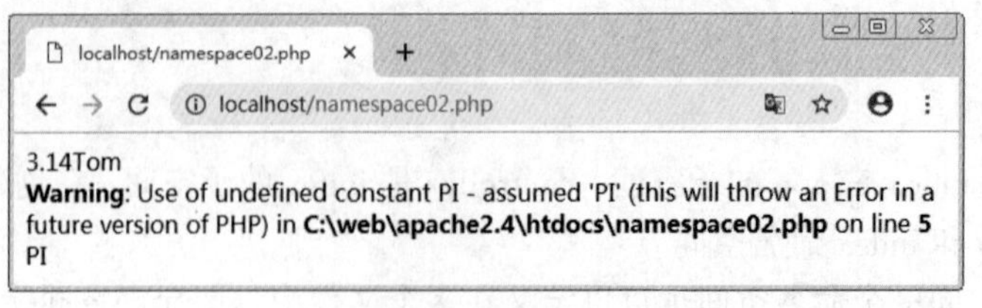

图 2-5 空间成员的访问

从图 2-5 可知，在 two 命名空间中可以直接访问 one 空间中的变量$name，但是访问常量 PI 就会受到 one 命名空间的限制。因此，可以看出空间成员不能直接在其他命名空间使用。

为此，PHP 提供了 3 种访问空间成员的方式，分别为非限定名称访问、限定名称访问、完全限定名称访问。它们之间的具体区别如下。

1. 非限定名称访问

非限定名称访问就是直接访问空间成员名称，不指定命名空间的名称，只能用于访问当前代码向上寻找到的第 1 个命名空间内的成员，当找到的命名空间中不存在指定的空间成员时，PHP 就会报错。

例如，在例 2-4 的 one 命名空间中，使用“echo PI;”可以输出常量 PI 的值，这就属于非限定名称访问；而 two 命名空间中没有定义常量 PI，直接输出常量 PI 就会出现图 2-5 所示的 Warning 信息。

2. 限定名称访问

限定名称访问的语法为“子空间名称\空间成员名称”，表示从当前空间开始，访问其子空间的成员。这种方式只能用于访问当前空间的子空间成员，不能访问其父空间的成员。

例如，将 namespace01.php 中的“namespace one;”修改为“namespace two\one;”，表示 one 命名空间是 two 命名空间的子命名空间，然后将 namespace02.php 第 5 行代码修改为“echo $name, one\PI;”，就可以成功访问到常量 PI 的值。此外，还可以利用 namespace 关键字显式地访问当前命名空间或其子命名空间中的成员。例如，可以将“one\PI”修改为“namespace\one\PI”，两者效果相同。

3. 完全限定名称访问

完全限定名称访问的语法为“\空间名称\空间成员名称”，可以在任意的命名空间中访问从“\”根命名空间开始的任意空间内的成员。

例如，namespace01.php 中的“namespace one;”表示 one 在根命名空间下，将 namespace02.php 第 5 行代码修改为“echo $name, \one\PI;”即可通过完全限定名称访问 one 命名空间中的常量 PI。

注意：

空间引入的时机与文件载入的时机相关，而 PHP 中文件的载入发生在代码的执行阶段，而不是代码的编译阶段。所以，不能在载入文件前访问引入的空间成员，否则程序会报错。

多学一招：全局空间

PHP 脚本中没有定义命名空间时，其中的所有代码都属于全局空间。全局空间中的所有代码，包括类、抽象类、traits、接口、函数和常量皆称为全局空间成员。因此，在含有命名空间的脚本中引入了全局空间脚本，全局空间成员的访问方式为“\全局空间成员”。

下面通过一个案例演示如何在命名空间中访问全局空间成员，如例 2-5 所示。

【例 2-5】命名空间中全局空间成员的使用

```
1  <?php
2  namespace common;
3
4  const PHP_VERSION = '5.6';
5  echo PHP_VERSION;          // 访问空间成员：5.6
6  echo \PHP_VERSION;         // 访问全局成员：7.2.15
```

在以上定义的命名空间 common 中，直接访问 PHP_VERSION 常量，程序调用的是当前空间中定义的常量。在访问 PHP_VERSION 常量前添加“\”，则表示访问全局空间中定义的常量。其中，全局空间成员包括用户自定义的成员和 PHP 提供的内置成员。

另外，PHP 提供的__NAMESPACE__魔术常量可以获取当前命名空间的名称。若在全局空间中，该常量的值则是一个空字符串。

2.3.3 导入命名空间

当在一个命名空间中使用其他命名空间中的类和接口时，如果每次都在类名前面加上路径，会显得比较烦琐，这时可以通过 use 关键字导入指定的空间或空间的成员（类、接口），同时为了简化操作，也可以对导入的内容设置别名。从 PHP 5.6 开始，还允许导入函数和常量，并可为其设置别名。

为了读者更好地理解，接下来通过一个案例演示 use 导入与别名的使用，如例 2-6 所示。

【例 2-6】导入命名空间与别名的使用

（1）在 C:/web/apache2.4/htdocs 目录下创建 Student.php 文件，具体代码如下。

```
1  <?php
2  namespace app\index\controller;
3
4  class Student
5  {
6     public static function introduce()
7     {
8         return __CLASS__;
9     }
10 }
```

在上述代码中，Student 类放在了 app\index\controller 命名空间中，第 8 行的魔术常量__CLASS__用于返回当前被调用的类名，该类名是包含了类所在的命名空间层级的完整类名。

（2）在相同目录下创建 Container.php 文件，具体代码如下。

```
1  <?php
2  namespace mytp;
3
4  use app\index\controller;
5
6  class Container
7  {
8     public static function student()
9     {
10        return controller\Student::introduce();
11    }
12 }
```

在上述代码中，第 4 行导入了 app\index\controller 命名空间，由于 Student 类在 controller 下面，所以第 10 行使用 controller\Student 来表示 Student 类。use 导入的命名空间采用完全限定的方式，导入内容时不需要添加前导反斜杠“\”。

（3）在相同目录下创建 namespace04.php 文件，具体代码如下。

```
1  <?php
2  use mytp\Container;
3  require './Student.php';
4  require './Container.php';
5  echo Container::student();    // 输出结果: app\index\controller\Student
```

在上述代码中，第 2 行导入了 mytp 命名空间下的 Container 类，在第 5 行可以直接使用 Container 类名。需要注意的是，若 use 导入的是顶层命名空间（如 use mytp;）则没有任何意义，程序会报警告信息。

此外，对于导入的内容还可以使用"use 导入内容 as 别名"的方式设置别名。例如，在 Container.php 中修改第 4 行代码，导入 Student 类，设置别名 StudentController，如下所示。

```
use app\index\controller\Student as StudentController;
```

然后将第 10 行代码改为如下代码。

```
return StudentController::introduce();
```

需要注意的是，利用 use 关键字设置别名后，接下来的代码中只能使用别名进行操作。

（4）在 PHP 5.6 以后可以导入函数和常量。例如，创建 function.php，具体代码如下。

```
1  <?php
2  namespace mytp;
3
4  const PREFIX = 'pre_';
5  function getFullName($name)
6  {
7      return PREFIX . $name;
8  }
```

（5）创建 namespace05.php 文件，访问 PREFIX 常量和 getFullName()函数，具体代码如下。

```
1  <?php
2  use const mytp\PREFIX;
3  use function mytp\getFullName;
4  require 'function.php';
5  echo PREFIX, getFullName('test');  // 输出结果: pre_pre_test
```

在上述代码中，use const 表示导入常量，use function 表示导入函数。

小提示：

① PHP 允许一条 use 语句中导入多个类或接口，可以设置别名。示例代码如下。

```
use app\Common, app\Person as p;
```

上述代码表示导入 app\Common 和 app\Person 命名空间，并为 app\Person 设置别名为 p。

② 从 PHP 7.0 开始，单个 use 语句可以对同一个命名空间下的多个类、函数、常量批量导入或设置别名。使用语法如下。

```
use 命名空间\{类名 1 as 别名, 类名 2 as 别名, 类名 3 as 别名, …};          // 类
 // 函数
use function 命名空间\{函数名 1 as 别名, 函数名 2 as 别名, 函数名 3 as 别名, …};
use const 命名空间\{常量名 1 as 别名, 常量名 2 as 别名, 常量名 3 as 别名, …}; // 常量
```

③ use 的导入或设置别名操作是在编译时执行的，而可变的类名、函数名和常量名则是在运行时执行的。因此，在程序中使用可变的类名、函数名和常量名全部是全局成员。示例代码如下。

```
use app\index\controller\Student;
$obj = new Student;      // 实例化的类: app\index\controller\Student
$s1 = 'Student';
$o1 = new $s1();         // 实例化的类: Student
$s2 = '\\app\\index\\controller\\Student';
$o2 = new $s2();         // 实例化的类: app\index\controller\Student
```

2.4 自动加载

从前面的学习可知，虽然命名空间可以解决命名冲突的问题，但是每次导入时，需要采用 include、require、include_once 或 require_once 手动引入需要的文件。这样不仅会降低开发效率，还会使代码难以维护，如果不小心忘记引入某个文件，程序就会出错。为了解决上述问题，PHP 提供了自动加载机制，可根据需求自动加载对应的文件。本节将针对 PHP 中如何实现自动加载进行详细讲解。

2.4.1 注册自动加载函数

在 PHP 7.2 版本以前，自动加载的实现方式有两种，分别为__autoload()和 spl_autoload_register()。前者在试图使用尚未被定义的类时自动调用，这样 PHP 会在报告错误之前有最后一次机会加载所需的类，但从 PHP 7.2 版本开始，此函数已被废弃。后者则需要将用户自定义的函数注册为自动加载函数，注册完成后，其作用与__autoload()函数功能相同。下面分别进行讲解。

1. __autoload()

虽然__autoload()自动加载函数会在使用未被定义的类时自动调用，但是该函数自己并不能完成加载类的功能，它只提供了一个时机，具体的加载代码还需要用户自己实现。

接下来通过案例进行演示。在例 2-6 基础上，使用__autoload()自动加载类文件，如例 2-7 所示。

【例 2-7】__autoload()函数的使用

（1）在 C:/web/apache2.4/htdocs 目录下创建 autoload01.php 文件，具体代码如下。

```
1  <?php
2  use mytp\Container;
3
4  function __autoload($classname)
5  {
6      $filename = substr($classname, strrpos($classname, '\\') + 1); // 获取类名
7      $filename = $filename . '.php';     // 拼接文件名
8      if (is_file($filename)) {           // 判断文件是否存在
9          require $filename;              // 文件存在，引入文件
10     }
11 }
12 echo Container::student();
```

在上述代码中，第 12 行使用 Container 类时，由于类不存在，就会执行__autoload()函数。在第 2 行使用了“use mytp\Container;”以后，__autoload()函数的参数$classname 的值为 mytp\Container，因此在第 6 行使用 substr()提取出了“\”右边的 Container，再拼接上“.php”作为文件名进行引入。

（2）通过浏览器访问测试，运行结果如图 2-6 所示。

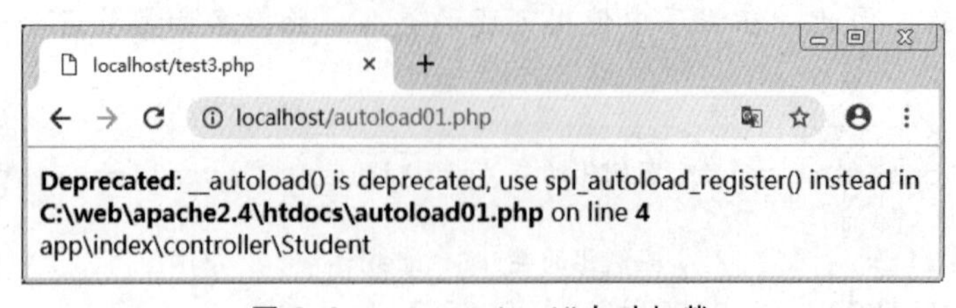

图 2-6 __autoload()自动加载

从图 2-6 可知，在使用自动加载后，Container 类和 Student 类都已经加载成功了，但是在 PHP7.2 版本中会出现 Deprecated（不推荐使用）提示信息。因此，推荐读者在开发时使用 spl_autoload_register()来替代__autoload()实现自动加载。

2. spl_autoload_register()

PHP 提供的 spl_autoload_register()函数用于完成注册自动加载函数的功能，其基本语法格式如下。

```
bool spl_autoload_register ([ callable $autoload_function [, bool $throw = TRUE [, bool$prepend = FALSE ]]] )
```

在上述语法中，第 1 个参数表示待注册的自动加载函数；第 2 个参数用于设置自动加载函数注册失败时是否抛出异常，默认为 true 表示抛出异常；第 3 个参数设置注册的自动加载函数添加到队列的开头还是结尾，默认为 false 表示添加到队尾。关于异常的内容会在后面的小节详细讲解，此处读者了解即可。

接下来，通过案例演示 spl_autoload_register()函数的使用，具体如例 2-8 所示。

【例 2-8】 spl_autoload_register()函数的使用

在 C:/web/apache2.4/htdocs 目录下创建 autoload02.php 文件，具体代码如下。

```
1  <?php
2  use mytp\Container;
3
4  function loader($classname)
5  {
6      $filename = substr($classname, strrpos($classname, '\\') + 1);
7      $filename = $filename . '.php';
8      if (is_file($filename)) {
9          require $filename;
10     }
11 }
12 spl_autoload_register('loader');
13 echo Container::student();
```

在上述代码中，loader()函数中的代码与例 2-7 中__autoload()函数的代码相同，第 12 行将 loader()函数注册为自动加载函数。

通过浏览器访问测试，运行结果如图 2-7 所示。

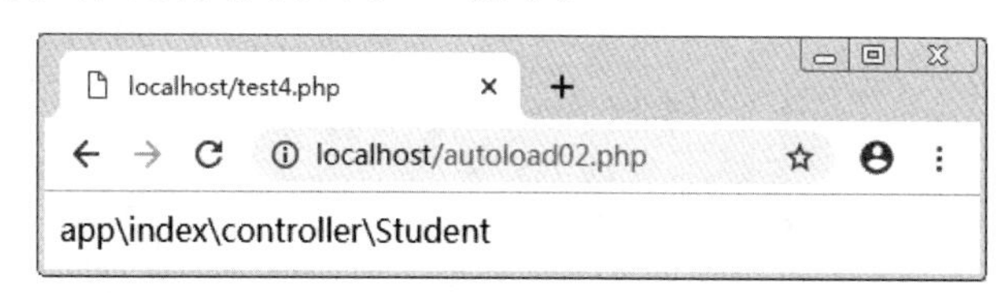

图 2-7　spl_autoload_register()自动加载

此外，注册自动加载的函数还可以是匿名函数，示例代码如下。

```
spl_autoload_register(function ($classname) {
    // 在此处编写自动加载处理代码
});
```

从上述示例可知，将原本写在 loader()函数中的代码，直接写在以上示例代码中注释的位置，即可注册自动加载函数。

2.4.2 注册多个自动加载函数

PHP 提供的 spl_autoload_register()可以注册多个自动加载函数，在需要的文件载入成功之前，会依次按注册的顺序执行，直到找到为止。

接下来，通过案例演示 spl_autoload_register()函数的使用，具体如例 2-9 所示。

【例 2-9】spl_autoload_register()函数注册多个自动加载函数

在 C:/web/apache2.4/htdocs 目录下创建 autoload03.php 文件，具体代码如下。

```
1  <?php
2  spl_autoload_register(function ($classname) {
3      echo '第 1 个自动加载函数', '<br>';
4  });
5  spl_autoload_register(function ($classname) {
6      echo '第 2 个自动加载函数', '<br>';
7  });
8  $obj = new Test();
```

通过浏览器访问测试，运行结果如图 2-8 所示。

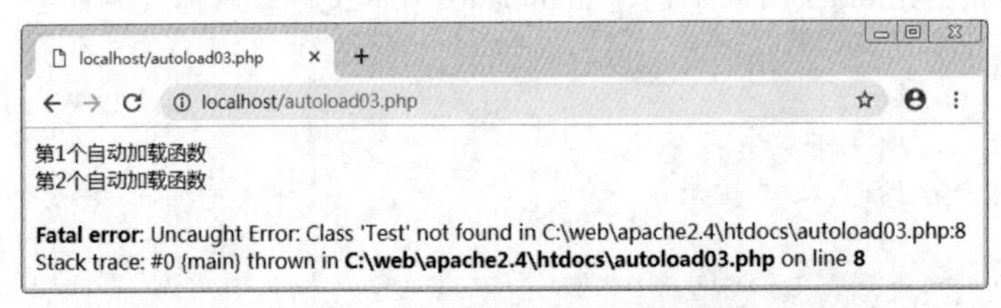

图 2-8 注册多个自动加载函数

从图 2-8 中可以看出，多个自动加载函数会按照注册时的顺序执行。需要注意的是，如果第 1 个自动加载函数加载后，类可以用了，则第 2 个自动加载函数将不会执行。

2.4.3 注册自动加载方法

PHP 中除了可以将函数注册为自动加载函数，还可以根据实际需求将指定的方法注册为自动加载方法。但是在使用时 spl_autoload_register()函数的参数与注册自动加载函数有所不同。对于静态方法和非静态方法有以下两种语法，基本格式如下。

```
// 注册静态方法，有以下两种方式
spl_autoload_register(['类名', '方法名'])
spl_autoload_register('类名::方法名')
// 注册非静态方法，只有一种方式
spl_autoload_register([对象, '方法名'])
```

在上述语法中，函数的参数可以是一个索引数组。对于静态方法还可以直接使用字符串的方式设置类名和方法名。注册静态方法和非静态方法的具体示例代码如下。

```
class Auto
{
    public static function load01($classname)
    {
        /* 处理自动加载的代码*/
    }
    public function load02($classname)
```

```
    {
        /* 处理自动加载的代码*/
    }
}
// 注册静态方法
spl_autoload_register(['Auto', 'load01']); // 注册方式 1
spl_autoload_register('Auto::load01');     // 注册方式 2
// 注册非静态方法
$auto = new Auto();
spl_autoload_register([$auto, 'load02']);
```

2.5 代码规范

项目开发中不同开发人员的编码习惯各有不同，这在大型项目的协助开发中会给开发人员带来一定的困扰。例如，小明定义的类名全部采用小写，小红定义的类名使用大写开头的驼峰式，而小李在创建类时又使用了命名空间，那么在引入文件和使用对应的类时则需要对其进行相关的处理，加大了程序开发的难度的同时，也提高了代码维护的成本。为了使开发人员的代码风格统一，本节将介绍 PHP 中常用的 PSR 规范，并讲解如何在 VS Code 编辑器中按照指定规范来进行代码检查和自动格式化代码。

2.5.1 PSR 规范

PHP 的开源项目在网络上非常流行，由来自世界各地的开发者编写了各种框架、类库，放在 GitHub 等平台中分享。后来人们发现，虽然市面上出现了很多流行的框架，但是由于不同开发团队的编码习惯各有不同，缺乏一种约束力，导致这些框架的代码风格各不相同，不同框架之间难以共享代码。有时为了开发一个公共的类库，就要针对不同框架编写不同版本。

为此，一些开源框架的开发者于 2009 年成立了 PHP FIG（PHP Framework Interop Group，PHP 框架互用性小组），用于制定 PHP 代码的编写规范。虽然 PHP FIG 不是一个官方的组织，但是它也获得了大部分的 PHP 社区以及框架的支持和认可。

PSR（PHP Standard Recommendations，PHP 推荐标准）是 PHP FIG 组织制定的 PHP 代码开发规范。通过最低程度的限制，制定一个协作标准，这样 PHP 框架（如 ThinkPHP、Laravel 等）遵循统一的编码规范，避免各家自行发展的风格阻碍 PHP 的发展，解决 PHP 开发人员由来已久的困扰。目前已表决通过并正在使用的标准有 12 套，具体如表 2-1 所示。

表 2-1　目前正在使用的 PSR 标准

编　号	名　　称	编　号	名　　称
PSR-1	基础编码规范	PSR-11	容器接口
PSR-2	编码风格规范	PSR-13	超媒体链接
PSR-3	日志接口规范	PSR-15	HTTP 请求处理器
PSR-4	自动加载优化规范	PSR-16	Simple Cache
PSR-6	缓存接口规范	PSR-17	HTTP Factories
PSR-7	HTTP 消息接口规范	PSR-18	HTTP Client

下面通过表 2-2 列举 PSR-1、PSR-2 及 PSR-4 标准中的部分规范要求。

表 2-2　PSR-1、PSR-2 及 PSR-4 的部分规范要求

PSR 标准	名　称	说　　明
PSR-1	PHP 脚本的编码	必须以不带 BOM 的 UTF-8 编码
	PHP 脚本的开始标签	必须以<?php 或<?=标签开始
	类名	必须遵循大写开头的驼峰命名规范
	类常量名称	必须全部大写，多个单词间用下画线分隔
	方法名	必须符合小写开头的驼峰命名规范
PSR-2	代码缩进	必须使用 4 个空格符，不能使用【Tab】键进行缩进
	namespace 或 use 关键字	namespace 或 use 声明语句块后必须插入一个空白行
	类与方法体	开始“{”与结束“}”必须自成一行
	类的属性和方法	必须添加访问修饰符
	静态方法	static 必须声明在访问修饰符之后
	PHP 脚本的结束标签	纯 PHP 脚本必须省略结束标签“?>”
	PHP 脚本	必须以一个空白行作为结束
	true、false 和 null	必须使用小写
	继承与实现接口	关键字 extends 和 implements 必须写在类名称的同一行
PSR-4	命名空间与目录	每个命名空间必须有对应的同名目录，并且必须区分大小写
	文件名与类名	一个文件应该有一个类，且文件名必须与类名相同

需要注意的是，PSR-4 规定了从文件路径中自动加载类的规范，同时能很好地兼容 PSR-0（自动加载标准，从 2014 年 10 月 21 日已被弃用）。其他 PSR 标准的相关规范读者可参考 RSR 文档进行查阅。

接下来演示一段符合 PSR 规范的 PHP 代码，如下所示。

```
1  <?php
2  namespace application\model;
3
4  use DbInterface;
5  use MyModel as My;
6
7  class User extends My implements DbInterface
8  {
9      const VERSION = '1.0';
10     public $dsn = null;
11     public static function getParams()
12     {
13         // 方法体
14     }
15 }
16
```

小提示：

PSR-2 要求 PHP 脚本以一个空白行结束（如上述代码中的第 16 行），但在本书中，为了节约篇幅，在其他代码段中没有留出这个空白行。因此，读者在实际开发中，应注意加上这个空白行。

本书中由于排版问题，部分代码中的一些空格丢失，和完全规范的代码有一些差异，不能作为参考。读者在实际开发时，可以借助一些工具来自动检查和更正代码格式，具体会在下一节中讲解。

2.5.2　配置 VS Code 编辑器

在第 1 章讲解了 VS Code 编辑器的安装，已经可以使用它进行 PHP 开发了，但是功能还不够强大。其实，VS Code 编辑器的许多功能是通过扩展来实现的。例如，通过 VS Code 编辑器来自动检查代码是否符合 PSR-2 规范，如果不符合，编辑器可以将大部分代码自动修正，以减少开发人员的工作量，避免将时间浪费在代码风格的检查上。下面将会介绍一些常用扩展的使用。

1. PHP IntelliSense

PHP IntelliSense 扩展提供了 PHP 代码自动补全、函数参数提示、查找引用、查看定义等功能，在应用商店中搜索 PHP IntelliSense 扩展，找到后安装即可。

根据 PHP IntelliSense 扩展的使用说明，需要对 VS Code 编辑器进行一些配置，具体步骤如下。

（1）在 VS Code 编辑器中打开 mytp.test 项目，在项目根目录下创建“.vscode”目录用于保存工作区配置，然后在该目录下创建 settings.json 配置文件。

（2）在 settings.json 配置文件中编写如下配置。

```
1 {
2     "php.suggest.basic": false,
3     "php.executablePath": "C:/web/php7.2/php.exe",
4 }
```

在上述配置中，第 2 行用于关闭 VS Code 自带的 PHP 语言建议，关闭后可以避免其与 PHP IntelliSense 扩展的功能冲突；第 3 行用于指定 PHP 可执行文件的路径。

小提示：

① 在 VS Code 应用商店中还有一个与 PHP IntelliSens 功能类似的 PHP Intelephense 扩展，两者只需选择其中一个安装即可。

② 安装 PHP IntelliSense 扩展后，在调用方法的代码上右击，选择“转到定义”，或者按住【Ctrl】键单击方法名，就可以快速跳转到方法定义的代码中。此操作可以帮助读者更有效率地阅读和学习 ThinkPHP 的源代码。

2. phpcs

phpcs 扩展是一种基于 PHP CodeSniffer 的代码自动检查扩展，支持 PSR 等常见的规范。安装扩展后，如果代码不符合规范，编辑器会将有问题的代码标出。

在 VS Code 编辑器中找到 phpcs 扩展进行安装。安装后还需要进行一些后续操作，具体步骤如下。

（1）安装 PHP CodeSniffer，命令如下。

```
composer global require squizlabs/php_codesniffer
```

在上述命令中，global 表示全局安装（安装到系统中），安装后可以在所有项目中使用。

另外，如果希望只在当前项目中安装 PHP CodeSniffer，可以使用如下命令。

```
composer require --dev squizlabs/php_codesniffer
```

在上述命令中，"--dev"表示该依赖包用于开发环境，上线环境则无须安装。

（2）安装 PHP CodeSniffer 以后，需要重启 VS Code 编辑器，phpcs 扩展才会生效。

（3）编辑".vscode/settings.json"文件，在"{}"中添加代码格式的配置，如下所示。

```
1  "phpcs.standard": "psr2",
2  "files.eol": "\n",
```

在上述配置中，phpcs.standard 表示 phpcs 扩展基于 psr2 规范进行代码检查，files.eol 表示新创建的文件中的换行符默认使用"\n"（Windows 系统默认换行符为"\r\n"）。若使用"\r\n"换行符，phpcs 扩展会发出警告，因此此处将换行符修改为"\n"。

打开 application/student/controller/Student.php 文件进行测试，如果语法不规范，编辑器会进行提示。值得一提的是，已经创建的文件的换行符可能是"\r\n"，在编辑器的右下角会看到 CRLF，如图 2-9 所示。

行 21，列 9　空格：4　UTF-8　CRLF　PHP

图 2-9　查看当前换行符类型

在图 2-9 中，CRLF 表示"\r\n"换行符，单击可以进行修改，改为 LF（即"\n"）即可。

3. php cs fixer

当 phpcs 扩展遇到不规范的代码时，会出现提示，提醒开发人员更正这些问题。如果开发人员手动修改每一处代码，会显得非常麻烦，这时可以使用代码自动修正扩展来自动修正。在 VS Code 应用商店中，搜索 php cs fixer 会找到很多 PHP 代码自动修正的扩展，这里选择 junstyle 发布的版本。

将 php cs fixer 扩展安装成功后，打开 application/student/controller/Student.php 文件进行测试，当代码中存在不规范的问题时，按下【Alt+Shift+F】快捷键，代码会自动进行更正。

值得一提的是，当安装 php cs fixer 扩展后，初次使用【Alt+Shift+F】快捷键自动更正代码时，扩展会发出警告，提示在配置文件中没有通过 php-cs-fixer.executablePath 指定 php-cs-fixer.phar 的文件路径，将使用内置的 php-cs-fixer.phar。读者可以忽略该警告，再按一次快捷键即可生效，不影响 php cs fixer 的正常使用。若需要在配置文件中指定 php-cs-fixer.phar 的路径，可以按照该扩展的使用说明，到指定的下载地址中获取 php-cs-fixer.phar，然后在配置文件中添加如下配置即可。

```
"php-cs-fixer.executablePath": "文件保存目录/php-cs-fixer.phar",
```

另外，当关闭并重新打开 VS Code 编辑器时，由于各种扩展的加载需要一定的时间，在 php cs fixer 扩展加载完成前，按下【Alt+Shift+F】快捷键是不生效的，应等待扩展加载完成后再使用此快捷键。

4. EditorConfig for VS Code

EditorConfig for VS Code 扩展用来在 VS Code 编辑器中通过 EditorConfig 来配置项目的代码风格，EditorConfig 是一种统一代码风格的工具，在官方网站中有详细的使用说明。

将扩展安装后，它会自动读取项目根目录下的.editorconfig 文件中的配置。例如，将.editorconfig 创建出来，然后编写如下配置，将 php 文件的缩进设为 4 个空格，将 html 和 js 文件的缩进设为 2 个空格。

```
[*.php]
indent_style = space
indent_size = 4
[*.html]
indent_style = space
indent_size = 2
[*.js]
indent_style = space
indent_size = 2
```

保存上述配置后，读者可以创建一个新的 php、html 或 js 文件来测试配置是否已经生效。

2.6　Composer

在第 1 章讲解了什么是 Composer，如何使用 Composer 安装了 ThinkPHP 5.1。实际上，Composer 的作用不仅仅是安装一个框架，它还可以实现类的自动加载、项目依赖管理，以及创建自己的包。本节将针对 Composer 的使用进行详细讲解。

2.6.1　实现类的自动加载

从前面的学习可知，PHP 虽然提供了自动加载机制，但是自动加载功能还需要手动设置才能实现，操作起来相对复杂。此时就可以利用 Composer 提供的功能实现类的自动加载。

接下来在 mytp.test 项目中，使用 Composer 来管理类的自动加载，具体如例 2-10 所示。

【例 2-10】 Composer 管理类的自动加载

（1）在 C:/web/www/mytp 目录下创建 composer.json 文件，具体代码如下。

```
1  {
2      "autoload": {
3          "psr-4": {"app\\": "application/"}
4      }
5  }
```

在上述代码中，autoload 表示使用自动加载，psr-4 表示自动加载的类文件要遵循 PSR-4 规范的要求，“app\\” 表示 app 命名空间，“application/” 表示 application 目录，此处配置的含义为将 app 命名空间映射给 application 目录，当需要加载 app 命名空间中的类时，到 application 目录中查找类文件。app 命名空间中的子命名空间将会映射为 application 目录下的子目录。

例如，若需要自动加载的类名为 app\index\controller\Index，则 Composer 会进行自动加载，对应的路径为 application/index/controller/Index.php。

（2）在命令行中切换到 composer.json 文件所在目录中，执行 composer install 命令安装依赖关系所需组件，并初始化自动加载信息。命令执行完成后，输出结果如下。

```
Loading composer repositories with package information
Updating dependencies (including require-dev)
Nothing to install or update
Generating autoload files
```

完成上述操作后，会在当前目录下生成一个 vendor 目录，其目录结构如图 2-10 所示。

在图 2-10 中，实现自动加载功能的具体代码都保存在 composer 目录中，为了方便使用，composer 提供了 vendor/autoload.php 文件，在项目中直接引入它就可以实现自动加载。需要注意的是，composer 目录中的文件都是由 composer 自动生成的，不推荐开发人员直接修改里面的代码。如果修改了 composer.json 文件，需要更新时，执行 composer update 命令，composer 目录中的文件就会自动更新。

```
vendor
  ├─autoload.php
  └─composer
      ├─autoload_classmap.php
      ├─autoload_namespaces.php
      ├─autoload_psr4.php
      ├─autoload_real.php
      ├─autoload_static.php
      ├─ClassLoader.php
      ├─installed.json
      └─LICENSE
```

图 2-10　vendor 目录结构

（3）修改 public/index.php，在代码的最前面引入 vendor/autoload.php 文件，如下所示。

```
1  <?php
2  require '../vendor/autoload.php';
3  ……（原有代码）
```

（4）有了命名空间机制后，项目中的类名中就无须添加 Controller、Model 后缀了。因此，重命名 StudentController.php 和 StudentModel.php 文件，删除文件名中的 Controller 和 Model，如下所示。

```
application/student/controller/Student.php
application/student/model/Student.php
```

（5）修改 application/index/model/Student.php，具体代码如下。

```
1  <?php
2  namespace app\student\model;
3
4  use MySQLi;
5
6  class Student
7  ……（原有代码）
```

在上述代码中，第 2 行定义了命名空间后，构造方法中的 MySQLi 属于限定名称访问，而当前命名空间中没有 MySQLi 类，程序会出错，因此在第 4 行通过 use 导入了 MySQLi 类。

（6）修改 application/index/controller/Student.php，具体代码如下。

```
1  <?php
2  namespace app\student\controller;
3
4  use app\student\model\Student as StudentModel;
5
6  class Student
7  {
8      public function index()
9      {
10         // require MODULE_PATH . 'model/Student.php'; // 将此行代码删除或注释起来
11         $model = new StudentModel();
12         $data = $model->getAll();
13         require MODULE_PATH . 'view/student.html';
14     }
15 }
```

在上述代码中，第 11 行用到了 Student 模型，需要通过第 4 行代码导入模型的命名空间。由于模型和控制器的类名都是 Student，因此在导入 Student 模型时通过 as 设置别名为 StudentModel。

（7）在 public\index.php 中找到拼接控制器名称的代码，将其修改为完全限定名称，如下所示。

```
1  $controller_name = '\\app\\' . $module . '\\controller\\' . ucwords($controller);
2  $controller_path = MODULE_PATH . 'controller/' . ucwords($controller) . '.php';
3  // require $controller_path;  // 将此行代码删除
```

在上述代码中，由于字符串中的"\字符"会被当成转义字符，因此要用"\\"来表示"\"。

（8）通过浏览器访问 http://mytp.test/student 测试，如果可以看到学生列表，说明类的自动加载功能已经实现。

2.6.2　项目依赖管理

在以前的开发中，如果在项目中使用了其他的类库，需要手动下载这些类库的代码，并进行引入等相关操作。这种方式不仅麻烦，而且当这些依赖的类库版本更新时，还需要重新再去下载一次。尤其是当一个类库又依赖另一个类库时，这种层叠的依赖关系会让项目的维护变得复杂、低效。

为了让 PHP 的开源社区更好地发展，Composer 提供了非常强大的项目依赖管理功能，它可以自动完成各种依赖包的下载和安装，并通过命名空间来自动引入。

Composer 的主要资源库为 packagist，在该网站中有大量的开源项目，以包的形式发布。包的命名方式为"用户名/包名"，如 topthink/think。

接下来以 ThinkPHP 提供的助手包 topthink/think-helper 为例进行演示，如例 2-11 所示。

【例 2-11】 topthink/think-helper 助手包的使用

（1）在 C:/web/www/mytp 目录下执行如下命令。

```
composer require topthink/think-helper=~1.0
```

在上述代码中，topthink/think-helper 表示要加载的包名，"="后面用于设置版本号，"~1.0"表示小于 2.0、大于 1.0 的版本，即 1.0.x 系列的最新版本。其中，包的名称可以到 packagist 资源库中查看，版本号的指定除了以上的方式外，还可以指明某个特定的版本等多种方式。版本号设置方式如表 2-3 所示。

表 2-3　版本号设置方式

名　称	实　例	描　述
特定的版本	3.1.33	指定包的版本是是 3.1.33
某个范围的版本	>=3.1 >=2.6,<3.0 >=2.6,<3.0|>=3.1	包的版本大于等于 3.1 包的版本大于等于 2.6，且小于 3.0 包的版本大于等于 2.6，且小于 3.0；或包的版本大于等于 3.1
通配符方式	3.1.*	与>=3.1,<3.2 表达的含义等价

（2）将依赖包安装完成后，打开 composer.json 文件，会看到里面自动添加了如下代码。

```
1  "require": {
2      "topthink/think-helper": "~1.0"
3  }
```

值得一提的是，除了使用 composer require 命令进行安装，读者也可以在 composer.json 文件中添加上述代码，然后执行 composer install 命令进行安装，或执行 composer update 命令进行更新。

打开 vendor 目录，会看到里面新增了 topthink 目录，在该目录中有 think-helper 目录，Composer 下载的依赖包代码就保存在该目录中。

值得一提的是，Composer 在安装项目依赖完成后，会在 composer.json 文件的同级目录下自动生成一个 composer.lock 文件，用于记录当前所有安装的组件版本。此文件的主要作用是，在多人开发时，将其添加到版本控制中，可保证每个人的开发环境一致。若修改了 composer.json，再添加多个依赖包时，使用 composer install 命令，系统不会自动更新 composer.lock 文件，此时需要使用 composer update 进行更新。

（3）打开 vendor/topthink/think-helper/composer.json 文件，找到命名空间配置，如下所示。

```
1  "psr-4": {
2      "think\\helper\\": "src"
3  },
```

从上述代码可知，src 目录下的类文件放在了 think\helper 命名空间中。

（4）在 application/student/controller/Student.php 文件中导入命名空间，如下所示。

```
use think\helper\Time;
```

上述代码表示导入 think\helper 命名空间下的 Time 类。

（5）将 Time 类导入后，编写 test()方法，测试 Time 类，具体代码如下。

```
1  public function test()
2  {
3      // 获取今天开始和结束的时间戳
4      var_dump(Time::today());
5  }
```

通过浏览器访问 http://mytp.test/student/student/test，示例结果如下。

```
array(2) { [0]=>int(1552262400) [1]=>int(1552348799) }
```

通过以上操作可以看出，使用 Composer 管理项目依赖非常方便，只需执行一行命令安装依赖包，然后导入命名空间来使用即可。

（6）如需卸载依赖包，可以用如下命令来卸载。

```
composer remove topthink/think-helper
```

上述命令执行后，会将 topthink/think-helper 在 composer.json 中的依赖配置删除，并且会删除该依赖包在 vendor 目录中保存的文件。

2.6.3 创建自己的包

在进行项目开发时，除了可以利用 Composer 依赖其他人提供的类库包外，还可以将自己实现的功能或项目打成一个包，让其他人也可以使用自己编写的代码。

下面通过一个简单的案例演示如何使用 Composer 创建自己的包，具体如例 2-12 所示。

【例 2-12】使用 Composer 创建包

（1）打开 C:/web/apache2.4/htdocs 目录，先创建包的基础目录 custom-php-json，然后在该目录下创建 src 目录和 src/Json.php 文件，用于实现对数据的 JSON 编码和解码的操作。具体代码如下。

```
1  <?php
2  /**
3   * Copyright 2019 myname <xxx@xxx.com>.
4   *
5   */
6  namespace CustomPHPJson;
7
```

```
8  class Json
9  {
10     public static function encode($data)
11     {
12         return json_encode($data);
13     }
14     public static function decode($jsonData)
15     {
16         return json_decode($jsonData, true);
17     }
18 }
```

通常情况下，在一个类的开头都会添加注释，描述的类的相关信息，如第 2~5 行代码。其中，命名空间和类的声明和使用要符合 PSR-4 的要求。

（2）创建 custom-php-json/composer.json 文件，编写包的初始化信息，具体代码如下。

```
1  {
2    "name": "custom-php-json/custom-php-json",
3    "description": "PHP library to encode and decode JSON",
4    "license": "MIT License",
5    "authors": [
6      {
7        "name": "myname",
8        "email": "myname@mytp.test"
9      }
10   ],
11   "minimum-stability": "stable",
12   "require": {
13     "php": ">=5.3.0"
14   },
15   "autoload": {
16     "psr-4": { "CustomPHPJson\\": "src/" }
17   }
18 }
```

以上内容基本是创建一个 Composer 包的必备字段。发布包设置的信息如表 2-4 所示。

表 2-4　发布包设置的信息

字段名称	是否可选	描　　述
name	必选	包的名称，它包括供应商名称和项目名称，使用“/”分隔
description	必选	一个包的简短描述，通常只有一行描述信息。必选项
license	可选	包的许可协议，它可以是一个字符串或者字符串数组
authors	可选	包的作者。这是一个对象数组。name 表示作者的姓名，通常使用真名，email 表示作者的 email 地址
minimum-stability	可选	包的稳定性级别（dev、alpha、beta、RC、stable），默认值为 stable
require	可选	必须的软件包列表，除非这些依赖被满足，否则不会完成安装

值得一提的是，以上项目初始化信息还可以使用 composer init 命令按照提示信息填写完成。在初始化后打开自动生成的 composer.json 文件，再手动加上第 15~17 行的自动加载配置即可。

按照以上两步完成操作后，一个简单的 composer 包就创建完成了。读者可在本地环境中进行测试，首先在项目目录 custom-php-json 中安装依赖关系所需组件，并初始化自动加载信息，如下所示。

```
C:\web\apache2.4\htdocs>cd custom-php-json
C:\web\apache2.4\htdocs\custom-php-json> composer install
Loading composer repositories with package information
Updating dependencies (including require-dev)
Nothing to install or update
Generating autoload files
```

然后在项目目录 custom-php-json 中创建测试文件 test.php，具体测试步骤如下。

```
1  <?php
2  require './vendor/autoload.php';
3  $data = [[1, 'Tom'], [2, 'Lucy']];
4  // 输出结果: string(22) "[[1,"Tom"],[2,"Lucy"]]"
5  var_dump(CustomPHPJson\Json::encode($data));
```

完成本地的编写与测试后，若想让更多人使用自己创建的包，就需要将其发布到 Packagist 资源库中。有兴趣的读者可参考相关手册文档进行操作，这里不再赘述。

本 章 小 结

本章重点讲解了 MVC 开发模式的代码实现、路由的实现原理、命名空间定义与使用、自动加载的实现、代码规范、Composer 的使用。希望读者通过本章的学习，在开发中能够独立解决编写类库或应用程序时容易遇到的问题，为后面的学习打下夯实的基础。

课 后 练 习

一、填空题

1. MVC 设计模式中的 M 指________，V 指________，C 指________。
2. ThinkPHP 中的路由规则的定义方式是________________。
3. ________函数可以实现 PHP 的自动加载。
4. 关键字________用于定义命名空间，________用于为命名空间设置别名。
5. 定义路由表达式中的 3 个参数的含义分别是________、________和________。

二、判断题

1. PSR 是 PHP 语言的官方标准规范。 (   )
2. Composer 可以管理项目依赖类库的下载和版本更新。 (   )
3. PHP7 中用户注册的自动加载函数必须命名为__autoload。 (   )
4. 在同一个 PHP 脚本中只能定义一个命名空间。 (   )
5. 路由表达式 user/:id/[:name]/:age 中，name 是可选参数，id 和 age 是必选参数。 (   )

三、选择题

1. 下面关于 MVC 的描述错误的是（   ）。

   A. M 表示模型用于处理数据

B. C 表示控制器用于处理用户交互的程序

C. V 表示视图指显示到浏览器中的网页

D. 以上答案全部正确

2. 下列选项中，(　　) 不会受命名空间的限制。

A. 变量　　B. 常量　　C. 接口　　D. 函数

3. 以下关于路由的说法正确的是（　　）。

A. route::rule()用来注册路由规则

B. 闭包也可以定义路由，而且对路由缓存支持比较好

C. 注册多个路由规则后程序会直接匹配到满足请求的路由规则并执行

D. 以上说法都不正确

4. 下面关于 Composer 的说法错误的是（　　）。

A. 可以实现类的自动加载

B. 可以管理项目的依赖类库

C. 可以自定义依赖包上传到资源库供别人使用

D. 可以简化代码，提高代码运行效率

5. 下列选项中，(　　) 扩展用来在 VS Code 编辑器中自动检查代码是否符合 PSR-2 规范。

A. PHP IntelliSense　　B. Code Runner

C. phpcs　　D. ftp-sync

四、简答题

1. 请简述路由的作用。

2. 请列举几个常用的 Composer 依赖包，并说明主要的功能。

五、程序题

1. 在 ThinkPHP 项目中创建两个模块，实现调用另一模块下的方法，并尝试配置路由。

2. 使用 PHPMailer 包实现发送邮件功能。

第 3 章 框架的实现原理（上）

学习目标

- ◎ 掌握控制反转和依赖注入的思想和代码实现。
- ◎ 掌握 PHP 中的反射的使用。
- ◎ 掌握 ThinkPHP 中的配置文件的实现。
- ◎ 掌握如何在框架中对请求和响应进行处理。

在上一章中已经讲解了框架相关的基础知识，在掌握了这些基础知识后，就可以动手编写一个自定义的框架。为了使读者更好地学习 ThinkPHP，本章将通过 ThinkPHP 源码分析的方式，来深入讲解 ThinkPHP 底层的设计思想和实现原理。

3.1 创建自定义框架

在前面的开发中，已经完成了一个基于 MVC 开发模式的 PHP 项目的雏形，还没有进行框架的编写。本节将会在前面编写的 mytp.test 项目基础上，仿照 ThinkPHP 来创建一个自定义框架 mytp，编写代码实现框架的基本功能，帮助读者更好地理解 ThinkPHP 的底层实现。

3.1.1 划分目录结构

在 mytp.test 项目中，已经创建了 application、public、vendor 目录，而在 ThinkPHP 中还有 config 等一些其他的目录。下面仿照 ThinkPHP 进行目录划分，将其他目录全部创建出来，如下所示。

```
application          应用程序目录
config               配置文件目录
extend               扩展类库目录
public               公开目录
route                路由定义目录
runtime              运行时目录
framework            框架系统目录（相当于 thinkphp 目录）
vendor               第三方类库目录
```

在上述目录中，framework 目录相当于 thinkphp.test 项目中的 thinkphp 目录，但为了更好地区分自定义框架和 ThinkPHP 框架，此处将该目录命名为 framework。

在 thinkphp 目录中保存的是框架相关的文件，打开该目录，查看其目录结构，如下所示。

```
thinkphp/lang        语言文件目录
```

```
thinkphp/library/think        Think 类库包目录
thinkphp/library/traits       系统 Trait 目录
thinkphp/tpl                  系统模板目录
```

在上述目录中，Think 类库包目录保存了 ThinkPHP 框架的各种类库；语言文件目录保存了一些语言包，用于多语言开发；系统 Trait 目录保存一些可以复用的代码，可以在控制器中通过 PHP 5.4 新增的 trait 相关的语法来使用；系统模板目录保存了当程序发生跳转或出现错误时显示的默认模板。

接下来在本项目中创建 framework/library/mytp 目录，该目录的作用与 thinkphp/library/think 相同。为了区分两种框架，使用 mytp 命名空间表示 mytp 框架，使用 think 命名空间表示 ThinkPHP 框架。

注意：

本书并不是完全按照 ThinkPHP 的源代码来讲解的，这是因为 ThinkPHP 的代码量非常大，对初学者来说，学习的负担很重。为了降低学习难度，本书对代码进行了简化，仅选取了一部分关键内容进行讲解。读者在学习了本书所讲的内容后，再来阅读 ThinkPHP 的完整代码，会更容易接受。

3.1.2 自动加载

在前面的开发中已经实现了 application 目录中的类的自动加载，接下来再实现框架目录中的类的自动加载。具体操作步骤如例 3-1 所示。

【例 3-1】框架中类的自动加载

（1）编辑 composer.json 文件，修改自动加载配置，如下所示。

```
1  {
2      "autoload": {
3          "psr-4": {"app\\": "application/", "mytp\\": "framework/library/mytp/"}
4      }
5  }
```

从上述代码可以看出，框架中的类放入到了 mytp 命名空间中。

（2）执行如下命令更新自动加载功能。

```
composer update
```

（3）在前面的开发中，Composer 的自动加载文件 vendor/autoload.php 是在 public/index.php 文件中引入的，而 ThinkPHP 中是通过 Loader.php 类引入的。因此，删除 index.php 文件中的引入代码，然后在 framework/library/mytp 目录中创建 Loader.php 类文件，具体代码如下。

```
1  <?php
2  namespace mytp;
3
4  class Loader
5  {
6      public static function register()
7      {
8          require __DIR__ . '/../../../vendor/autoload.php';
9      }
10 }
```

在上述代码中，魔术常量__DIR__用于获取当前文件所在的路径，“../”表示上级目录。此处是拼接了 vendor 目录中的 autoload.php 文件的路径，使用 require 来引入。

（4）编写框架的基础定义文件 framework/base.php，用于引入 Loader 类，具体代码如下。

```
1  <?php
2  namespace mytp;
3
4  require __DIR__ . '/library/mytp/Loader.php';
5  Loader::register();
```

（5）修改 public/index.php 文件，删除原来所有的代码，将所有的功能放在框架中实现，在入口文件中只需引入 framework/base.php 即可。public/index.php 文件的具体代码如下。

```
1  <?php
2  require __DIR__ . '/../framework/base.php';
```

另外，由于框架对 PHP 版本有一定的要求，为了避免用户的 PHP 版本不符合要求，导致程序出错，在上述第 2 行代码前新增如下代码，用于检查 PHP 版本。

```
1  // 要求：PHP 版本不低于 5.5，支持 PHP 7
2  if (!version_compare(PHP_VERSION, '5.5.0', '>')) {
3      exit('require PHP > 5.5.0 !');
4  }
```

在上述代码中，version_compare()函数用于比较版本，如果当前 PHP 版本大于 5.5.0，就会返回 true，否则返回 false。由于在 if 中使用了“!”取反，因此当 PHP 版本低于 5.5.0 时，就会执行第 3 行代码，提示用户 PHP 版本不符合要求。

（6）创建 application\index\controller\Index.php 文件，用于测试程序，具体代码如下。

```
1  <?php
2  namespace app\index\controller;
3
4  class Index
5  {
6      public function index()
7      {
8          return 'This is ' . __CLASS__;
9      }
10 }
```

（7）在 public\index.php 文件中新增代码，用于测试 Index 控制器，具体代码如下。

```
1  ……（原有代码）
2  // 测试 Index 控制器，测试成功后删除这两行代码即可
3  $Index = new \app\index\controller\Index;
4  echo $Index->index();
```

（8）通过浏览器访问 http://mytp.test，如果看到输出结果“This is app\index\controller\Index”，说明框架中的自动加载功能已经实现。另外，读者也可以在 framework/library/mytp 目录中随意创建一个类，用来测试 mytp 命名空间中的类的自动加载有无问题，测试完成后删除类文件即可。

3.1.3 控制反转和依赖注入

在框架的底层设计中，需要许多类的协同工作，如果这些类之间依赖性强，会出现许多副作用。软件工程提倡高内聚、低耦合，为了降低类的耦合性，控制反转（Inversion of Control，IoC）

是一种有效的设计原则，而依赖注入（Dependency Injection，DI）是控制反转的一种实现方式。

为了使读者更好地理解控制反转的作用，下面先来看一段代码。

```
1  class Index
2  {
3      public function test()
4      {
5          $req = new Request();
6      }
7  }
```

上述代码是一个 Index 类，在第 5 行实例化了 Request 类，如果没有 Request 类，Index 类也无法工作，这就表示 Index 类依赖 Request 类。这种依赖关系会降低代码的内聚性，例如，当 Request 类的实例化方式发生改变时，Index 类的代码也要随之修改，类似的情况越多，修改的负担越重。

为了解决这个问题，ThinkPHP 提供了一个 Container 容器类，当 Index 类中的 test()方法依赖 Request 实例时，由容器负责创建 Request 实例，然后将 Request 实例通过参数传给 test()方法。通过这种方式，将创建实例的控制权交给了 Container 类，这就实现了控制反转的效果。对于 Index 类中的 test()方法来说，它依赖的 Request 实例是通过参数从外部传进来的，这种情况就称为依赖注入。

例如，在下面的代码中，Index 类中不再有实例化其他类的代码，所需的实例通过参数传入。

```
1  class Index
2  {
3      public function test(Request $req)
4      {
5      }
6  }
```

下面通过一张示意图来演示控制反转前后的区别，如图 3-1 所示。

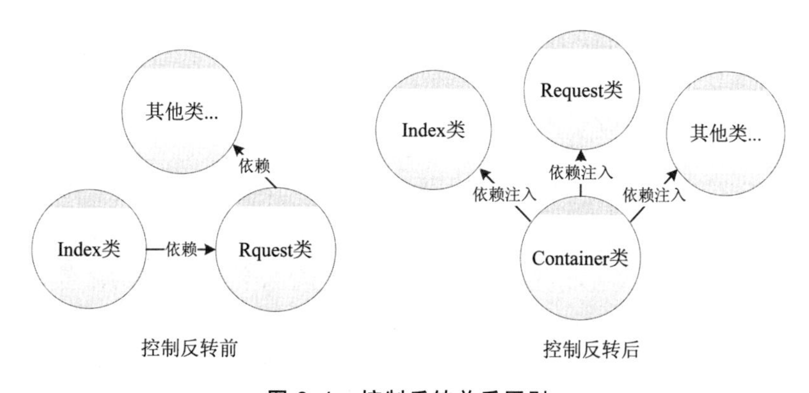

图 3-1　控制反转前后区别

从图 3-1 可以看出，在使用控制反转前，类与类的依赖关系是杂乱无章的，而使用 Container 容器类进行控制反转后，只有容器类依赖其他所有的类，而其他类之间没有了依赖关系，它们所需的实例都通过容器类进行依赖注入。

由此可见，控制反转就是将一个类依赖的另一个实例的获得方式反转了，不再是从一个类中实例化另一个类，而是通过依赖注入获得。依赖注入是实现控制反转的一种方式，也就是通过容器类将其他类依赖的实例进行注入。

为了使读者更好地理解框架中如何实现控制反转和依赖注入，下面通过例 3-2 进行演示。

【例 3-2】 控制反转和依赖注入的实现

（1）在 mytp.test 项目中，创建 framework/library/mytp/Container.php 文件，具体代码如下。

```
1  <?php
2  namespace mytp;
3
4  class Container
5  {
6      protected $instances = [];
7      public function make($class)
8      {
9          $class = '\\mytp\\' . $class;
10         if (!isset($this->instances[$class])) {
11             $this->instances[$class] = new $class();
12         }
13         return $this->instances[$class];
14     }
15     public function test()
16     {
17         $request = $this->make('Request');
18         $index = new \app\index\controller\Index();
19         $index->test($request);
20     }
21 }
```

在上述代码中，Container 类的$instances 属性是一个关联数组，用于保存容器中的实例；make()方法用于根据$class 类名称创建实例，并且实现了同名的类只实例化一次；test()方法用于临时测试依赖注入的实现效果，将 Index 类的 test()方法依赖的 Request 类通过参数传入。

（2）创建 framework/library/mytp/Request.php 文件，具体代码如下。

```
1  <?php
2  namespace mytp;
3
4  class Request
5  {
6  }
```

（3）修改 application/index/controller/Index.php 文件，导入 Request 类的命名空间，如下所示。

```
use mytp\Request;
```

然后编写 Index 类的 test()方法，通过参数接收 Request 类的实例$req，具体代码如下。

```
1  public function test(Request $req)
2  {
3      var_dump($req);
4  }
```

（4）在 public/index.php 文件中编写代码测试程序，如下所示。

```
1  <?php
2  namespace mytp;                 // 新增代码 1
3
4  if (!version_compare(PHP_VERSION, '5.5.0', '>')) {
```

```
5       exit('require PHP > 5.5.0 !');
6   }
7   require __DIR__ . '/../framework/base.php';
8   (new Container)->test();    // 新增代码 2
```

（5）通过浏览器访问测试，可以看到运行结果为“object(mytp\Request)#2 (0) { }”，说明 Index 类的 test()方法成功获取到了依赖注入的实例。

3.1.4　Container 类

在上一节中，已经在 mytp 框架中创建了 Container 类，实现了控制反转和依赖注入。而 ThinkPHP 5.1 中的 Container 类的功能还有很多，它提供了静态方法 get()，可以根据类名或类的别名来获取实例，在创建实例后，会将实例保存起来，避免重复创建。

打开 thinkphp.test 项目中的 public/index.php 文件，可以看到里面有如下关键的代码。

```
1   <?php
2   namespace think;
3
4   require __DIR__ . '/../thinkphp/base.php';
5   Container::get('app')->run()->send();
```

在上述代码中，Container 类的静态方法 get()用于获取容器中的实例，如果实例不存在会自动创建。获取后，调用了 App 实例的 run()方法，该方法返回的是一个 Response 实例，通过调用该实例的 send()方法将执行结果输出。在 ThinkPHP 中，Request 类和 Response 类分别负责请求和响应，具体会在后面讲解。

当 get()方法执行时，会以单例模式创建容器自身实例，然后调用实例的 make()方法，用来创建指定类的实例。在 make()方法中，会根据$this->bind 属性中定义的绑定关系将传入的类名 app 转换为 think\App 类，然后创建 think\App 类的实例。关于 think\App 类的具体实现，将在后面的小节中讲解。

在 Container 类中，get()方法一共有 3 个参数，第 1 个参数是类名，第 2 个参数是传递给构造方法的参数，第 3 个参数是布尔值，表示是否创建新实例，默认为 false。例如，Person 类中有如下构造方法。

```
public function __constructor($name, $age = 0, $gender = 0)
```

当使用 get()方法来创建 Person 实例时，第 2 个参数用关联数组的形式传入，如下所示。

```
$p1 = Container::get('Person', ['name' => '张三', 'age' => 18], true);
$p2 = Container::get('Person', ['name' => '李四', 'age' => 19], true);
```

在上述代码中，name 和 age 表示传递给 Person 类构造方法的$name、$age 参数的值，参数的名称和关联数组的键名是对应的。Person 类构造方法中第 3 个参数$gender 是可选参数，在传入时可以省略。

需要注意的是，为了将一个方法的参数名与关联数组的键名对应起来，需要用到 PHP 中的反射技术。关于反射的具体内容会在后面的小节中详细讲解。

接下来，在 mytp.test 项目中编写代码，实现 Container 类的静态方法 get()，具体如例 3-3 所示。

【例 3-3】Container 类 get()静态方法的实现

（1）修改 framework/library/mytp/Container.php 文件，新增 get()方法，具体代码如下。

```
1   public static function get($abstract, $vars = [], $newInstance = false)
2   {
```

```
3       return static::getInstance()->make($abstract, $vars, $newInstance);
4   }
```

在上述代码中，get()方法有 3 个参数，$abstract 表示类名或类的别名（如 app），$vars 表示传给类的构造方法的参数，$newInstance 表示是否创建新实例。getInstance()方法用于创建自身实例。

（2）编写 getInstance()方法，并新增一个静态属性$instance 用于保存自身实例，具体代码如下。

```
1   protected static $instance;
2   public static function getInstance()
3   {
4       if (is_null(static::$instance)) {
5           static::$instance = new static;
6       }
7       return static::$instance;
8   }
```

上述代码使用静态成员$instance 保存自身的实例，第 4 行的判断用来实现单例效果，防止重复创建自身实例。

（3）修改 make()方法，使其支持使用 app 等别名来表示 framework/library/mytp 目录下的类。在修改前，先通过$bind 属性定义别名和类的绑定关系，具体代码如下。

```
1   protected $bind = [
2       'app' => App::class,
3       'config' => Config::class,
4       'request' => Request::class
5       // 在此处可以添加更多别名……
6   ];
```

在上述代码中，"类名::class"是从 PHP 5.5 开始支持的语法，用于获取含有命名空间的完整类名，例如，App::class 的值为"mytp\App"。

然后重新编写 make()方法，具体代码如下。

```
1   public function make($abstract, $vars = [], $newInstance = false)
2   {
3       if (isset($this->bind[$abstract])) {
4           $abstract = $this->bind[$abstract];
5       }
6       // 此时$abstract 的值为包含命名空间的类名
7   }
```

（4）在 make()方法第 6 行代码的下面编写代码，用于根据$abstract 创建实例，具体代码如下。

```
1   if (isset($this->instances[$abstract]) && !$newInstance) {
2       return $this->instances[$abstract];
3   }
4   $object = $this->invokeClass($abstract, $vars);    // 该方法在下一步中实现
5   if (!$newInstance) {
6       $this->instances[$abstract] = $object;
7   }
8   return $object;
```

在上述代码中，第 1~3 行用于判断$abstract 实例是否已经存在，如果存在且$newInstance 为 false，则直接返回该实例，否则执行第 4 行代码创建实例。在创建实例时，需要将$vars 作为构造方法的参数传入，这里通过 invokeClass()方法来实现，该方法的代码将在学习反射之后再来实现。

此处为了方便测试程序，先临时编写一个 invokeClass()方法，直接将$abstract 类实例化后返回，如下所示。

```
1  public function invokeClass($class, $vars = [])
2  {
3      return new $class();
4  }
```

（5）在 public/index.php 文件中测试 Container 类的 get()方法，具体代码如下。

```
1  ……原有代码
2  // (new Container)->test(); // 此行代码用不到了，删除即可
3  $req1 = Container::get('request');
4  $req2 = Container::get('request');
5  $req3 = Container::get('request', [], true);
6  var_dump($req1);               // 输出结果: object(mytp\Request)#2 (0) { }
7  var_dump($req1 === $req2);  // 输出结果: bool(true)
8  var_dump($req2 === $req3);  // 输出结果: bool(false)
```

从上述代码可以看出，Container 类的 get()方法可以正常执行。另外，Container 类中的 test()方法已经用不到了，将该方法删除即可。

（6）在 Container 类中，利用魔术方法__get()和__set()，实现通过“$this->类名或别名”的方式直接操作容器中的实例，具体代码如下。

```
1  public function __get($abstract)
2  {
3      return $this->make($abstract);
4  }
5  public function __set($abstract, $instance)
6  {
7      if (isset($this->bind[$abstract])) {
8          $abstract = $this->bind[$abstract];
9      }
10     $this->instances[$abstract] = $instance;
11 }
```

（7）添加上述代码后，在 public/index.php 文件中使用如下代码测试即可。

```
1  $container = Container::getInstance();
2  $request = $container->request; // 获取容器中的实例
3  var_dump($request);                // 输出结果: object(mytp\Request)#2 (0) { }
4  $container->object = $request;  // 将实例放入容器中
5  var_dump($container->object);   // 输出结果: object(mytp\Request)#2 (0) { }
```

通过上述代码可以看出，通过 Container 类的实例$container 可以直接访问容器中保存的实例。如果一个实例没有创建，会被自动创建出来，并且默认情况下会缓存已经创建好的实例，避免重复创建。

3.1.5　App 类

在 ThinkPHP 5.1 中，App 类主要提供 application 目录中的应用程序的初始化、启动、路由检测、请求分发等操作，它继承了 Container 类，在 Container 类基础上增加了与应用程序相关的功能。

为了使读者更好地理解 App 类的代码实现，下面通过例 3-4 进行讲解。

【例 3-4】App 类的实现

（1）创建 framework/library/mytp/App.php 文件，具体代码如下。

```
1  <?php
2  namespace mytp;
3
4  class App extends Container
5  {
6      public function run()
7      {
8          $controller = $this->make('\\app\\index\\controller\\Index');
9          return Response::create($controller->index());
10     }
11 }
```

在上述代码中，run()方法用于执行应用程序，此处为了方便测试，没有进行路由检测、请求分发等操作，直接创建了 Index 控制器实例，调用 index()方法，然后将 index()方法的返回值通过 Response 类的静态方法 create()创建了一个 Response 实例，将实例返回。

（2）创建 framework/library/mytp/Response.php 文件，具体代码如下。

```
1  <?php
2  namespace mytp;
3
4  class Response
5  {
6      protected $data;
7      public function __construct($data = '')
8      {
9          $this->data = $data;
10     }
11     public function send()
12     {
13         echo $this->data;
14     }
15     public static function create($data)
16     {
17         return new static($data);
18     }
19 }
```

在上述代码中，第 7~10 行的构造方法用于传入响应的数据，第 11~14 行的 send()方法用于输出数据，第 15~18 行的 create()方法是静态方法，用于创建自身实例。

（3）修改 public/index.php 文件，删除原来的测试代码，在引入 framework/base.php 文件后面的位置，通过 Container 类的 get()方法获取 App 实例，然后调用 run()方法和 send()方法，具体代码如下。

```
1  ……（原有代码）
2  require __DIR__ . '/../framework/base.php';
3  Container::get('app')->run()->send();
```

通过浏览器访问测试，可以看到输出结果为“This is app\index\controller\Index”。

（4）需要注意的是，Container 类中的 get()方法在执行时会创建自身实例，而 get()方法在创建 App 实例时，由于 App 类继承 Container 类，在内存中就出现了 App 和 Container 两个容器实例。为了使容器实例只有一个，可以在 App 类的 run()方法执行时，将 App 实例替换 Container 实例，具体代码如下。

```
1  class App extends Container
2  {
3      protected $initialized = false;// 是否已经初始化
4      public function run()
5      {
6          $this->initialize();          // 在调用 run()方法时初始化
7          ……（原有代码）
8      }
9      public function initialize()
10     {
11         if ($this->initialized) {    // 防止重复初始化
12             return;
13         }
14         $this->initialized = true;
15         static::setInstance($this); // 设置单例
16         $this->app = $this;          // 保存为$this->app
17     }
18 }
```

（5）在 Container 类中编写 setInstance()方法，具体代码如下。

```
1  public static function setInstance($instance)
2  {
3      static::$instance = $instance;
4  }
```

完成上述代码以后，最开始调用 Container::get()时创建的 Container 实例将被 App 实例替换，从而保证内存中只有一个容器实例。

3.1.6 Facade 类

ThinkPHP 5.1 提供了 Facade（门面）功能，用于为容器中的类提供一个静态调用接口，其关键代码主要通过 Facade 类实现。下面通过代码演示 Facade 使用前后的区别，具体代码如下。

```
// 不使用 Facade
$config = Container::get('config');     // 获取实例
$config->set('name', 'xiaoming');       // 修改配置
$config->get('name');                   // 读取配置
// 使用 Facade
Config::set('name', 'xiaoming');        // 修改配置
Config::get('name');                    // 读取配置
```

在上述代码中，使用 Facade 后，直接调用 Config 类的静态方法 set()、get()就能完成原本需要通过实例对象$config 才能完成的操作。这种方式并不是在 Config 类中定义了 set()和 get()这两个静态方法，而是专门创建了 Config 类的静态代理类，由静态代理类提供非静态方法的静态访问。

为了使读者更好地理解，接下来通过例 3-5 进行具体的代码实现。

【例 3-5】非静态访问

（1）创建 framework/library/mytp/Config.php 文件，具体代码如下。

```
1  <?php
2  namespace mytp;
3
4  class Config
5  {
6      protected $config = [];
7      public function get($name)
8      {
9          return isset($this->config[$name]) ? $this->config[$name] : null;
10     }
11     public function set($name, $value = null)
12     {
13         $this->config[$name] = $value;
14     }
15 }
```

上述代码是一个 Config 类，提供了 get()和 set()两个方法，分别用于读取配置和修改配置。

（2）在 Index 控制器的 index()方法中通过依赖注入获取 Config 实例。在修改 index()方法的代码前，先导入命名空间，如下所示。

```
1  use mytp\Config;
```

然后修改 index()方法，具体代码如下。

```
1  public function index(Config $config)
2  {
3      $config->set('name', 'xiaoming');   // 修改配置
4      return $config->get('name');        // 读取配置，结果为：xiaoming
5  }
```

（3）修改 App 类的 run()方法中调用 index()方法的代码，将 Config 实例传入，如下所示。

```
1  return Response::create($controller->index($this->config));
```

（4）通过浏览器访问测试，输出结果为“xiaoming”。

通过例 3-5 可知，若要访问项目的配置，需要先获取 Config 实例，通过$config 进行操作。从代码的可读性来看，由于容器中只有一个 Config 实例，没有必要用对象的方式来操作，如果 Config 类直接提供静态调用的 get()、set()方法，使用会更加方便，示例代码如下。

```
public function index()
{
    Config::set('name', 'xiaoming');    // 修改配置
    return Config::get('name');         // 读取配置，结果为：xiaoming
}
```

若要实现以上效果，将 Config 类中的 get()、set()方法和$config 属性全部改成静态成员就可以实现，但这样会导致 Config 类的构造方法失去作用。因此，接下来通过例 3-6 讲解如何用 Facade 来实现。

【例 3-6】Facade 类实现静态调用

（1）创建 framework/library/mytp/Facade.php 文件，具体代码如下。

```
1  <?php
```

```
2  namespace mytp;
3
4  class Facade
5  {
6      public static function __callStatic($method, $params)
7      {
8      }
9  }
```

在上述代码中，魔术方法__callStatic()会在调用的静态方法不存在时被自动调用，$method 是方法名，$params 是调用时传入的参数。__callStatic()方法中的具体代码将在后面的步骤中实现。

（2）创建 framework/library/mytp/facade/Config.php 文件，具体代码如下。

```
1  <?php
2  namespace mytp\facade;
3
4  use mytp\Facade;
5
6  class Config extends Facade
7  {
8      protected static function getFacadeClass()
9      {
10         return 'config';
11     }
12 }
```

在以上步骤中，facade 目录下的 Config.php 文件中保存的 mytp\facade\Config 类是 mytp\Config 类的静态代理类，该类继承 mytp\Facade 类，提供了一个静态方法 getFacadeClass()，其返回值是被代理的类（即 mytp\Config 类）的类名，此处的 config 是 mytp\Config 类在容器中的别名。

（3）在有了静态代理类之后，修改 Index 控制器中导入的命名空间，如下所示。

```
1  use mytp\facade\Config;
```

上述代码将原来的 mytp\Config 改为 mytp\facade\Config。

然后在 index()方法中，将读写项目配置的代码修改为静态调用的方式，具体代码如下。

```
1  public function index()
2  {
3      Config::set('name', 'xiaoming');    // 修改配置
4      return Config::get('name');         // 读取配置，结果为：xiaoming
5  }
```

当上述代码执行后，就会进入到 Facade 类的__callStatic()方法中。

（4）修改 Facade 类，实现根据 getFacadeClass()方法中的类名，到容器中获取实例，具体代码如下。

```
1  public static function __callStatic($method, $params)
2  {
3      return call_user_func_array([static::createFacade(), $method], $params);
4  }
5  protected static function createFacade($class = '', $args = [])
6  {
7      $class = $class ?: static::class;
8      $facadeClass = static::getFacadeClass();
9      if($facadeClass) {
```

```
10         $class = $facadeClass;
11     }
12     return Container::getInstance()->make($class, $args);
13 }
14 protected static function getFacadeClass()
15 {
16 }
```

从上述代码可以看出，由于 mytp\facade\Config 类的 getFacadeClass()方法返回了 config，第 12 行代码就会到容器中获取 Config 实例，并将参数传入。

（5）通过浏览器访问测试，如果看到输出结果为“xiaoming”，说明 mytp\facade\Config 类可以对容器中的实例的方法进行静态调用了。

3.2 反　　射

反射是 PHP 针对面向对象编程提供的一种“自省”的过程。可以将其理解为根据“目的地”找出“出发地或来源”。例如，可对一个对象进行反射，从而找到其所属的类、拥有的方法和属性、方法的参数、文档注释等详细信息。本节将针对反射进行详细讲解。

3.2.1 反射 API

在 PHP 中使用反射，主要通过反射 API 来完成。反射 API 提供的相关类与接口如表 3-1 所示，常用的方法如表 3-2 所示。

表 3-1　反射 API 提供的类与接口

类/接口	说　明	备　注
Reflection	反射类	其参数是 Reflector 接口
Reflector	定义的反射接口	被所有可导出的反射类所实现
ReflectionClass	获取一个类的有关信息	实现 Reflector 接口
ReflectionObject	获取一个对象的相关信息	继承自 ReflectionClass 类
ReflectionMethod	获取一个方法的有关信息	继承自 ReflectionFunctionAbstract 类
ReflectionProperty	获取类的属性的相关信息	实现 Reflector 接口
ReflectionParameter	获取函数或方法参数的相关信息	实现 Reflector 接口
ReflectionExtension	获取一个扩展的有关信息	实现 Reflector 接口
ReflectionFunction	获取一个函数的有关信息	继承自 ReflectionFunctionAbstract 类
ReflectionFunctionAbstract	ReflectionFunction 的父类	实现 Reflector 接口
ReflectionException	用于反射异常处理	实现 Reflector 接口
ReflectionClassConstant	获取类常量的信息	实现 Reflector 接口
ReflectionType	获取参数或者返回值的类型	反射相关类的方法的返回值类型

表 3-2　反射 API 中常用的方法

类　名	方法名	功能描述
ReflectionClass	getMethod()	获取一个类方法的 ReflectionMethod 对象
	getName()	获取类名
	getConstructor()	获取类的构造函数
	getProperties()	获取一组属性
	hasMethod()	检查方法是否已定义
	hasProperty()	检查属性是否已定义
	newInstance()	通过指定的参数创建一个新的类实例
	newInstanceArgs()	通过数组参数创建一个新的类实例
ReflectionMethod	invoke()	实现执行操作
	invokeArgs()	带参数执行
	isPublic()	判断方法是否是公开方法
ReflectionFunctionAbstract	getNumberOfParameters()	获取参数数目
	getParameters	获取参数
ReflectionProperty	getDocComment()	获取属性文档注释
	getName()	获取属性名称
	getValue()	获取属性值
	isDefault()	检查属性是否为默认属性
	isPrivate()	检查属性是否是私有属性
	isProtected()	检查属性是否是保护属性
	isPublic()	检查属性是否是公有属性
	isStatic()	检查属性是否是静态属性
ReflectionParameter	getClass()	获得类型提示类
	getDefaultValue()	获取默认属性值
ReflectionExtension	getFunctions()	获取扩展中的函数
	getINIEntries()	获取 ini 配置
	getVersion()	获取扩展版本号
	info()	输出扩展信息

值得一提的是，反射主要用于框架或插件的开发，在平常的开发中并不常见。例如，ThinkPHP 中利用反射在自动加载时进行参数绑定和查找对象的来源。它主要可实现对象的调试、获取类的信息。虽然合理利用反射可以保持代码的优雅和简洁，但是反射因其特性会破坏类的封装性。

为了读者更好地理解，下面通过一个案例演示如何使用反射获取类属性的信息，如例 3-7 所示。

【例 3-7】 使用反射获取类属性的信息

在 C:/web/apache2.4/htdocs 目录下创建 reflect01.php 文件，具体代码如下。

```
1  <?php
2  // 定义一个类，用于测试
3  class Upload
4  {
5      /**
6       * 上传文件信息
```

```
7       */
8      private $file = [];
9      /**
10      * 上传文件保存目录
11      */
12     public $upload_dir = '/upload/';
13 }
14 // 获取类中所有的属性
15 $reflect = new ReflectionClass('Upload');
16 $properties = $reflect->getProperties();
17 echo '<pre>';
18 var_dump($properties);
19 // 获取public属性的文档注释、属性名、属性值
20 foreach($properties as $property) {
21     if ($property->isPublic()) {
22         var_dump($property->getDocComment());        // 文档注释
23         var_dump($property->getName());               // 属性名
24         var_dump($property->getValue(new Upload));   // 属性值
25     }
26 }
27 echo '</pre>';
```

在上述代码中，第 15 行用于获取 Upload 类的 ReflectionClass 类的对象。通过此对象可以调用 ReflectionClass 类提供的方法，返回获取 Upload 类的相关信息，如第 16 行调用 getProperties() 返回获取 Upload 类的所有属性，第 20~26 行代码用于遍历所有属性，获取公有的属性文档注释、属性名称以及属性值。运行结果如图 3-2 所示。

图 3-2　获取类属性的相关信息

多学一招：非反射方式获取类的相关信息

PHP 中除了可使用反射获取类的相关信息外，还可以使用 PHP 提供的内置函数获取类的信息。常用的函数如表 3-3 所示。

表 3-3　常用的函数功能描述

函数名称	功能描述
get_object_vars()	返回由对象属性组成的关联数组
get_class_methods()	返回由类的方法名组成的数组
get_class_vars()	返回由类的默认属性组成的数组
get_class()	返回对象的类名
get_parent_class()	返回对象或类的父类名
class_exists()	检查类是否已定义
get_object_vars()	返回由对象属性组成的关联数组
interface_exists()	检查接口是否已被定义
is_a()	如果对象属于该类或该类是此对象的父类则返回 true
is_subclass_of()	如果此对象是该类的子类，则返回 true
method_exists()	检查类的方法是否存在
property_exists()	检查对象或类是否具有该属性
trait_exists()	检查指定的 trait 是否存在

3.2.2　利用反射实现参数绑定

在学习了反射 API 后，下面在 mytp.test 项目中，完善 Container 类中的 invokeClass()方法，实现将传入的数组$vars 绑定给$class 类的构造方法。具体步骤如例 3-8 所示。

【例 3-8】利用反射实现参数绑定

（1）打开 framework/library/mytp/Container.php 文件，在 invokeClass()方法中使用 ReflectionClass 获取$class 类的有关信息。在使用 ReflectionClass 之前，先导入命名空间。

```
1  use ReflectionClass;
```

然后修改 invokeClass()方法，具体代码如下。

```
1  public function invokeClass($class, $vars = [])
2  {
3      $reflect = new ReflectionClass($class);
4      $constructor = $reflect->getConstructor();
5      $args = $constructor ? $this->bindParams($constructor, $vars) : [];
6      return $reflect->newInstanceArgs($args);
7  }
```

在上述代码中，第 4 行通过 getConstructor()方法获取构造方法，如果类中没有定义构造方法，则返回 NULL；第 5 行用于通过 bindParams()方法进行参数绑定，该方法将在下一步中实现，其返回值是一个完成参数绑定的关联数组，将该数组传给 newInstanceArgs()方法进行实例化。

（2）编写 bindParams()方法，实现参数绑定，具体代码如下。

```
1  protected function bindParams($reflect, $vars = [])
2  {
3      if ($reflect->getNumberOfParameters() == 0) {
4          return [];
5      }
6      $args = [];
7      $params = $reflect->getParameters();
```

```
8       foreach ($params as $param) {
9           $name = $param->getName();
10          if (isset($vars[$name])) {
11              $args[] = $vars[$name];
12          } elseif ($param->isDefaultValueAvailable()) {
13              $args[] = $param->getDefaultValue();
14          }
15      }
16      return $args;
17  }
```

在上述代码中，第 3~5 行用于判断在参数数量为 0 时，直接返回空数组；第 8~15 行用于遍历构造方法的参数；第 9 行获取参数名以后，在第 10 行判断$vars 数组中是否存在相应的元素，如果存在，则取出来保存到$args 数组中，用于实例化时传入，如果不存在，再判断该参数是否有默认值，如果有，则取出默认值后放入$args 数组中，如果没有，则表示用户少传入了一个参数。

值得一提的是，ThinkPHP 5.1 中的参数绑定还支持索引数组的形式，保持数组元素的顺序与参数顺序一致即可。有兴趣的读者可以参考 ThinkPHP 5.1 的源代码来实现此功能。

（3）为了测试程序，在 Request 类中定义一个构造方法，具体代码如下。

```
1  // 在 Request 类中定义构造方法（测试完成后删除此方法）
2  public function __construct($name, $age = 0, $gender = 0)
3  {
4      var_dump($name, $age, $gender);
5  }
```

（4）在 Index 控制器中编写 test()方法，测试参数绑定功能，具体代码如下。

```
1  public function test()
2  {
3      \mytp\Container::get('request', ['age' => 19, 'name' => 'xiaoming'], true);
4  }
```

（5）修改 App 类中的 run()方法，将调用的方法改为 test()方法，如下所示。

```
return Response::create($controller->test());
```

通过浏览器访问测试，可以看到在 Request 类的构造方法中通过 var_dump()输出的结果。如果$name 的值为 xiaoming，$age 的值为 19，$gender 的值为 0，表示参数绑定功能已经正确实现。

3.2.3 利用反射实现依赖注入

在前面的开发中，依赖注入是手动将方法中依赖的实例注入的，而在 ThinkPHP 中，依赖注入可以由容器自动完成。在学习反射之后，已经可以实现自动依赖注入了，下面通过例 3-9 进行演示。

【例 3-9】利用反射实现依赖注入

（1）修改 Request 类的构造方法，通过依赖注入获取$app 实例，具体代码如下。

```
1  public function __construct(App $app, $name) // 此方法仅用于测试，测试完成后删除即可
2  {
3      var_dump($app instanceof App, $name);
4  }
```

在上述代码中，$app instanceof App 用于判断$app 是否为 App 类的实例，结果为布尔型。

（2）修改 Container 类的 bindParams()方法中的遍历$params 的代码，在参数绑定时，调用 getClass()方法尝试获取参数的类型提示类，通过 getName()获取用于创建实例的类名，具体代码如下。

```
1  foreach ($params as $param) {
2      $name = $param->getName();
3      $class = $param->getClass();
4      if (isset($vars[$name])) {
5          $args[] = $vars[$name];
6      } elseif ($param->isDefaultValueAvailable()) {
7          $args[] = $param->getDefaultValue();
8      } elseif ($class) {
9          $args[] = $this->make($class->getName());
10     }
11 }
```

在上述第 3 行代码中，如果调用 getClass()方法的是参数“App $app”，则获取结果如下。

```
object(ReflectionClass)#8 (1) { ["name"]=>string(8) "mytp\App" }
```

如果调用 getClass()方法的是普通参数$name，则 getClass()的返回结果为 NULL。

（3）通过浏览器访问测试，如果看到输出结果为“bool(true) string(8) "xiaoming"”，表示自动依赖注入已经实现。

3.2.4　自定义实例化

在进行自动依赖注入时，类的实例是自动创建的，如果类的构造方法需要传入参数，在自动创建时无法传入参数。为此，ThinkPHP 提供了自定义实例化功能，就是在类中定义一个__make()静态方法，在这个方法中创建自身实例，在创建时可以传入所需的参数。创建完成后，将实例返回给调用者。

下面通过代码演示自定义实例化的实现原理，具体步骤如例 3-10 所示。

【例 3-10】自定义实例化的实现原理

（1）修改 Container 类的 invokeClass()方法中的代码，在参数绑定前，判断类中是否存在__make()方法，如果存在，则将$vars 数组参数绑定给__make()方法，具体代码如下。

```
1  public function invokeClass($class, $vars = [])
2  {
3      $reflect = new ReflectionClass($class);
4      // 新增代码
5      if ($reflect->hasMethod('__make')) {
6          $method = new ReflectionMethod($class, '__make');
7          if ($method->isPublic() && $method->isStatic()) {
8              $args = $this->bindParams($method, $vars);
9              return $method->invokeArgs(null, $args);
10         }
11     }
12     ……（原有代码）
13 }
```

在上述代码中，第 6 行用于反射$class 类的__make()方法，第 7 行用于判断该方法是否为 public 并且是静态方法，如果是，则通过第 8 行代码对该方法进行参数绑定，然后通过第 9 行代码将$args

参数传给__make()方法执行，返回执行结果。

在 Container 类中导入 ReflectionMethod 类的命名空间，如下所示。

```
use ReflectionMethod;
```

（2）在 Request 类中编写__make()静态方法，具体代码如下。

```
1  // 此方法仅用于测试，测试完成后删除即可
2  public static function __make(App $app, $name = '')
3  {
4      return new static($app, $name);
5  }
```

（3）修改 Index 控制器中的 test()方法，在获取 Request 实例时省略参数，具体代码如下。

```
1  public function test()
2  {
3      \mytp\Container::get('request');
4  }
```

（4）通过浏览器访问测试，如果输出结果为“bool(true) string(0) ""”，说明__make()方法已经执行。

（5）完成测试后，删除 Request 类的构造方法和__make()方法，以免影响后面的案例。

3.3 配置文件

在设计一个 PHP 框架时，考虑到框架的通用性，通常会提供一套配置文件，用来对框架的功能进行调整，以应对各种需求场景。本节将针对配置文件进行详细讲解。

3.3.1 配置文件的设计

在第 1 章中使用 ThinkPHP 开发项目时，除了对数据库配置文件 config/database.php 进行修改以外，并没有改动过其他配置文件。在 ThinkPHP 的 config 目录中，可以看到有如下配置文件。

```
app.php           应用配置
cache.php         缓存配置
console.php       控制台配置
cookie.php        Cookie 配置
database.php      数据库配置
log.php           日志配置
middleware.php    中间件配置
template.php      模板引擎配置
trace.php         Trace 配置
```

对于初学者来说，若要完全理解这些配置的作用，是非常困难的。但初学者也不必花费时间研究这些配置，这是因为 ThinkPHP 遵循了惯例重于配置的原则，在使用 ThinkPHP 进行项目开发时，除了必要的几个配置以外，大部分的配置是不需要改动的，只要遵循惯例即可。

针对不同的需求场景，ThinkPHP 的配置划分了 4 个层级，按照加载顺序排列如下。

```
惯例配置 → 应用配置 → 模块配置 → 动态配置
```

在以上 4 个层级中，当框架启动后，最先读取的是惯例配置，随着应用的启动，读取应用配置，再根据用户的请求找到对应的模块，读取模块配置，最后是在某个控制器的方法中，动态地获取或更改配置。下面针对这 4 个层级的配置分别进行介绍，具体如下。

（1）惯例配置：它是框架内置的配置文件，位于 thinkphp/convention.php，用户无须对其更改。

（2）应用配置：位于项目的 config 目录中，它是应用的全局配置文件。

（3）模块配置：模块的配置文件，位于模块目录下的 config 目录中，其作用范围只在模块内有效。

（4）动态配置：在某个控制器的方法中进行的配置，只在当前请求内有效，不会保存在配置文件中。

值得一提的是，若不同层级中有相同的配置，则后加载的配置会覆盖先加载的配置，但如果先加载的配置已经生效（如在应用启动阶段已经按照应用配置执行了某些操作），则后加载的配置不会生效。

打开 thinkphp/convention.php 文件，可以看到惯例配置文件是一个用 return 返回的多维数组，在数组中有 app、template、log、trace 等键名的元素，它们正好与 config 目录下的配置文件的文件名相对应。实际上，config 目录下的配置文件是对整体配置进行了拆分，以避免一个配置文件的内容过多，提高开发人员的使用体验。

小提示：

ThinkPHP 5.1 允许将模块配置放在“config/模块名”目录中，从而将所有的配置文件都放在 config 目录下统一管理。如果存在“config/模块名”目录，就会到该目录中读取配置文件，不再从原来的位置（即 application/模块名/config 目录）读取配置文件。

3.3.2 配置的读取与修改

在上一节中，讲解了 ThinkPHP 中的几种配置，以及不同的配置分别对应的目录和在项目中的加载顺序。在理解了 ThinkPHP 中的配置文件的设计思想后，接下来在 mytp.test 项目中编写代码，完成框架中的配置文件的读取与修改功能，具体如例 3-11 所示。

【例 3-11】 配置的读取与修改

（1）在 framework 目录中创建惯例配置文件 convention.php，具体代码如下。

```
1  <?php
2  return [
3      'app' => [
4          'app_debug' => false,                      // 应用调试模式
5          'default_timezone' => 'Asia/Shanghai',  // 默认时区
6          'default_module' => 'index',               // 默认模块名
7          'default_controller' => 'Index',          // 默认控制器名
8          'default_action' => 'index',               // 默认操作名
9      ],
10     ……（此处读者还可以添加更多配置）
11 ];
```

在上述惯例配置中，默认模块名、默认控制器名和默认操作名，用于在访问 http://mytp.test 时默认使用哪个模块、哪个控制器和哪个方法。

（2）在 config 目录中创建应用配置文件 app.php，具体代码如下。

```
1  <?php
2  return [
3      'app_debug' => true,
```

```
4     'default_action' => 'home'
5  ];
```

上述应用配置将调试模式打开，将会覆盖惯例配置中的值。默认操作名改为了 home，此处修改是为了测试在下一步中创建的模块配置是否能够覆盖这里的配置。

（3）在 application/index/config 目录中创建 index 模块的配置文件 app.php，具体代码如下。

```
1  <?php
2  return [
3     'default_action' => 'test'
4  ];
```

上述配置将默认操作名改为 test，将会覆盖应用配置中的 home。

（4）修改 App 类，在构造方法中获取项目根目录、应用目录和配置目录的路径，保存到对象的属性中，方便在后面的开发中使用，具体代码如下。

```
1  protected $rootPath;
2  protected $appPath;
3  protected $configPath;
4  public function __construct()
5  {
6     $scriptName = $_SERVER['SCRIPT_FILENAME'];
7     $this->rootPath = dirname(realpath(dirname($scriptName))) . '/';
8     $this->appPath = $this->rootPath . 'application/';
9     $this->configPath = $this->rootPath . 'config/';
10 }
```

（5）在 App 类的 initialize()方法中加载惯例配置，并根据配置采取相应的操作，具体代码如下。

```
1  public function initialize()
2  {
3     ……（原有代码）
4     $this->config->set(include $this->rootPath . 'framework/convention.php');
5     $this->init();
6     ini_set('display_errors', $this->config->get('app.app_debug'));
7     date_default_timezone_set($this->config->get('app.default_timezone'));
8  }
```

在上述代码中，$this->config 表示 Config 类的实例，它的 set()和 get()方法的使用方式与之前编写的 Config 类不同，具体会在下一步中实现。init()方法用于初始化应用或模块，将在后面的步骤中实现，它的参数是模块名，若省略模块名，表示初始化应用。

（6）修改 Config 类的 set()方法，如果$name 参数是数组，将数组配置合并，具体代码如下。

```
1  public function set($name, $value = null)
2  {
3     if (is_array($name)) {
4        $this->config = array_replace_recursive($this->config, $name);
5     } elseif (is_array($value)) {
6       $this->config[$name] = array_replace_recursive($this->config[$name], $value);
7     } else {
8        $this->config[$name] = $value;
9     }
10 }
```

（7）修改 Config 类的 get()方法，支持通过“.”访问数组中的配置，具体代码如下。

```
1  public function get($name, $default = null)
2  {
3      $config = $this->config;
4      foreach (explode('.', $name) as $val) {
5          if(isset($config[$val])) {
6              $config = $config[$val];
7          } else {
8              return $default;
9          }
10     }
11     return $config;
12 }
```

从上述代码可以看出，当$name 字符串中包含“.”时，会通过“.”将$name 字符串分割成数组，分割后逐层到$this->config 数组中读取配置。$default 表示当配置不存在时返回的默认值。

（8）在 App 类中编写 init()方法，在该方法中读取配置，具体代码如下。

```
1  public function init($module = '')
2  {
3      $module = $module ? $module . '/' : '';
4      $path = $this->appPath . $module;
5      if (is_dir($path . 'config')) {
6          $dir = $path . 'config/';
7      } elseif (is_dir($this->configPath . $module)) {
8          $dir = $this->configPath . $module;
9      }
10     $files = (isset($dir) && is_dir($dir)) ? scandir($dir) : [];
11     foreach ($files as $file) {
12         if (pathinfo($file, PATHINFO_EXTENSION) === 'php') {
13             $this->config->set(pathinfo($file, PATHINFO_FILENAME),
14             include $dir . $file);
15         }
16     }
17 }
```

在上述代码中，第 3~4 行用于根据是否传入了模块来拼接$path 路径，如果没有传入模块，$path 的值为应用目录，如果传入模块，$path 的值为模块目录。第 5 行用于判断在$path 目录下是否有 config 目录，如果有，则执行第 6 行代码，使用$dir 保存该目录；如果没有，执行第 7 行代码，判断配置文件目录下是否有模块目录，如果有，则使用$dir 保存该目录。值得一提的是，如果$module 的值为空，则第 7 行判断的目录就是配置文件目录本身。第 10 行用于读取$dir 目录下的文件列表，读取后，通过第 11~16 行代码将这些文件中的配置全部加载进来，文件名将作为 set()方法的第 1 个参数传入。

（9）在 App 类的 run()方法中测试程序，具体代码如下。

```
1  public function run()
2  {
3      $this->initialize();
4      $this->init($this->config->get('app.default_module'));
5      var_dump($this->config->get('app.app_debug'));
6      var_dump($this->config->get('app.default_action'));
```

```
7      exit;
8  }
```

上述代码执行后，输出结果为“bool(true) string(4) "test"”，由此可见，应用配置和模块配置都已经加载成功，并且模块配置成功覆盖了应用配置。

（10）修改 App 类的 run()方法，执行默认的模块、控制器和操作，具体代码如下。

```
1  public function run()
2  {
3      $this->initialize();
4      $module = $this->config->get('app.default_module');
5      $this->init($module);
6      $controller = $this->config->get('app.default_controller');
7      $action = $this->config->get('app.default_action');
8      $instance = $this->make('\\app\\' . $module . '\\controller\\' . $controller);
9      return Response::create($instance->$action());
10 }
```

（11）在 Index 控制器的 test()方法中返回当前方法名，代码如下。

```
1  public function test()
2  {
3      return __FUNCTION__;
4  }
```

通过浏览器访问 http://mytp.test，可以看到输出结果为 test，说明当前执行了 test()方法，这就表示模块配置已经覆盖了应用配置。模块级配置中的 default_action 的值是 test，所以默认就会访问到 test()方法。

3.4 请求和响应

ThinkPHP 5 相比之前的版本增强了对 API 开发的支持。API 开发主要用于为各种前端应用（包括网页、客户端软件、手机 App、微信小程序等）提供数据交互的接口。为了方便 API 开发，ThinkPHP 5 提供了 Request 和 Response 类，在对请求和响应的处理上更加灵活。本节将对请求和响应进行详细讲解。

3.4.1 路由检测

在第 2 章已经介绍了单一入口框架需要使用路由将请求 URL 分发到具体的模块、控制器和操作。目前已经完成了 mytp 框架的初始化代码，下面就来实现路由检测功能，具体步骤如例 3-12 所示。

【例 3-12】路由检测功能的实现

（1）在 App 类的 run()方法中，通过调用 routeCheck()方法进行路由检测，具体代码如下。

```
1  public function run()
2  {
3      $this->initialize();
4      $dispatch = $this->routeCheck();
5      return Response::create(implode(',', $dispatch));
6  }
```

在上述代码中，routeCheck()方法将在下一步中实现，该方法返回的是一个数组，数组中的元素分别是模块、控制器和操作的名称。

（2）在 App 类中编写 routeCheck()方法，具体代码如下。

```
1  public function routeCheck()
2  {
3      $path = $this->request->path();
4      $arr = $path === '' ? [] : explode('/', trim($path, '/'));
5      return $arr;
6  }
```

在上述代码中，第 3 行通过调用 Request 实例的 path()方法获取请求的路径。

（3）在 Request 类中编写如下代码。

```
1  protected $pathinfo;
2  protected $path;
3  protected $config = [
4      'pathinfo_fetch' => ['ORIG_PATH_INFO', 'REDIRECT_PATH_INFO', 'REDIRECT_URL'],
5      'url_html_suffix' => 'html'
6  ];
7  public function path()
8  {
9      if (is_null($this->path)) {
10         $pathinfo = $this->pathinfo();
11         $suffix = $this->config['url_html_suffix'];
12         $this->path = preg_replace('/\.(' . $suffix . ')$/i', '', $pathinfo);
13     }
14     return $this->path;
15 }
16 public function pathinfo()
17 {
18     if (is_null($this->pathinfo)) {
19         foreach ($this->config['pathinfo_fetch'] as $type) {
20             if ($this->server($type)) {
21                 $pathinfo = $this->server($type);
22                 break;
23             }
24         }
25         $this->pathinfo = empty($pathinfo) ? '' : ltrim($pathinfo, '/');
26     }
27     return $this->pathinfo;
28 }
29 public function server($name, $default = null)
30 {
31     return isset($_SERVER[$name]) ? $_SERVER[$name] : $default;
32 }
```

在上述代码中，由于请求路径来自$_SERVER 数组中的 PATH_INFO，因此在第 29 行编写了 server()方法用于获取$_SERVER 中的指定元素。第 16 行的 pathinfo()方法用于获取 PATH_INFO，在获取时会依次尝试$this->config['pathinfo_fetch']数组中保存的元素名是否在$_SERVER 数组中存在，之所以多次尝试，是为了尽可能地兼容各种服务器环境。第 7 行的 path()方法用于在 pathinfo()

方法返回的结果中过滤掉末尾的".html",用于URL伪静态功能,即对外发布http://mytp.test/student.html形式的链接,用于将PHP页面伪装成静态HTML页面,而在内部处理时应去掉末尾的".html"。

(4)通过浏览器访问测试,当请求http://mytp.test/index/index/index.html时,经过程序的处理后,输出结果为"index,index,index",分别对应模块、控制器和操作。若去掉请求URL中末尾的".html",输出结果不变。当请求http://mytp.test/student.html时,输出结果为student。

(5)修改App类中的routeCheck()方法,对获取到的路径进行检测,具体代码如下。

```
1  public function routeCheck()
2  {
3      $path = $this->request->path();
4      $arr = $path === '' ? [] : explode('/', trim($path, '/'));
5      $module = isset($arr[0]) ? $arr[0] : $this->config->get('app.default_module');
6      $this->init($module);
7      $controller = isset($arr[1]) ? $arr[1] :
8                  $this->config->get('app.default_controller');
9      $action = isset($arr[2]) ? $arr[2] : $this->config->get('app.default_action');
10     $controller = ucfirst($controller);
11     foreach ([$module, $controller, $action] as $v) {
12         if (!preg_match('/^[A-Za-z]\w{0,20}$/', $v)) {
13             exit('请求参数包含特殊字符! ');
14         }
15     }
16     return [$module, $controller, $action];
17 }
```

在上述代码中,第5~9行用于判断路径中是否包含模块、控制器和操作的名称,如果缺少,则自动使用配置文件中的默认名称。第11~15行用于检测模块、控制器和操作的名称是否合法,避免用户使用特殊字符导致程序错误或出现安全漏洞。

(6)通过浏览器访问测试,当请求http://mytp.test/student.html时,输出结果为"student,Index,home",当请求http://mytp.test/123时,输出结果为"请求参数包含特殊字符!"。

(7)获取到请求路径后,编写路由规则用于路由检测。创建route/route.php文件,具体代码如下。

```
1  <?php
2  return [
3      'student/show' => 'index/Index/index'
4  ];
```

上述代码表示当匹配到请求路径student/show时,将请求交给index模块Index控制器index方法来进行处理。

(8)修改App类的routeCheck()方法,进行路由匹配,具体代码如下。

```
1  public function routeCheck()
2  {
3      $path = $this->request->path();
4      // 新增代码
5      $routeFile = $this->rootPath . 'route/route.php';
6      $rule = is_file($routeFile) ? include $routeFile : [];
7      foreach ($rule as $k => $v) {
8          $k = str_replace('/', '\/', $k);
9          if (preg_match('/^' . $k . '(\/.*)*$/', $path)) {
```

```
10            $path = $v;
11            break;
12        }
13    }
14    ……（原有代码）
15 }
```

在上述代码中，第 5~6 行用于加载路由规则文件，第 7~13 行用于对路由规则进行匹配，在匹配时，通过正则表达式进行灵活地判断，取出路由规则中定义的模块、控制器和操作，赋值给对应的变量。

（9）通过浏览器访问 http://mytp.test/student/show.html，如果看到输出结果为“index,Index,index”，这就表示路由功能已经开发完成。

3.4.2 请求分发

在例 3-12 中，已经成功获取到了用户请求的模块、控制器和操作的名称，然后就可以根据这些名称找到对应的模块下的控制器类和方法，调用方法来执行操作了。具体实现步骤如例 3-13 所示。

【例 3-13】 请求分发

（1）在 Request 类中新增设置和获取当前模块、控制器和操作的方法，具体代码如下。

```
1  protected $module;
2  protected $controller;
3  protected $action;
4  public function setModule($module)
5  {
6      $this->module = $module;
7  }
8  public function setController($controller)
9  {
10     $this->controller = $controller;
11 }
12 public function setAction($action)
13 {
14     $this->action = $action;
15 }
16 public function module()
17 {
18     return $this->module ?: '';
19 }
20 public function controller()
21 {
22     return $this->controller ?: '';
23 }
24 public function action()
25 {
26     return $this->action ?: '';
27 }
```

（2）修改 App 类的 run()方法，调用 dispatch()方法完成请求分发功能，具体代码如下。

```
1  public function run()
2  {
3      $this->initialize();
4      return $this->dispatch($this->routeCheck());
5  }
6  public function dispatch(array $dispatch)
7  {
8      list($module, $controller, $action) = $dispatch;
9      $this->request->setModule($module);
10     $this->request->setController($controller);
11     $this->request->setAction($action);
12     $instance = $this->controller($controller);
13     return Response::create($instance->$action());
14 }
```

在上述代码中，第 9~11 行用于将路由检测获得的模块、控制器和操作保存到 Request 实例中。第 12 行调用了 controller()方法，该方法用于获取控制器实例，将在下一步中实现。

（3）编写 App 类的 controller()方法，具体代码如下。

```
1  public function controller($name)
2  {
3      if (strpos($name, '/')) {
4          list($module, $name) = explode('/', $name);
5      } else {
6          $module = $this->request->module();
7      }
8      $class = '\\app\\' . $module . '\\controller\\' . $name;
9      if (!class_exists($class)) {
10         exit('请求的控制器' . $class . '不存在！');
11     }
12     return $this->make($class);
13 }
```

（4）修改 Index 控制器中的 test()方法，具体代码如下。

```
1  public function test()
2  {
3      return __CLASS__ . '->test()';
4  }
```

通过浏览器访问 http://mytp.test，输出结果为“app\index\controller\Index->test()”。

3.4.3 输入过滤

在项目开发中，经常需要接收来自 HTTP 协议的 GET、POST 方式发过来的数据，在接收时，为了程序的严谨性，通常需要对数据进行一次过滤，示例代码如下。

```
// 接收 GET 方式发过来的 name，并强制转换成字符串类型，如果没有收到则为空字符串
$name = isset($_GET['name']) ? (string)$_GET['name'] : '';
// 接收 POST 方式发过来的 age，并强制转换成整型，如果没有收到则为 0
$age = isset($_POST['age']) ? (int)$_POST['age'] : 0;
```

在 ThinkPHP 中，为了方便接收外部数据，在 Request 类中提供了 get()、post()等方法，其使

用方式非常简单，示例代码如下。

```
1  public function test(Request $req)
2  {
3      $name = $req->get('name/s', '');    // "/s"表示强制转换为字符串
4      $age = $req->post('age/d', 0);      // "/d"表示强制转换为整数
5      return $name . ', ' . $age;
6  }
```

考虑到一些数据需要进行更严谨的过滤，get()和 post()方法还可以传入第 3 个参数来指定过滤函数，支持一个或多个函数，多个函数用“,”分隔，示例代码如下。

```
// 先使用 htmlentities()函数过滤，再使用 trim()函数过滤
$name = $req->get('name/s', '', 'htmlentities,trim');
```

为了实现上述效果，下面通过例 3-14 进行详细讲解。

【例 3-14】请求数据的过滤

（1）在 Request 类中编写 get()、post()方法，分别用于接收$_GET 和$_POST 数据，具体代码如下。

```
1  public function get($name = '', $default = null, $filter = '')
2  {
3      return $this->input($_GET, $name, $default, $filter);
4  }
5  public function post($name = '', $default = null, $filter = '')
6  {
7      return $this->input($_POST, $name, $default, $filter);
8  }
```

（2）编写 input()函数用于完成对指定数组进行接收，具体代码如下。

```
1  public function input($data = [], $name = '', $default = '', $filter = null)
2  {
3      if ($name === '') {
4          return $data;
5      }
6      $type = 's';
7      if (strpos($name, '/')) {
8          list($name, $type) = explode('/', $name);
9      }
10     $value = isset($data[$name]) ? $data[$name] : $default;
11     $value = $this->typeCast($value, $type);
12     if ($filter) {
13         foreach (explode(',', $filter) as $v) {
14             $value = $v($value);
15         }
16     }
17     return $value;
18 }
```

在上述代码中，第 3~5 行用于当没有传入$name 时，返回原数组$data；第 7~9 行用于获取$name 中的强制转换的类型，如“name/s”中的类型为“s”；第 11 行用于调用 typeCast()方法对输入数据进行强制类型转换，该方法将在下一步实现；第 12~16 行用于调用$filter 传入的函数对数据进行过滤。

（3）编写 typeCast()函数用于强制类型转换，具体代码如下。

```
1  private function typeCast($data, $type)
2  {
3      switch ($type) {
4          case 'a': $data = (array) $data; break;      // 数组
5          case 'd': $data = (int) $data; break;        // 整型
6          case 'f': $data = (float) $data; break;      // 浮点型
7          case 'b': $data = (boolean) $data; break;    // 布尔型
8          case 's':                                    // 字符串（默认）
9          default:
10             $data = is_scalar($data) ? (string) $data : '';
11     }
12     return $data;
13 }
```

在上述代码中，第 10 行在进行字符串型转换前，通过 is_scalar()判断$data 是否为标量，防止当$data 为数组时，强制转换成字符串会出现警告的问题。

（4）在 Index 控制器的 test()方法中测试程序，具体代码如下。

```
1  public function test()
2  {
3      $req = \mytp\Container::get('request');
4      $_GET['name'] = ' xiaoming<br> ';
5      $_POST['age'] = '20';
6      var_dump($req->get('name/s', '', 'htmlentities,trim'));
7      var_dump($req->post('age/d', 0));
8  }
```

通过浏览器访问 http://mytp.test，输出结果为“string(18) "xiaoming
" int(20)”。

从例 3-14 可以看出，输入过滤功能已经实现了，但在 Index 控制器的 test()方法中，依赖注入还没有实现，所以 Request 实例不能通过参数传入，只能通过容器类获取。

另外，ThinkPHP 还支持直接在控制器的方法中接收请求参数，示例代码如下。

```
1  public function test($name = '')
2  {
3      var_dump($name);
4  }
```

当通过浏览器请求 http://thinkphp.test/?name=xiaoming 时，输出结果为“string(8) "xiaoming"”。

为了实现上述效果，下面通过例 3-15 进行详细讲解。

【例 3-15】通过依赖注入传递参数

（1）为了使控制器中的方法支持依赖注入，接下来修改 App 类的 dispatch()方法中的代码，通过反射来调用控制器的方法。在使用反射前，先在 App 类中导入命名空间，具体代码如下。

```
1  use ReflectionMethod;
```

（2）修改 App 类的 dispatch()方法，具体代码如下。

```
1  public function dispatch(array $dispatch)
2  {
3      list($module, $controller, $action) = $dispatch;
4      $this->request->setModule($module);
5      $this->request->setController($controller);
```

```
6      $instance = $this->controller($controller);
7      if (is_callable([$instance, $action])) {
8          $reflect = new ReflectionMethod($instance, $action);
9          $this->request->setAction($action);
10         $vars = $this->request->get();
11     } elseif (is_callable([$instance, '_empty'])) {
12         $call = [$instance, '_empty'];
13         $vars = ['action' => $action];
14         $reflect = new ReflectionMethod($instance, '_empty');
15     } else {
16         exit('操作不存在: ' . get_class($instance) . '/' . $action . '()');
17     }
18     $args = $this->bindParams($reflect, $vars);
19     $data = $reflect->invokeArgs($instance, $args);
20     return Response::create($data);
21 }
```

在上述代码中，第 7 行判断了指定控制器中是否存在$action 方法，如果存在，则进行反射，如果不存在，则通过第 12 行代码判断控制器中是否存在_empty()方法，该方法称为空方法，在请求的方法不存在时会执行，如果空方法也不存在，则执行第 16 行代码，报错退出。在确定了要执行的方法后，第 18 行对方法进行了参数绑定，绑定后，在第 19 行调用方法执行。

（3）修改 Index 控制器的 test()方法，具体代码如下。

```
1  public function test(Request $req, $name = '')
2  {
3      var_dump($name);
4      var_dump($req->get('name') === $name);
5  }
```

通过浏览器访问 http://mytp.test/?name=xiaoming，输出结果为“string(8) "xiaoming" bool(true)”。

（4）在 Index 控制器中增加_empty()方法，具体代码如下。

```
1  public function _empty($action)
2  {
3      return '您请求的操作' . $action . '不存在。';
4  }
```

通过浏览器访问 http://mytp.test/index/index/student，输出结果为：“您请求的操作 student 不存在。”

3.4.4　响应处理

在传统的网页开发中，开发人员并不需要关注对响应的处理，一般来说响应的结果就是一个 HTML 网页，对于响应头、响应状态码等信息由 Web 服务器来自动发送即可。而在进行 API 开发时，则有可能会遇到发送自定义的响应头、响应状态码的情况，为此，ThinkPHP 提供了 Response 响应类，专门负责响应消息的处理。在前面的开发中已经编写过 Response 类，但功能比较薄弱，下面通过例 3-16 对 Response 类进行强化，提供自定义响应头和响应状态码、自定义响应数据格式等功能。

【例 3-16】 Response 类自定义响应的实现

（1）修改 Response 类中的代码，为构造方法增加$data、$code 和$header 参数，分别用于指定响应内容、响应状态码和响应头数组，具体代码如下。

```
1  <?php
2  namespace mytp;
3
4  class Response
5  {
6      protected $data;
7      protected $code = 200;
8      protected $header = [];
9      protected $contentType = 'text/html';
10     protected $charset = 'utf-8';
11     public function __construct($data = '', $code = 200, array $header = [])
12     {
13         $this->data($data);
14         $this->contentType($this->contentType, $this->charset);
15         $this->code = $code;
16         $this->header = array_merge($this->header, $header);
17     }
18     public function contentType($contentType, $charset = 'utf-8')
19     {
20         $this->header['Content-Type'] = $contentType . '; charset = ' . $charset;
21     }
22     public function data($data)
23     {
24         $this->data = $data;
25     }
26 }
```

从上述代码可以看出，响应头是一个关联数组，这是因为响应头可以发送多个，使用数组的键名来区分不同的响应头，例如“['Content-Type' => 'text/html; charset=utf-8']”。

（2）编写 Response 类的 create()静态方法，同于在创建 Response 实例时将$data、$code、$header 参数传递给构造方法。由于响应的数据格式可能有多种，再提供一个$type 参数，用于传入数据格式类型。常见的数据格式有 HTML、JSON 等，如果指定 JSON 类型，则对$data 进行格式转换。具体代码如下。

```
1  public static function create($data = '', $type = '', $code = 200, array $header = [])
2  {
3      switch (strtolower($type)) {
4          case 'json':
5              $data = json_encode($data);
6              $header['Content-Type'] = 'application/json; charset = utf-8';
7              break;
8      }
9      return new static($data, $code, $header);
10 }
```

（3）在 Response 类中编写 send()方法，先发送响应状态码和响应头，然后输出数据，具体代码如下。

```
1  public function send()
2  {
```

```
3     http_response_code($this->code);
4     foreach ($this->header as $name => $value) {
5        header($name . (is_null($value) ? '' : ':' . $value));
6     }
7     echo $this->data;
8  }
```

在上述代码中，第5行在发送响应头时，判断值是否为NULL，如果值为NULL，则表示该响应头只需要发送$name即可，如果不为NULL，则发送“$name: $value”。

（4）在Index控制器中编写custom()方法，测试Response实例，具体代码如下。

```
1  public function custom(\mytp\Response $res)
2  {
3     $data = ['name' => 'xiaoming'];
4     $header = ['ThinkPHP' => '5.1'];
5     $res->create($data, 'json', 200, $header)->send();
6     exit;
7  }
```

上述代码发送了JSON格式的响应结果，并指定了自定义响应头“ThinkPHP: 5.1”。由于在方法执行完成后，App类的dispatch()方法还会创建一次Response实例，影响测试结果，因此第6行用exit退出。

（5）为了测试响应结果，在test()方法中远程请求custom()方法，具体代码如下。

```
1  public function test()
2  {
3     echo file_get_contents('http://mytp.test/index/index/custom'), '<br><pre>';
4     var_dump($http_response_header);
5  }
```

通过浏览器访问http://mytp.test，在输出结果中可以看到服务器响应的信息，如下所示。

```
{"name":"xiaoming"}
array(8) {
  [0] => string(15) "HTTP/1.1 200 OK"
  [1] => string(35) "Date: Thu, 14 Mar 2019 09:36:27 GMT"
  [2] => string(40) "Server: Apache/2.4.38 (Win32) PHP/7.2.15"
  [3] => string(24) "X-Powered-By: PHP/7.2.15"
  [4] => string(13) "ThinkPHP: 5.1"
  [5] => string(18) "Content-Length: 19"
  [6] => string(17) "Connection: close"
  [7] => string(45) "Content-Type: application/json; charset=utf-8"
}
```

从上述结果可以看出，custom()方法的响应结果为JSON格式，在输出的响应头数组中，索引为4的元素“ThinkPHP: 5.1”是自定义的响应头，说明自定义响应头发送成功。

3.4.5 中间件

ThinkPHP 从 5.1.6 版本开始，正式引入中间件的支持。中间件主要用于拦截或过滤应用的HTTP 请求，并进行必要的业务处理。例如，在进入到某个控制器的方法前，判断用户的浏览器类型，采取相应的处理。中间件可以注册多个，其作用范围可以分为应用中间件、模块中间件和控制器中间件。

为了使读者更好地理解中间件的实现原理，下面通过例 3-17 讲解如何实现应用中间件。

【例 3-17】中间件的应用

（1）通过查阅 ThinkPHP 5.1 开发手册可知，应用中间件在 application/middleware.php 文件中注册。打开 thinkphp.test 项目，创建 application/middleware.php 文件，具体代码如下。

```
1  <?php
2  return [
3      \app\http\middleware\Before::class,
4      \app\http\middleware\After::class
5  ];
```

上述代码定义了两个中间件，命名空间\app\http\middleware 表示文件位于 application/http/middleware 目录。中间件的名称可以自定义，此处将两个中间件分别命名为 Before 和 After，是为了演示前置中间件和后置中间件的执行效果。

（2）创建 application/http/middleware 目录，在该目录中创建 Before.php 文件，具体代码如下。

```
1  <?php
2  namespace app\http\middleware;
3
4  class Before
5  {
6      public function handle($request, \Closure $next)
7      {
8          trace('中间件 Before 已执行');
9          return $next($request);
10     }
11 }
```

在上述代码中，handle()方法是中间件的入口执行方法，该方法将会被框架自动调用。第 1 个参数是 Request 实例；第 2 个参数是一个闭包函数，调用该函数就可以继续执行下一步操作，在调用时需要传入$response 参数，其返回值是一个 Response 实例。需要注意的是，handle()方法的返回值必须是 Response 实例，否则框架会报错。trace()是 ThinkPHP 中的助手函数之一，用于在调试面板中输出调试信息。

（3）创建 application/http/middleware/After.php 文件，具体代码如下。

```
1  <?php
2  namespace app\http\middleware;
3
4  class After
5  {
6      public function handle($request, \Closure $next)
7      {
8          $response = $next($request);
9          trace('中间件 After 已执行');
10         return $response;
11     }
12 }
```

从上述代码可以看出，后置中间件是特点是先调用$next()，后执行中间件的操作。值得一提的是，当 application/middleware.php 文件中有多个中间件时，会按照数组的元素顺序执行。例如，数组中定义了两个中间件，则第 1 个中间件的$next 表示第 2 个中间件，第 2 个中间件的$next 表示控制器中的方法。

（4）修改 application/index/controller/Index.php 文件中的 index()方法，具体代码如下。

```
1  public function index()
2  {
3      trace('控制器 Index 已执行');
4      ……（原有代码）
5  }
```

（5）通过浏览器访问 http://thinkphp.test，在调试面板中可以看到图 3-3 所示的结果。

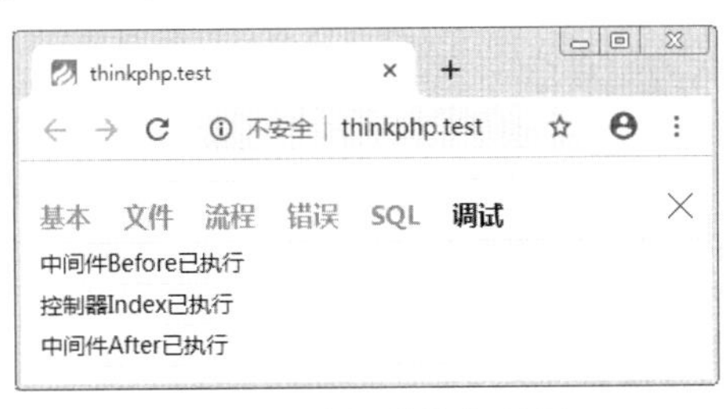

图 3-3　中间件执行效果

值得一提的是，若要定义模块中间件，在模块目录下创建 middleware.php 文件即可，定义方式和应用中间件相同，只会在该模块内生效。控制器中间件定义在控制器的$middleware 属性中，该控制器必须继承系统的 think\Controller 类，具体可以参考 ThinkPHP 手册。

（6）掌握了 ThinkPHP 的中间件的使用方法后，接下来在 mytp.test 项目中实现中间件功能。将中间件相关的 application/middleware.php 文件和 application/http/middleware 目录复制到 mytp.test 项目中。

（7）在 App 类的 init()方法中加载中间件文件，具体代码如下。

```
1  public function init($module = '')
2  {
3      ……（原有代码）
4      if (is_file($path . 'middleware.php')) {
5          $this->middleware->import(include $path . 'middleware.php');
6      }
7  }
```

上述代码中的$this->middleware 用于通过别名的方式获取 Middleware 类的实例，为了使别名生效，需要在 Container 类中增加别名和类名的绑定，如下所示。

```
1  protected $bind = [
2      ……（原有代码）
3      'middleware' => Middleware::class
4  ];
```

（8）创建 framework/library/mytp/Middleware.php 文件，具体代码如下。

```
1  <?php
2  namespace mytp;
3
4  class Middleware
5  {
6      protected $queue = [];
7      protected $app;
8      public function import(array $middlewares = [])
```

```
9       {
10          foreach ($middlewares as $middleware) {
11              $this->add($middleware);
12          }
13      }
14      public function add($middleware)
15      {
16          if ($middleware instanceof \Closure) {
17              $this->queue[] = $middleware;
18          } else {
19              $this->queue[] = [$this->app->make($middleware), 'handle'];
20          }
21      }
22      public function __construct(App $app)
23      {
24          $this->app = $app;
25      }
26  }
```

在上述代码中，add()方法用于添加一个中间件，将中间件保存在$this->queue 中，$this->queue 是中间件的队列数组。第 16 行用于判断$middleware 是否为闭包函数，如果是则直接添加到队列中，否则就表示$middleware 是中间件的类名，在第 19 行代码中通过$this->app->make()创建中间件实例，然后以数组形式添加到队列。在后面的开发中，会将队列中保存的中间件按顺序通过 call_user_func_array()函数来执行，该函数的第 1 个参数可以是函数名、闭包或数组，如果传入数组，表示调用对象的方法，数组的第 1 个元素传入对象，第 2 个元素传入方法名。因此，第 19 行代码表示将中间件实例的 handle()方法加入队列。

（9）在前面的步骤中，已经将 application/middleware.php 注册的中间件添加到队列。最后，还需将控制器中的方法的执行也添加到队列。修改 App 类的 run()方法，用闭包的形式添加队列，具体代码如下。

```
1  public function run()
2  {
3      $this->initialize();
4      $dispatch = $this->routeCheck();
5      $this->middleware->add(function (Request $request, $next) use ($dispatch) {
6          return $this->dispatch($dispatch);
7      });
8      return $this->middleware->dispatch($this->request);
9  }
```

在上述代码中，由于控制器中的方法会在所有中间件全部执行完成后再执行，因此不必再调用$next，直接将方法的执行结果返回即可。第 8 行调用了 Middleware 实例的 dispatch()方法，用于开始执行，该方法将在下一步中实现。

（10）在 Middleware 类中编写 dispatch()方法，具体代码如下。

```
1  public function dispatch(Request $request)
2  {
3      return call_user_func($this->resolve(), $request);
4  }
5  protected function resolve()
```

```
6  {
7      return function (Request $request) {
8          $middleware = array_shift($this->queue);
9          return call_user_func_array($middleware, [$request, $this->resolve()]);
10     };
11 }
```

在上述代码中，resolve()方法执行后会返回一个闭包函数，在这个闭包函数执行时，第 8 行将队列中的中间件出栈，然后在第 9 行代码代码中执行中间件。其中，call_user_func_array()函数的第 2 个参数是数组，数组中的两个元素对应中间件的$request 和$next 参数。

（11）在完成了上述操作后，就可以测试中间件了。由于在 mytp.test 项目中没有 trace()函数，因此借助$GLOBAL 超全局变量来保存调试信息。修改 Before 中间件的 handle()方法，具体代码如下。

```
1 public function handle($request, \Closure $next)
2 {
3     $GLOBALS['trace'][] = ('中间件 Before 已执行');
4     return $next($request);
5 }
```

（12）修改 Index 控制器中的 test()方法，具体代码如下。

```
1 public function test()
2 {
3     $GLOBALS['trace'][] = '控制器 Index 已执行';
4 }
```

（13）修改 After 中间件的 handle()方法，具体代码如下。

```
1 public function handle($request, \Closure $next)
2 {
3     $response = $next($request);
4     $GLOBALS['trace'][] = ('中间件 After 已执行');
5     $response->data(var_export($GLOBALS['trace'], true));
6     return $response;
7 }
```

在上述代码中，第 5 行用于将保存的 trace 调试信息添加到响应结果中。

（14）通过浏览器访问测试，如果看到如下输出结果，说明中间件功能已经正确实现。

```
array (
  0 => '中间件 Before 已执行',
  1 => '控制器 Index 已执行',
  2 => '中间件 After 已执行',
)
```

小提示：

在完成了例 3-17 的代码后，为了避免 Before 和 After 中间件影响后面章节的案例演示，建议读者将 application\middleware.php 文件中的中间件配置代码注释起来，临时关闭这两个中间件。

本章小结

本章主要讲解了 ThinkPHP 的实现原理，包括目录结构划分、自动加载实现、控制反转和依赖注入的设计思想，Container 类、App 类和 Facade 类的代码实现，反射的使用，配置文件的设计思想，配置的读取与修改，如何在框架中处理请求和响应，以及中间件的使用等内容。通过本章学习，读者应能够具备对框架进行源码分析的能力，能够理解框架的底层代码实现和工作流程。

课后练习

一、填空题

1. 控制反转的本质含义是________。
2. 控制反转的实现方式是________。
3. ThinkPHP 针对不同场景需求划分了 4 个配置分别是________。
4. App 类主要是为了实现________。
5. 中间件的主要作用是________。

二、判断题

1. 容器类的主要功能就是管理对象实例，缓存已经创建好的实例。 (　　)
2. 利用 PHP 的反射技术可获取一个对象所属的类。 (　　)
3. ThinkPHP 中最先读取的是应用配置。 (　　)
4. ThinkPHP 提供了 Response 响应类，主要负责响应消息的处理。 (　　)
5. 利用 Facade 调用其他类时，不需要实例化就可以直接进行静态方式调用。 (　　)

三、选择题

1. Facade 类的主要作用是 (　　)。
   A. 为容器类提供静态调用接口
   B. 通过静态的方式调用容器中任何对象的任何方法
   C. 给项目带来了更好的可测试性和扩展性
   D. 以上答案全部正确
2. 关于控制反转，下列说法正确的是 (　　)。
   A. 控制反转是 ThinkPHP 框架的特点
   B. 控制反转会影响类的封装性
   C. 控制反转的本质含义是对象自身被其他依赖的对象反向控制
   D. 以上说法都正确
3. 关于容器类，以下说法正确的是 (　　)。
   A. 容器类用于保存各个类的实例
   B. 类中 bind 属性用来保存别名和类的绑定关系
   C. 如果已经创建好实例，则直接返回
   D. 以上说法都正确
4. ThinkPHP 配置加载顺序正确的是 (　　)。

A. 应用配置 > 惯例配置 > 模块配置 > 动态配置
B. 应用配置 > 惯例配置 > 动态配置 > 模块配置
C. 惯例配置 > 应用配置 > 模块配置 > 动态配置
D. 惯例配置 > 模块配置 > 应用配置 > 动态配置

5. 下列选项中，（　　）是反射 API 提供的类。
A. Reflection　　B. ReflectionType
C. ReflectionException　　D. ReflectionObject

四、简答题

1. 请简述 App、Facade、Container 的作用以及三者之间的关系。
2. 请列举几个反射 API 常用的方法。

五、程序题

1. 在自定义框架中实现读取本地文件中的内容并输出。
2. 在自定义框架中利用中间件验证用户的访问来源（只验证电脑端和微信端）。

第 4 章 框架的实现原理（下）

学习目标

◎ 掌握 PHP 的异常处理。
◎ 掌握 PDO 扩展的使用。
◎ 掌握 ThinkPHP 中的数据库操作。
◎ 掌握模板引擎的使用。

在上一章中已经分析了 ThinkPHP 中的 Container、App、Facade、Config、Request、Response 类中的关键代码。本章将讲解异常处理、PDO 扩展、数据库操作以及模板引擎等内容，帮助读者更全面地掌握 ThinkPHP 的相关技术。

4.1 异常处理

在前面的开发中，当程序出现错误时，都是直接使用 exit 退出程序，然而在实际开发中，这种方式不仅用户体验不友好，也不利于调试。针对错误的处理，PHP 提供了异常处理机制，可以用面向对象的方式来处理异常。在项目中合理地运用异常处理可以使程序的健壮性更强，当发生错误时调试程序也会更加方便。本节将针对 PHP 提供的异常处理进行详细地讲解。

4.1.1 异常的抛出和捕获

PHP 提供了 Exception 异常类，可以描述异常信息。当发生异常时，使用 throw 关键字来抛出一个异常对象。对于可能抛出异常的代码，使用 try 块进行包裹，然后使用 catch 块和 finally 块来处理异常。

为了读者更好地理解，接下来通过一个案例演示异常处理的使用，如例 4-1 所示。

【例 4-1】异常处理的使用

在 C:/web/apache2.4/htdocs 目录下创建 exception01.php 文件，具体代码如下。

```
1  <?php
2  // 定义一个除法函数，当除数为 0 时抛出异常
3  function division($num1, $num2)          // $num1 表示被除数，$num2 表示除数
4  {
5      if (!$num2) {
6          $e = new Exception('除数不能为 0');   // 创建异常对象，参数为异常信息
```

```
7         throw $e;                                // 抛出异常
8         echo '抛出异常后，后面的代码不执行。';    // 用于测试此行代码是否会执行
9     }
10    return $num1 / $num2;
11 }
12 // 将可能会抛出异常的代码写在 try 块中
13 try {
14     echo division(1, 0);     // 调用函数
15     echo '当上一行代码抛出异常时，后面的代码不会执行';
16 } catch (Exception $e) { // 使用 catch 块处理异常，Exception 表示异常类，$e 表示异常对象
17     echo $e->getMessage(); // 获取异常信息
18 } finally {
19     echo '<br>异常处理完成'; // 无论是否发生异常，finally 块中的代码都会执行
20 }
21 echo '<br>将异常处理完成后，后面的代码会继续执行';
```

在上述代码中，第 6 行实例化了异常对象$e，第 7 行使用 throw 关键字抛出异常，这两行代码还可以简写为一行，即“throw new Exception('除数不能为 0')”。

通过浏览器访问测试，运行结果如图 4-1 所示。

图 4-1　Exception 异常处理

从图 4-1 中可以看出，在第 14 行代码中调用了 division()函数后，由于除数为 0，该函数会抛出异常。第 6 行在创建异常对象时传入了异常信息“除数不能为 0”，在第 17 行代码中通过$e->getMessage()可以获取这个异常信息。当第 7 行代码抛出异常后，该函数后面的代码（如第 8 行）将不会执行，且 try 块中 division()函数调用后的代码（如第 15 行）也不会执行。当 catch 块中的代码执行完成后，finally 块中的代码就会执行。当异常处理完成后，后面的代码（如第 21 行）会继续执行。

需要注意的是，每个 try 块应至少有一个对应的 catch 块或 finally 块。catch 块可以有多个，用来针对不同的异常类型进行处理，只有在捕获到对应的异常时才会执行。finally 块的特点是不管是否发生了异常，它总是在 try 和 catch 块之后，在正常代码恢复之前执行。发生异常时，PHP 会尝试查找第一个匹配的 catch 块来执行，如果直到脚本结束时都没有找到匹配的 catch 块，将会出现 Fatal error 错误。

4.1.2　自定义异常

在 Exception 异常类中，除了 getMessage()方法，还提供了其他处理异常的方法，如表 4-1 所示。

表 4-1 Exception 类提供的方法

名　称	说　明
getFile()	创建异常时的程序文件名称
getLine()	获取创建的异常所在文件中的行号
Throwable getPrevious()	返回异常链中的前一个异常
getTrace()	获取异常追踪信息
getTraceAsString()	获取字符串类型的异常追踪信息

下面演示 getLine()和 getFile()方法的使用，示例代码如下。

```
try {
    throw new Exception('error message');
} catch (Exception $e) {
    echo '发生异常的行号: ' . $e->getLine();       // 输出结果: 发生异常的行号: 3
    echo '<br>发生异常的文件名: ' . $e->getFile();// 输出结果: 发生异常的文件名:
                                                     C:\web\…
}
```

在使用 throw 关键字抛出异常时，异常对象可以是 Exception 类，也可以是自定义异常类。自定义异常类用来表示特定类型的异常，只需继承自 Exception 类，并添加自定义的成员属性和方法即可。接下来通过一个案例演示如何自定义异常，如例 4-2 所示。

【例 4-2】自定义异常

在 C:/web/apache2.4/htdocs 目录下创建 MyException.php 文件，具体代码如下。

```
1  <?php
2  class MyException extends Exception
3  {
4      protected $msg = '自定义异常信息';
5      public function getCustomMessage()
6      {
7          return $this->getMessage() ?: $this->msg;
8      }
9  }
```

上述代码用于发生 MyException 异常时，使用自定义方法 getCustomMessage()来获取异常信息，该方法会尝试读取$this->getMessage()中的异常信息，如果没有，则使用$this->msg 作为默认信息。

然后创建 exception02.php 文件，具体代码如下。

```
1  <?php
2  require './MyException.php';
3  $email = 'thinkphp.test';
4  try {
5      if (!filter_var($email, FILTER_VALIDATE_EMAIL)) {
6          throw new MyException('email 地址不合法');
7      }
8  } catch (MyException $e) {
9      echo $e->getCustomMessage();    // 输出结果: email 地址不合法
10 }
```

上述第 5~7 行代码，利用 PHP 的 filter_var()函数判断$email 变量保存的 email 地址是否合法，若不合法则返回 false，然后抛出 MyException 异常。第 9 行用于输出异常信息。

需要注意的是，由于 MyException 类继承 Exception 类，因此上述第 8 行中的异常对象$e 同时也是 Exception 类的实例，因此如果将 Exception 的 catch 块写在前面，则会优先匹配，实例代码如下。

```
1  <?php
2  require './MyException.php';
3  try {
4      throw new MyException('email 地址不合法');
5  } catch (Exception $e) {
6      echo $e->getMessage();
7  } catch (MyException $e) {
8      echo '此行代码不会执行';
9  }
```

上述代码执行后，如果输出结果为“email 地址不合法”，则表示第 8 行代码没有执行。

多学一招：PHP 7中的异常处理

与 PHP 5 不同的是，从 PHP 7 开始，大多数的错误处理不再使用报告的方式处理，而是将其作为 Error 异常的方式抛出进行捕获处理。这个 Error 异常并非继承自 Exception 异常，而是与 Exception 异常都是对 Throwable 接口的实现。因此，Error 异常可以像 Exception 异常一样被捕获并进行处理。此外，用户不能直接实现 Throwable 接口，只能通过继承 Exception 或 Error 类来实现异常的处理。

下面演示如何在 PHP 7 中处理 Throwable 异常，示例代码如下。

```
1  <?php
2  try {
3      $a = 1%0;
4  } catch(Throwable $e) {     // 使用 Throwable 可以处理 Exception 和 Error 两种类型
5      echo get_class($e);              // 输出结果：DivisionByZeroError
6      var_dump($e instanceof Error); // 输出结果：bool(true)
7      echo $e->getMessage();           // 输出结果：Modulo by zero
8  }
```

4.1.3　多异常捕获处理

一个 try 块除了可以对应一个 catch 块外，还可以对应多个 catch 块，或通过嵌套多个异常来检测异常的处理。其中，处理的异常可以使用不同的异常类返回不同的描述信息。

接下来通过一个案例演示多异常的捕获处理，如例 4-3 所示。

【例 4-3】 多异常的捕获处理

在 C:/web/apache2.4/htdocs 目录下创建 exception03.php 文件，具体代码如下。

```
1  <?php
2  require './MyException.php';
3  $email = 'tom@example.com';
4  try {
5      if (!filter_var($email, FILTER_VALIDATE_EMAIL)) {
6          throw new Exception('email 地址不合法');
7      } elseif (substr($email, strrpos($email, '@') + 1) === 'example.com') {
8          throw new MyException('不能使用 example.com 作为邮箱地址');
```

```
9       }
10  } catch (MyException $e) {
11      echo $e->getCustomMessage();    // 输出结果：不能使用 example.com 作为邮箱地址
12  } catch (Exception $e) {
13      echo $e->getMessage();          // 这行代码不会执行
14  }
```

在上述代码中，第 5 行用于判断$email 是否是一个合法的 email，不合法时抛出 MyException 异常；第 7 行判断$email 的域名部分是否为“example.com”，如果是则抛出 Exception 异常。由于第 7 行的判断成立，会执行第 8 行代码抛出 MyException 异常，因此第 11 行代码会执行。当前面的 catch 块中的代码执行后，后面的 catch 块将不再执行。

PHP 允许异常嵌套，并可以在一个 catch 块中再次抛出异常。例如，PHP 抛出的异常信息对于用户来说并不友好，可在捕获异常后，再次抛出异常，返回给用户更加友好的提示信息，如例 4-4 所示。

【例 4-4】异常嵌套

在 C:/web/apache2.4/htdocs 目录下创建 exception04.php 文件，具体代码如下。

```
1   <?php
2   require './MyException.php';
3   try {
4       try {
5           throw new Exception();
6       } catch (Exception $e) {
7           throw new MyException('发生异常，请稍后再试');
8       }
9   } catch (MyException $e) {
10      echo $e->getMessage(); // 输出结果：发生异常，请稍后再试
11  }
```

上述第 5 行代码用于抛出 Exception 异常，然后利用第 7 行代码进行 Exception 异常处理。接着在第 7 行抛出一个 MyException 类的异常，使用第 10 行代码进行 MyException 异常处理。

多学一招：set_exception_handler()

在实际开发中，为了保证程序正常运行，需要在所有可能出现异常的地方使用 try...catch 块进行异常监视，但是程序出现异常的地方是无法预料的，为了保证程序的正常运行，可利用 PHP 提供的 set_exception_handler()函数对没有进行异常监控的代码进行处理。

例如，删除例 4-4 中的 exception04.php 的第 2 行代码，那么在第 7 行实例化 MyException 类时，由于 MyException 类不存在，会发生“Fatal error”错误。为了在发生错误时使用 set_exption_handler()函数进行错误处理，下面将 exception04.php 的第 2 行代码替换成如下代码。

```
1   function exception_handler($e)
2   {
3       echo $e->getMessage(); // 输出结果：Class 'MyException' not found
4   }
5   set_exception_handler('exception_handler');
```

在上述代码中，set_exception_handler()函数必须在异常发生前，将其参数设置成处理异常的函数（如自定义函数 exception_handler）。其中，exception_handler()函数的参数在 PHP 7.0 以前是

Exception 类的实例，而在 PHP 7.0 以后则是 Throwable 接口的实例，可同时处理 Error 类和 Exception 类的异常。

4.1.4 在框架中处理异常

前面已经讲解了 PHP 中的异常的基础知识，为了使读者更好地掌握异常的使用，下面演示如何在前面编写的 mytp.test 项目中进行异常处理，具体如例 4-5 所示。

【例 4-5】在自定义项目中实现异常处理

（1）打开 mytp.test 项目的 framework/library/mytp/App.php 文件，导入命名空间，具体代码如下。

```
1  use Exception;
```

（2）找到 routeCheck()方法中的 exit 代码，改为抛出异常，具体代码如下。

```
1  // exit('请求参数包含特殊字符！');
2  throw new Exception('请求参数包含特殊字符！');
```

（3）找到 controller()方法中的 exit 代码，改为抛出异常，具体代码如下。

```
1  // exit('请求的控制器' . $class . '不存在！');
2  throw new Exception('请求的控制器' . $class . '不存在！');
```

（4）找到 dispatch()方法中的 exit 代码，改为抛出异常，具体代码如下。

```
1  // exit('操作不存在：' . get_class($instance) . '/' . $action . '()');
2  throw new Exception('操作不存在：' . get_class($instance) . '/' . $action . '()');
```

（5）在 run()方法中捕获异常，将原有代码写在 try 块中，在 catch 块中处理异常，具体代码如下。

```
1  public function run()
2  {
3      try {
4          ……（原有代码）
5      } catch (Exception $e) {
6          exit('系统发生错误。' . $this->config->get('app.app_debug') ?
7          $e->getMessage() : '');
8      }
9  }
```

在上述代码中，第 5 行用于输出错误信息并退出脚本，在输出时，如果开启了调试模式，则显示详细的错误信息，否则显示简略的错误信息“系统发生错误”。

完成上述代码后，通过浏览器访问测试，观察当出现异常时是否正确输出了异常信息。

另外，上述案例全部使用了 Exception 一种异常类型，如果希望对不同的异常类型进行不同的处理，可以定义多种不同类型的异常。例如，ThinkPHP 中的异常类型分为许多种，打开 thinkphp.test 项目的 thinkphp/library/think/exception 目录，就会看到一些异常类，如 ClassNotFoundException.php（类找不到异常）、DbException.php（数据库异常）、HttpException.php（HTTP 异常）等。

4.2 PDO 扩展

PDO 是 PHP Data Object（PHP 数据对象）的简称，它是 PHP 提供的一种操作数据库的扩展，相比 MySQLi 扩展，解决了不同数据库扩展的应用程序接口互不兼容而导致的维护困难、可移植性差等问题。ThinkPHP 的数据库操作就是基于 PDO 扩展。本节将针对 PDO 扩展的使用进行详细讲解。

4.2.1 PDO 基本使用

1. 开启 PDO 扩展

PDO 是与 PHP 5.1 版本一起发布的，目前支持的数据库包括 Firebird、FreeTDS、Interbase 6、MySQL、Microsoft SQL Server、ODBC、Oracle、PostgreSQL、SQLite、Sybase 等。当操作不同数据库时，只需要修改 PDO 中的 DSN（数据库源），即可使用 PDO 的统一接口进行操作。

PDO 支持多种数据库，对于不同的数据库有不同的扩展文件。若要启动对 MySQL 数据库驱动程序的支持，需要在 php.ini 配置文件中找到“;extension=pdo_mysql”，去掉分号注释以开启扩展。修改完成后重新启动 Apache，通过 phpinfo()函数查看 PDO 扩展是否开启成功，如图 4-2 所示。

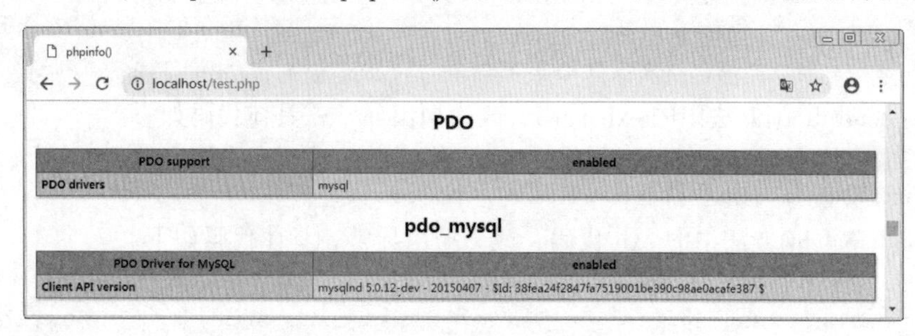

图 4-2 开启 PDO 扩展

2. 连接和选择数据库

PDO 扩展提供了 PDO 类，主要用于连接数据库、发送 SQL 语句等。在使用 PDO 操作数据库前，需要先实例化 PDO 类，传递数据库连接参数，基本语法格式如下。

```
PDO::__construct (
    string $dsn,                        // 数据源名称
    string $username,                   // 用户名（可选）
    string $password,                   // 密码（可选）
    array $driver_options               // 包含键值的驱动连接选项（可选）
)
```

上述语法中，$dsn 是由 PDO 驱动程序名称、“:”和 PDO 驱动程序特有的连接语法组成。例如，连接 MySQL 数据库时，PDO 驱动名为 mysql，它特有的连接语法包括主机名、端口号、数据库名称、字符集等；连接 Oracle 数据库时，PDO 驱动名为 oci，它特有的连接语法只包括数据库名称和字符集。其他数据库的 PDO 驱动名称以及特有的连接语法请参照 PHP 手册，本书以连接 MySQL 数据库的 PDO 驱动为例讲解。

接下来演示 PDO 连接本地的 MySQL 服务器，选择 mytp 数据库，示例代码如下。

```
$dsn = 'mysql:host=localhost;port=3306;dbname=mysql;charset=utf8';
$pdo = new PDO($dsn, 'root', '123456');
var_dump($pdo);    // 输出结果: object(PDO)#1 (0) { }
```

以上代码实例化 PDO 成功则返回一个 PDO 对象，否则会抛出一个 PDO 异常（PDOException）。在$dsn 字符串中，host 用于指定连接的主机名，port 用于指定连接的端口号，dbname 用于选择数据库，charset 用于设置字符集，各连接语法之间使用分号“;”进行分隔。

3. 执行 SQL 语句

PDO 提供了 query()和 exec()方法用于执行 SQL 语句。两者的区别在于，前者执行成功时返回 PDOStatement 类的对象，该对象主要用于解析结果集、实现预处理和事务处理等特殊功能；后者执行成功后，会返回受影响的行数，但此方法不会对 SELECT 语句返回结果。

下面通过一个具体的案例演示如何利用 PDO 执行 SQL 语句，如例 4-6 所示。

【例 4-6】 使用 PDO 执行 SQL 语句

在 C:/web/apache2.4/htdocs 目录下创建 pdo01.php 文件，具体代码如下。

```
1  <?php
2  $dsn = 'mysql:host=localhost;port=3306;dbname=mytp;charset=utf8';
3  $pdo = new PDO($dsn, 'root', '123456');
4  // 通过 query()方法执行查询类 SQL，如: SELECT
5  $sql = 'SELECT * FROM `student`';
6  var_dump($pdo->query($sql));   // 输出结果: object(PDOStatement)#2 (1) { ... }
7  // 通过 exec()执行操作类 SQL，如: INSERT、UPDATE、DELETE
8  $sql = "INSERT INTO `student` (`name`, `entry_date`) VALUES ('Leon', '2019-1-1')";
9  var_dump($pdo->exec($sql));              // 输出结果: int(1)
10 var_dump($pdo->lastInsertId());         // 输出结果: string(1) "5"
```

从上述代码可知，执行 query()方法成功时返回 PDOStatement 类的对象，执行 exec()方法成功则返回受影响的行数。其中，第 10 行代码的 lastInsertId()方法，用于返回最后插入行的 ID 值。

4. 处理结果集

PDO 的 query()方法返回的是一个 PDOStatement 类的对象，通过 PDOStatement 类可以对结果集进行处理，其中有 3 个常用的方法 fetch()、fetchColumn()和 fetchAll()，下面分别进行讲解。

1）fetch()方法

fetch()方法可以从结果集中获取下一行数据，其基本语法格式如下。

```
mixed PDOStatement::fetch (
   int $fetch_style,                                        // 返回方式（可选）
   int $cursor_orientation = PDO::FETCH_ORI_NEXT,           // 滚动游标（可选）
   int $cursor_offset = 0                                   // 游标的偏移量（可选）
)
```

在上述语法中，所有参数都为可选参数。其中，$fetch_style 用于控制结果集的返回方式，其值必须是 PDO::FETCH_*系列常量中的一个，可选常量如表 4-2 所示；$cursor_orientation 是 PDOStatement 对象的一个滚动游标，可用于获取执行的一行；$cursor_offset 表示游标的偏移量。

表 4-2　PDO::FETCH_* 常用常量

常量名	说　明
PDO::FETCH_ASSOC	返回一个键为结果集字段名的关联数组
PDO::FETCH_BOTH（默认）	返回一个索引为结果集列名和以 0 开始的列号的数组
PDO::FETCH_LAZY	返回一个包含关联数组、数字索引数组和对象的结果
PDO::FETCH_NUM	返回一个索引以 0 开始的结果集列号的数组
PDO::FETCH_CLASS	返回一个请求类的新实例，映射结果集中的列名到类中对应的属性名
PDO::FETCH_OBJ	返回一个属性名对应结果集列名的匿名对象

值得一提的是，PDOStatement 类中还有一个 fetchObject()方法，可以通过 fetch()方法将数据返回方式设为 PDO::FETCH_CLASS 或 PDO::FETCH_OBJ 来替代。

下面通过一个案例演示 fetch()方法获取查询数据的结果。如例 4-7 所示。

【例 4-7】 fetch()方法的使用

在 C:/web/apache2.4/htdocs 目录下创建 pdo02.php 文件，具体代码如下。

```
1  <?php
2  $dsn = 'mysql:host=localhost;port=3306;dbname=mytp;charset=utf8';
3  $pdo = new PDO($dsn, 'root', '123456');
4  $sql = 'SELECT `id`, `name` FROM `student` LIMIT 2';
5  $res = $pdo->query($sql);
6  while ($row = $res->fetch(PDO::FETCH_ASSOC)) {
7      echo $row['id'] . ' - ' . $row['name'] . '<br>';
8  }
```

在上述代码中，第 5 行代码将查询的结果集保存到变量$res 中，第 6 行代码利用$res 调用 fetch()方法获取结果集中下一行记录，直到结果集中没有记录时，获取失败返回 false，终止 while 循环。其中，fetch()参数设置为 PDO::FETCH_ASSOC 表示获取的记录以关联数组形式返回。运行结果如图 4-3 所示。

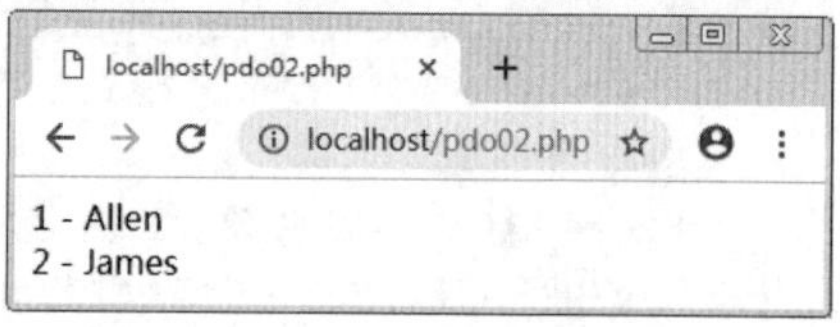

图 4-3　fetch()方法获取结果集

2）fetchColumn()

fetchColumn()方法用于获取结果集中的单独一列，其基本语法格式如下。

```
string PDOStatement::fetchColumn ([ int $column_number = 0 ])
```

在上述语法中，可选参数$column_number 用于设置行中列的索引号，默认从 0 开始。如果省略此参数，则获取第一列。该方法执行成功则返回单独的一列，失败返回 false。

例如，修改例 4-7 中第 6~8 行代码，获取结果集记录中第 2 列的数据，具体代码如下。

```
while ($column = $res->fetchColumn(1)) {
    echo ' ' . $column;                    // 输出结果：Allen James
}
```

3）fetchAll()

fetchAll()方法用于获取结果集中所有的行，其基本语法格式如下。

```
array PDOStatement::fetchAll (
    int $fetch_style,                      // 返回方式（可选）
    mixed $fetch_argument,                 // 滚动游标（可选）
    array $ctor_args = array()             // PDO::FETCH_CLASS 的参数（可选）
)
```

在上述语法中，$fetch_style 用于控制结果集中数据的返回方式，默认值为 PDO::FETCH_BOTH；参数$fetch_argument 根据$fetch_style 的值的变化而有不同的意义，具体如表 4-3 所示；$ctor_args 表示当$fetch_style 的值为 PDO::FETCH_CLASS 时，自定义类构造方法的参数。

表 4-3　$fetch_argument 参数的意义

$fetch_style 取值	$fetch_argument 的意义
PDO::FETCH_COLUMN	返回指定以 0 开始索引的列
PDO::FETCH_CLASS	返回指定类的实例，映射每行的列到类中对应的属性名
PDO::FETCH_FUNC	将每行的列作为参数传递给指定的函数，并返回调用函数后的结果

例如，修改例 4-7 中第 6~8 行代码，以关联数组形式获取结果集，具体代码如下。

```
$data = $res->fetchAll(PDO::FETCH_ASSOC);
print_r($data);
```

上述代码使用 print_r()输出了 fetchAll()方法返回的关联数组$data，结果如下所示。

```
Array (
  [0] => Array ( [id] => 1 [name] => Allen )
  [1] => Array ( [id] => 2 [name] => James )
)
```

另外，还可以利用 PDOStatement 类提供的 columnCount()方法获取结果集中的列数，使用 rowCount()方法获取上一个 SQL 语句影响的行数，示例代码如下。

```
var_dump($res->columnCount());      // 输出结果: int(2)
var_dump($res->rowCount());         // 输出结果: int(2)
```

需要注意的是，rowCount()方法一般用于返回上一个 PDOStatement 对象执行 DELETE、INSERT 或 UPDATE 语句受影响的行数。但当其上一条执行的 SQL 语句是 SELECT 时，返回的数值不一定准确，建议在开发时应避免这样的操作。

多学一招：将变量绑定到结果集中的某一列

PDOStatement 类提供的 fetch()的参数设置为 PDO::FETCH_BOUND 时，执行成功后会返回 true，并分配结果集中的列值给 bindColumn()方法绑定的 PHP 变量。

例如，将例 4-7 中的第 6~8 行代码修改成以下的形式，其运行结果与图 4-3 所示相同。

```
$res->bindColumn('id', $id);              // 将变量$id 绑定到结果集$res 的 id 列
$res->bindColumn('name', $name);          // 将变量$name 绑定到结果集$res 的 name 列
while ($res->fetch(PDO::FETCH_BOUND)) {// 获取绑定到变量中的数据
    echo $id . ' - ' . $name . '<br>';
}
```

上述代码中，bindColumn()方法的第 1 个参数表示结果集$res 中的列名（如 id），也可以是列号，默认从 1 开始。第 2 个参数表示绑定到列上的变量名。

4.2.2 PDO 预处理机制

利用 PHP 操作 SQL 时，传统方式是将发送的数据和 SQL 写在一起，这种方式每条 SQL 都需要经过分析、编译和优化的周期；而预处理语句只需要预先编译一次用户提交的 SQL 模板，在操作时，发送相关数据即可完成对应的操作。这极大地提高了运行效率，而且无须考虑数据中包含特殊字符（如单引号）导致的语法问题。下面分别讲解 PDO 实现预处理机制常用的 prepare()方法和 execute()方法。

1. prepare()方法

PDO 类提供的 prepare()方法用于准备预处理的 SQL 语句，在执行成功时返回一个 PDOStatement 类对象，其基本语法格式如下。

```
public PDOStatement PDO::prepare (
    string $statement,                // 预处理的 SQL 语句
    array $driver_options = array() // 设置一个或多个 PDOStatement 对象的属性值（可选）
)
```

在上述语法中，参数$statement 表示预处理的 SQL 语句，该语句中动态变化的量（如查询、更新、删除的条件、插入的数据等）可用占位符代替，这样在执行预处理语句时，根据占位符绑定的数据即可完成相关操作；$driver_options 是可选参数，表示设置一个或多个 PDOStatement 对象的属性值。

PDO 支持两种占位符，分别为问号占位符（?）和参数占位符（:参数名称），在一条预处理 SQL 语句中只能选择其中一种形式。

2．execute()方法

PDOStatement 类提供的 execute()方法，用于执行一条预处理语句，其语法格式如下。

```
bool PDOStatement::execute([ array $input_parameters ])
```

在上述语法中，可选参数$input_parameters 表示为预处理语句中的占位符绑定数据，若省略该参数，则 execute()方法仅用于执行一条预处理语句。其中，$input_parameters 的元素个数必须与预处理语句中占位符数量相同，当是问号占位符（?）时，$input_parameters 必须是一个索引数组；当是参数占位符（:参数名称）时，$input_parameters 必须是一个关联数组。

为了读者更好地理解，下面通过一个案例演示 PDO 预处理的使用，如例 4-8 所示。

【例 4-8】PDO 预处理的使用

在 C:/web/apache2.4/htdocs 目录下创建 pdo03.php 文件，具体代码如下。

```
1  <?php
2  $dsn = 'mysql:host=localhost;port=3306;dbname=mytp;charset=utf8';
3  $pdo = new PDO($dsn, 'root', '123456');
4  $sql = 'INSERT INTO `student` (`name`, `entry_date`) VALUES (?, ?)';
5  $stmt = $pdo->prepare($sql);
6  $stmt->execute(['Charles', '2019-1-1']);
7  $stmt->execute(['Andy', '2019-1-1']);
8  $stmt->execute(['Bruce', '2019-1-1']);
```

在上述代码中，第 4~5 行用于准备一条预处理的插入语句，prepare()方法返回的$stmt 是 PDOStatement 类对象；第 6~8 行代码用于为占位符绑定数据并执行预处理的 SQL 语句。

在编写预处理 SQL 语句时，除了可以使用问号占位符（?）外，还可以使用参数占位符，它的使用方式与问号占位符（?）大致相同。例如，可将例 4-8 中第 4~8 行代码修改成以下形式。

```
$sql = 'INSERT INTO `student` (`name`, `entry_date`) VALUES (:name, :entry_date)';
$stmt = $pdo->prepare($sql);
$stmt->execute([':name' => 'Charles', ':entry_date' => '2019-1-1']);
$stmt->execute([':name' => 'Andy', ':entry_date' => '2019-1-1']);
$stmt->execute(['name' => 'Bruce', 'entry_date' => '2019-1-1']); // 可以省略冒号
```

从上述代码可知，预处理 SQL 语句中的参数占位符是由冒号“:”和标识符组成，在为参数占位符绑定数据时，只要保证数组中元素的“键名”与参数占位符的“标识符”相同即可。

多学一招：为占位符绑定数据

PHP 预处理方式操作 MySQL 数据库时，除了可以使用 execute()的参数为预处理语句中的占位符绑定数据外，还可以使用 PDOStatement 类提供 bindParam()方法或 bindValue()方法实现绑定。两者的区别在于，bindParam()方法是将占位符绑定到指定的变量名上，在 execute()执行预处理语句时，只要修改变量名的值即可。而 bindValue()方法，在使用时是将值绑定到占位符上，然后再

执行 execute()执行预处理语句，每修改一次值，都要重复执行一次 bindValue()和 execute()。

为了读者更好地理解，下面在例 4-8 的基础上准备好预处理语句后，通过以下方式完成占位符数据的绑定及预处理语句的执行。

1）bindParam()方法

bindParam()方法支持问号占位符和参数占位符，示例代码如下。

```
$stmt->bindParam(1, $name);                          // 问号占位符
$stmt->bindParam(2, $entry_date);                    // 问号占位符
$stmt->bindParam('参数标识符名', $name);             // 参数占位符
$stmt->bindParam('参数标识符名', $entry_date);       // 参数占位符
```

在上述示例中，1 表示预处理语句中的第 1 个问号占位符，依次类推；“参数标识符名”要与预处理时使用的参数占位符名称相同。

按照以上任意一种方式将占位符绑定到指定的变量上后，即可完成变量的赋值和预处理语句的执行，示例代码如下。

```
list($name, $entry_date) = ['Charles', '2019-1-1'];
$stmt->execute();
list($name, $entry_date) = ['Andy', '2019-1-1'];
$stmt->execute();
```

2）bindValue()方法

bindValue()方法同样支持问号占位符和参数占位符，示例代码如下。

```
// 问号占位符
$stmt->bindValue(1, 'Charles');
$stmt->bindValue(2, '2019-1-1');
$stmt->execute();
```

```
// 参数占位符
$stmt->bindValue('参数标识符名', 'Charles');
$stmt->bindValue('参数标识符名', '2019-1-1');
$stmt->execute();
```

从上述代码可以看出，bindValue()方法的第 2 个参数用来传入一个值，它无须进行变量的绑定，使用较为方便。

4.2.3 PDO 异常处理

在使用 SQL 语句操作数据库时，难免会出现各种各样的错误，比如语法错误、逻辑错误等。为此，既可以利用前面学习过的异常处理方式手动捕获 PDOException 类异常，也可以使用 PDO 提供的属性设置方式进行异常的处理。其中，PDOException 类继承自 RuntimeException 运行异常类（继承自 Exception 类）。手动异常捕获通过 try...catch 即可实现。本节讲解 PDO 属性设置方式的异常处理。

PDO 提供了 3 种不同的错误处理模式，以满足不同风格的应用开发。具体如下。

1. SILENT 模式（默认）

PDO::ERRMODE_SILENT 为 PDO 默认的错误处理模式。此模式在错误发生时不进行任何操作，只简单地设置错误代码，用户可以通过 PDO 类提供的 errorCode()和 errorInfo()这两个方法对语句和数据库对象进行检查。如果错误是由于调用语句对象 PDOStatement 而产生的，那么可以使用这个对象调用这两个方法；如果错误是由于调用数据库对象而产生的，那么可以使用数据库对象调用上述两个方法。

2. WARNING 模式

在项目的调试或测试期间，如果想要查看发生了什么问题且不中断程序的流程，可以将 PDO

的错误模式设置为 PDO::ERRMODE_WARNING。当错误发生时，除了设置错误代码外，PDO 还会发出一条 E_WARNING 信息。

3. EXCEPTION 模式

PDO 中提供的 PDO::ERRMODE_EXCEPTION 错误模式，可以在错误发生时抛出相关异常。它在项目调试当中较为实用，可以快速地找到代码中问题的潜在区域，与其他发出警告的错误模式相比，用户可以自定义异常，检查每个数据库调用的返回值时，异常模式需要的代码更少。

在了解上述 3 种错误处理模式后，下面通过代码演示如何在程序中进行修改，代码如下。

```
// 设置为 SILENT 模式
$pdo->setAttribute(PDO::ATTR_ERRMODE, PDO::ERRMODE_SILENT);
// 设置为 WARNING 模式
$pdo->setAttribute(PDO::ATTR_ERRMODE, PDO::ERRMODE_WARNING);
// 设置为 EXCEPTION 模式
$pdo->setAttribute(PDO::ATTR_ERRMODE, PDO::ERRMODE_EXCEPTION);
```

在默认的 SILENT 模式中，当通过 prepare()执行 SQL 语句失败，出现错误时不会提示任何信息。下面以 WARNING 模式为例进行代码演示，如例 4-9 所示。

【例 4-9】WARNING 模式的使用

在 C:/web/apache2.4/htdocs 目录下创建 pdo04.php 文件，具体代码如下。

```
1  <?php
2  $dsn = 'mysql:host=localhost;port=3306;dbname=mytp;charset=utf8';
3  $pdo = new PDO($dsn, 'root', '123456');
4  // 设置错误模式
5  $pdo->setAttribute(PDO::ATTR_ERRMODE, PDO::ERRMODE_WARNING);
6  // 预处理 SQL 语句
7  $stmt = $pdo->prepare('SELECT * FROM `test`');
8  // 执行预处理语句，若 execute()方法返回 false，表示执行失败
9  if (false === $stmt->execute()) {
10     echo '错误码：' . $stmt->errorCode() . '<br>';   // 输出错误码
11     print_r($stmt->errorInfo());                   // 输出错误信息
12 }
```

上述代码执行后，运行结果如图 4-4 所示。

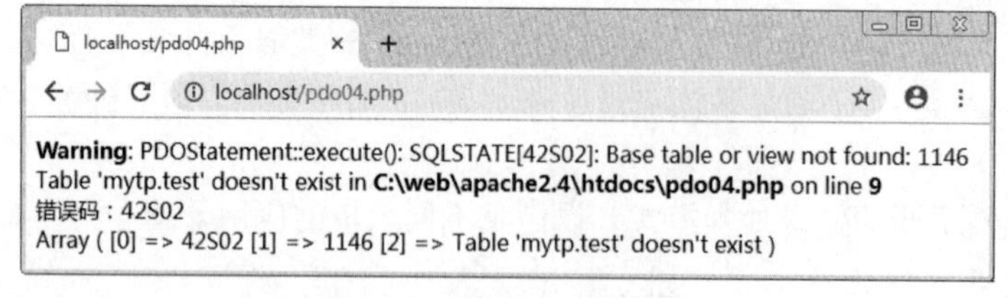

图 4-4　WARNING 模式

从图 4-4 中可以看出，WARNING 模式下 PDO 执行发生错误，会发出一条提示信息，但不会中断程序的继续执行。读者可更改第 5 行代码中的模式，对比不同模式下，PDO 执行发生错误的不同处理方式。

多学一招：属性的设置与获取

PDO 类提供的 setAttribute()方法不仅可以设置 PDO 的异常处理方式，还可以关闭自动提交等

功能。除此之外，还可以使用 PDO 类提供的 getAttribute()方法获取一个数据库连接的属性。具体示例如下。

```
$dsn = 'mysql:host=localhost;port=3306;dbname=mytp;charset=utf8';
$pdo = new PDO($dsn, 'root', '123456');
echo $pdo->getAttribute(PDO::ATTR_CASE); // 输出结果: 0，保持数据库驱动返回的列名
echo $pdo->getAttribute(PDO::ATTR_AUTOCOMMIT); // 输出结果: 1，自动提交 SQL 语句
$pdo->setAttribute(PDO::ATTR_CASE, PDO::CASE_UPPER);  // 强制列名大写
$pdo->setAttribute(PDO::ATTR_AUTOCOMMIT, 0);           // 关闭 SQL 语句自动提交
```

另外，不同数据库驱动对应可操作的属性也不同，例如，PDO::ATTR_AUTOCOMMIT 只有在 MySQL、Oracle 以及 Firebird 数据库中可用。因此建议读者参考手册进行属性的获取与设置。

4.2.4 PDO 事务处理

事务处理在数据库开发过程中有着非常重要的作用，它可以保证在同一个事务中的操作具有同步性。为此，PDO 类也提供了相关的操作方法，具体如表 4-4 所示。

表 4-4　PDO 事务处理

方 法 名	说　　明
PDO::beginTransaction()	启动一个事务
PDO::commit()	提交一个事务
PDO::inTransaction()	检查是否在一个事务内
PDO::rollBack()	回滚一个事务

下面通过一个案例演示 PDO 事务处理的使用。具体如例 4-10 所示。

【例 4-10】PDO 事务处理的使用

在 C:/web/apache2.4/htdocs 目录下创建 pdo05.php 文件，具体代码如下。

```
1  <?php
2  $dsn = 'mysql:host=localhost;port=3306;dbname=mytp;charset=utf8';
3  $pdo = new PDO($dsn, 'root', '123456');
4  $pdo->setAttribute(PDO::ATTR_ERRMODE, PDO::ERRMODE_EXCEPTION);
5  // 开启事务
6  $pdo->beginTransaction();
7  try {
8      // 执行插入操作
9      $stmt = $pdo->prepare('INSERT INTO `student` (`name`) VALUES (?)');
10     $stmt->execute(['小明']);
11     // 提交事务
12     $pdo->commit();
13 } catch (PDOException $e) {
14     // 执行失败，事务回滚
15     $pdo->rollback();
16     echo '执行失败: ' . $e->getMessage();
17 }
```

上述代码演示了 PDO 的事务处理，第 6 行用于开启事务，第 12 行用于提交事务，第 15 行用于执行失败时回滚事务。

4.3 框架中的数据库操作

在 ThinkPHP 中操作数据库有两种方式：一种是使用 Db 类，一种是使用模型。由于模型的功能非常强大，在后面的章节中会专门进行讲解，本节讲解 Db 类的数据库操作的架构和原理，并在 mytp.test 自定义框架项目中进行代码实现。

4.3.1 ThinkPHP 的数据库架构

在框架中通常会对数据库操作的代码进行封装，专门提供一套操作数据库的类，而不是直接通过 PDO 进行数据库操作。由框架统一处理所有的数据库操作，有许多优势，例如，可以提供一套更快捷的方法来简化数据库操作，可以记录所有执行过的 SQL，分析每条 SQL 的执行时间，以及确保跨数据库的一致性等。在 ThinkPHP 5.1 中，数据库访问层主要由如下类文件组成。

```
thinkphp/library/think/Db.php                          // 数据库入口类 Db
thinkphp/library/think/db/Connection.php               // 连接器类 Connection
thinkphp/library/think/db/Query.php                    // 查询器类 Query
thinkphp/library/think/db/Builder.php                  // 生成器类 Builder
thinkphp/library/think/db/connector/Mysql.php // MySQL 连接器驱动（继承 Connection）
thinkphp/library/think/db/builder/Mysql.php // MySQL 生成器驱动（继承 Builder）
```

以上列举的这些类文件主要可以分成 5 类，下面分别介绍它们的作用。

- 数据库入口类 Db：该类提供了数据库操作的入口，用户无须关心其他几个类的使用，只需掌握 Db 类的使用即可。
- 连接器类 Connection：连接器类用于连接数据库。由于不同数据库的连接方式不同，该类是一个抽象类，由某个具体数据库的连接器驱动类继承。
- 查询器类 Query：查询器类用于执行数据库查询，封装了数据库的增、删、改、查操作，提供了一套优雅的实现，并自动使用 PDO 的参数绑定。
- 生成器类 Builder：生成器用于接收查询器类的查询参数，并负责解析生成对应数据库的 SQL 语句，然后返回给查询器类进行后续的处理。生成器用于解决不同数据库的查询语法的差异，该类是一个抽象类，由某个具体数据库的生成器驱动类继承。
- 驱动（Drivers）类：驱动类是针对不同的数据库编写的不同的驱动，它分为生成器驱动和连接器驱动，每种数据库都有对应的类文件，ThinkPHP 提供了 Mysql、Pgsql、Sqllite、Sqlsrv 这 4 种驱动，对应的数据库为 MySQL、PostgreSQL、SQLite、SQL Server。

为了使读者更好地理解，下面通过图例来演示它们的关系，如图 4-5 所示。

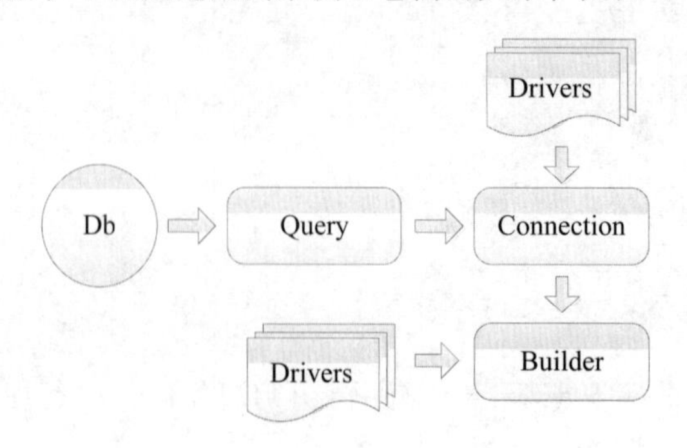

图 4-5　ThinkPHP 5.1 数据库架构

在图 4-5 中，Db 类是数据库操作的入口，该类会调用 Query 类来执行数据库查询，Connection 类用于连接数据库，Builder 类用于生成 SQL 语句。由于框架需要为不同的数据库提供一套统一的操作方法，因此需要为不同数据库编写连接器驱动和生成器驱动。

4.3.2　编写数据库操作类

在了解 ThinkPHP 的数据库架构后，在 mytp.test 项目中编写代码，在自定义框架中完成对数据库操作的底层封装。本节将会讲解 Connection 类、Builder 类、Query 类和 Db 类的基本代码，帮助读者理解它们的代码实现。在编写代码前，先来整理一下开发思路，具体如下。

（1）创建 Connection 类，该类是一个抽象类，不能被直接实例化，需要被数据库驱动类继承。

（2）在 Connection 类中编写静态方法 instance()，用于获取数据库连接实例，该方法接收一个参数$config，表示数据库连接配置。当 instance()方法被多次调用时，如果两次传入的数据库连接配置完全相同，不会重复连接数据库，直接返回已经创建的数据库连接对象。

（3）在 Connection 类中编写构造方法，在构造方法中会读取数据库连接配置，根据数据库连接配置中指定的数据库类型，找到对应的生成器驱动类，创建生成器对象，保存在成员属性中。

（4）创建 Builder 类和 Mysql 生成器驱动类，Builder 类是抽象类，由 Mysql 类继承。这两个类中暂时不需要编写具体方法，会在后面的小节中专门讲解。

（5）创建 Query 类，在项目中，每次执行数据库查询时都需要创建该类的对象，通过调用相关方法来完成具体的数据库操作。该类依赖 Connection 对象，通过构造方法传入。

（6）创建 Db 类，该类的方法都是静态调用，会自动创建每个查询的 Query 对象，并且会通过调用 Connection 类的 instance()方法获取数据库连接对象，传给 Query 类的构造方法。

（7）在配置文件中增加数据库的配置，并在框架启动时读取配置。

接下来按照以上思路进行代码实现，具体如例 4-11 所示。

【例 4-11】自定义框架对数据库底层的封装

（1）创建 framework/library/mytp/db/Connection.php 文件，具体代码如下。

```
1  <?php
2  namespace mytp\db;
3
4  abstract class Connection
5  {
6     protected static $instance = [];
7     protected $builder;
8     protected $config = [
9         'type' => 'mysql', 'hostname' => '', 'database' => '', 'username' => '',
10        'password' => '', 'hostport' => '', 'charset' => 'utf8', 'prefix' => ''
11    ];
12    public static function instance(array $config = [])
13    {
14        $name = md5(serialize($config));
15        if (!isset(self::$instance[$name])) {
16            $class = '\\mytp\\db\\connector\\' . ucwords($config['type']);
17            self::$instance[$name] = new $class($config);
18        }
19        return static::$instance[$name];
20    }
```

```
21    public function __construct(array $config = [])
22    {
23        if (!empty($config)) {
24            $this->config = array_merge($this->config, $config);
25        }
26        $class = '\\mytp\\db\\builder\\' . ucwords($this->config['type']);
27        $this->builder = new $class();
28    }
29    public function getConfig($config = '')
30    {
31        return $config === '' ? $this->config : $this->config[$config];
32    }
33 }
```

在上述代码中，$instance 静态属性用于保存在 instance()方法中创建的对象，$builder 属性用于保存生成器对象，$config 属性用于保存数据库连接的默认配置。

静态方法 instance()用于创建数据库连接，返回连接对象。为了支持多个数据库连接，第 6 行将静态属性$instance 定义为数组，然后在第 14 行根据数据库配置自动生成数组的键名，确保当遇到相同的$config 配置时，返回的是同一个连接对象，其中，serialize()函数用于将数组序列化成字符串，md5()函数用于计算数据的 MD5 值，作为该数据库连接配置的唯一标识。

第 15 行代码判断静态属性$instance 数组中是否已经保存了数据库连接配置，如果没有保存，则根据传入的数据库配置中的数据库类型$config['type']找到对应的驱动文件，在第 17 行实例化了驱动类，保存到$instance 数组中。最后通过第 19 行代码返回了数据库连接对象。

需要注意的是，Connection 类不能被实例化，需要在第 4 行将该类声明为抽象类。Connection 类的构造方法和 getConfig()方法，用于提供给所有继承 Connection 类的驱动类使用。

第 23~25 行代码用于将传入的数据库连接配置$config 和 self::$config 数组合并，提高代码的健壮性，避免因传入的$config 缺少某个数组元素导致代码出错。

第 26~27 行用于根据数据库类型找到对应的生成器驱动，创建生成器对象。第 29 行的 getConfig()方法用于获取数据库连接配置。

（2）创建 framework/library/mytp/db/connector/Mysql.php 文件，具体代码如下。

```
1  <?php
2  namespace mytp\db\connector;
3
4  use mytp\db\Connection;
5
6  class Mysql extends Connection
7  {
8  }
```

上述代码定义了一个空的 Mysql 类，具体代码将在后面的步骤中实现。

（3）创建 framework/library/mytp/db/Builder.php 文件，具体代码如下。

```
1  <?php
2  namespace mytp\db;
3
4  abstract class Builder
5  {
6  }
```

上述代码通过 abstract 将 Builder 类声明为抽象类，用于阻止该类被实例化。

（4）创建 framework/library/mytp/db/builder/Mysql.php 文件，具体代码如下。

```
1  <?php
2  namespace mytp\db\builder;
3
4  use mytp\db\Builder;
5
6  class Mysql extends Builder
7  {
8  }
```

（5）创建 framework/library/mytp/db/Query.php 文件，具体代码如下。

```
1  <?php
2  namespace mytp\db;
3
4  use mytp\db\Connection;
5
6  class Query
7  {
8      protected $connection;
9      public function __construct(Connection $connection)
10     {
11         $this->connection = $connection;
12     }
13 }
```

在上述代码中，构造方法的参数$conection 用于接收 Connection 对象，接收后保存到$this->connection 属性中。

（6）创建 framework/library/mytp/Db.php 文件，具体代码如下。

```
1  <?php
2  namespace mytp;
3
4  use mytp\db\Connection;
5  use mytp\db\Query;
6
7  class Db
8  {
9      protected static $connection;
10     protected static $config;
11     public static function init(array $config = [])
12     {
13         self::$config = $config;
14     }
15     public static function connect(array $config = [])
16     {
17         if (is_null(self::$connection)) {
18             $config = array_merge(self::$config, $config);
19             self::$connection = Connection::instance($config);
20         }
21         return new Query(self::$connection);
```

```
22     }
23     public static function __callStatic($method, $args)
24     {
25         return call_user_func_array([static::connect(), $method], $args);
26     }
27 }
```

在上述代码中，init()方法接收参数$config，接收后保存到静态属性 self::$config 中；connect()方法用于连接数据库，参数$config 用于指定连接配置，在连接数据库时，先判断静态属性 self::$connection 是否已经保存了数据库连接，防止重复连接，如果值为 null，则执行第 18~19 行代码保存连接配置，然后通过 Connection 类的静态方法 instance()创建数据库连接，最后在第 21 行代码创建 Query 对象并返回。

Db 类的__callStatic()方法是 PHP 的魔术方法，该方法将会在调用静态方法失败时自动执行，通过该方法可以实现“Db::方法名()”形式的调用方式，实际调用的是 Query 对象中的方法。第 23 行的参数$method 表示方法名，$args 是调用时传入的参数，第 25 行代码先通过 static::connect()获取到 Query 对象，然后调用该对象的$method 方法，并将参数$args 传递给$method 方法。

至此，Db 类、Connection 类、Query 类、Builder 类，以及 MySQL 数据库的两个驱动类都已经创建完成了。其中，Db 类的静态属性$connection 保存 Connection 对象，通过“Db::connect()->方法名()”或“Db::方法名()”可以访问 Query 对象中的方法。在 Query 对象中，$connection 属性保存 Connection 对象，可以通过$this->connection 访问 Connection 对象。在 Connection 对象中，$builder 属性保存了 Builder 对象，可以通过$this->builder 访问 Builder 对象。

（7）在 framework/convention.php 文件中添加数据库的惯例配置，具体代码如下。

```
1  'database' => [
2      'type' => 'mysql',            // 服务器类型
3      'hostname' => '127.0.0.1',  // 服务器地址
4      'database' => '',             // 数据库名
5      'username' => 'root',         // 用户名
6      'password' => '',             // 密码
7      'hostport' => '3306',         // 端口
8      'charset' => 'utf8',          // 数据库编码
9      'prefix' => ''                // 数据库表前缀
10 ]
```

（8）在 config 目录中创建数据库配置文件 database.php，具体代码如下。

```
1  <?php
2  return [
3      'type' => 'mysql',            // 服务器类型
4      'hostname' => 'localhost',  // 服务器地址
5      'database' => 'mytp',         // 数据库名
6      'username' => 'root',         // 用户名
7      'password' => '123456',       // 密码
8      'hostport' => '3306',         // 端口
9      'charset' => 'utf8',          // 数据库编码默认采用 utf8
10     'prefix' => 'pre_'            // 数据库表前缀
11 ];
```

在上述代码中，prefix 是数据表前缀，在项目开发中，通常会为项目中的数据表添加一个相同的前缀，如 pre_student、pre_teacher 等，由于表前缀将来可能会修改，为了避免影响项目中的

代码，最好由框架来负责表前缀的处理。

（9）修改 App.php 文件，在 initialize()方法中读取数据库配置，具体代码如下。

```
1  public function initialize()
2  {
3      ……（原有代码）
4      Db::init($this->config->get('database'));
5  }
```

添加上述代码后，在控制器中使用 Db 类时，就会使用配置文件中配置的数据库连接信息了。

4.3.3　编写数据库操作方法

在上一小节中已经创建了数据库操作相关的类文件，将基础的架构搭建好了，但还没有编写具体的功能代码。本节将在此基础上，实现连接数据库、执行 SQL 语句以及事务处理等功能。

1. 连接数据库

连接数据库的代码需要写在 Connection 类和 MySQL 数据库的驱动类中。Connection 类是父类，它是对各种不同类型的数据库连接的抽象，MySQL 数据库的驱动类是子类，它表示 MySQL 数据库的连接。在编写代码时，可以将数据库连接的公共代码写在 Connection 类中，将 MySQL 数据库特有的代码写在驱动类中。具体开发步骤如例 4-12 所示。

【例 4-12】连接数据库

（1）修改 framework/library/mytp/db/Connection.php 文件，先导入命名空间，具体代码如下。

```
1  use PDO;
2  use PDOException;
3  use Exception;
```

然后编写 connect()方法，用于连接数据库，具体代码如下。

```
1  protected $linkID;
2  protected $PDOStatement;
3  protected $params = [
4      PDO::ATTR_ERRMODE => PDO::ERRMODE_EXCEPTION
5  ];
6  public function connect()
7  {
8      if (is_null($this->linkID)) {
9          $config = $this->config;
10         try {
11             $dsn = $this->parseDsn($config);
12             $link = new PDO($dsn, $config['username'], $config['password'],
13             $this->params);
14         } catch (PDOException $e) {
15             throw new Exception('连接数据库失败: ' . $e->getMessage());
16         }
17         $this->linkID = $link;
18     }
19     return $this;
20 }
21 abstract protected function parseDsn($config);
```

在上述代码中，$linkID 属性用于保存 PDO 数据库连接对象；$PDOStatement 属性用于保存 PDO

的 prepare()方法返回的对象；$params 属性用于保存连接数据库时传入的选项，即 PDO 构造方法的第 4 个参数，第 4 行代码用于将错误处理模式设置为 EXCEPTION 模式。connect()方法执行完成后，返回对象自身，可以用于链式调用。第 21 行代码定义了抽象方法 parseDsn()，用于根据数据库连接配置生成$dsn 参数，由于不同类型数据库的$dsn 生成方式不同，因此该方法将在数据库驱动类中实现。

（2）在 framework/library/mytp/db/connector/Mysql.php 文件中编写 parseDsn()方法，具体代码如下。

```
1  protected function parseDsn($config)
2  {
3      $dsn = "mysql:host={$config['hostname']};port={$config['hostport']};";
4      $dsn .= "dbname={$config['database']};charset={$config['charset']}";
5      return $dsn;
6  }
```

上述代码用于根据传入的参数$config 生成$dsn，返回给调用者。

完成上述代码后，通过 Db::connect()方法即可连接数据库，连接成功后，返回 Query 对象，用于执行数据库操作。

2．执行查询类 SQL 语句

查询类 SQL 语句是指 SELECT、SHOW、DESC 等查询结果是一个结果集的语句，通过 Db::query()方法来完成，在 query()方法中会进行结果集处理，其返回的结果是一个关联数组。具体开发思路如下。

（1）Db::query()实际执行的是 Query 对象的 query()方法，因此需要在 Query 类中编写 query()方法。

（2）由于执行 SQL 语句不是 Query 类的主要职责，因此将 query()方法写在 Connection 类中，然后在 Query 类的 query()方法中调用 Connection 对象的 query()方法，并将其返回值返回。

（3）在 Connection 类的 query()方法中，利用 PDO 提供的相关方法，完成 SQL 语句的执行操作，并需要支持参数绑定。在获取结果集后，对结果集进行处理，返回关联数形式的查询结果。

（4）在 Index 控制器的 test()方法中测试 Db::query()是否能够正确执行 SQL 语句，返回查询结果。

接下来按照以上思路进行代码实现，具体开发步骤如例 4-13 所示。

【例 4-13】执行查询类 SQL 语句

（1）在 framework/library/mytp/db/Query.php 文件中编写 query()方法，用于调用 Connection 对象的 query()方法完成 SQL 查询操作，具体代码如下。

```
1  public function query($sql, $bind = [])
2  {
3      return $this->connection->query($sql, $bind);
4  }
```

（2）在 Connection.php 文件中编写 query()方法，用于以预处理方式执行查询类 SQL 语句，返回关联数组形式的结果。具体代码如下。

```
1  public function query($sql, $bind = [])
2  {
3      $this->connect();
4      try {
```

```
5           $this->PDOStatement = $this->linkID->prepare($sql);
6           $this->PDOStatement->execute($bind);
7           return $this->PDOStatement->fetchAll(PDO::FETCH_ASSOC);
8       } catch (PDOException $e) {
9           $err = implode('-', $this->PDOStatement->errorInfo());
10          throw new Exception('数据库操作失败:  ' . $err . ' [SQL: ' . $sql . ']');
11      }
12  }
```

在上述代码中，第 1 行的$sql 表示 SQL 语句，$bind 用于参数绑定。第 3 行用于连接数据库，如果已经连接则不会重复连接。将连接数据库的代码写在此处的目的，是为了实现数据库的按需连接，即只有需要执行 SQL 语句的时候，才会连接数据库。第 5~7 行用于通过预处理方式执行 SQL 语句，并进行参数绑定，返回关联数组形式的查询结果。

（3）完成上述代码后，在 Index 控制器的 test()方法中测试 query()方法是否可以正确执行。使用 Db::query()执行一条 SQL 语句，将返回的结果输出，具体代码如下。

```
1  public function test()
2  {
3      $data = Db::query('SELECT `name`, `email` FROM `student` LIMIT 2');
4      return var_export($data, true);
5  }
```

还需要在 Index 控制器类中导入 Db 类的命名空间，具体代码如下。

```
1  use mytp\Db;
```

（4）通过浏览器访问 http://mytp.test，将输出结果的格式整理后，如下所示。

```
array (
  0 => array ('name' => 'Allen', 'email' => 'allen@thinkphp.test',),
  1 => array ('name' => 'James', 'email' => 'james@thinkphp.test',),
)
```

从上述结果可以看出，Db::query()方法成功执行了 SQL 语句，返回了关联数组结果。

3．执行非查询类 SQL 语句

非查询类 SQL 语句是指 INSERT、UPDATE、DELETE 等没有结果集的 SQL 语句，通过 Db::execute()方法来执行。在执行这类语句后，会返回受影响的行数，并提供 Db::getLastInsID()方法获取自动增长字段最后插入的 id 值。execute()方法的实现思路与 query()方法类似，具体开发步骤如例 4-14 所示。

【例 4-14】 执行非查询类 SQL 语句

（1）在 Connection.php 文件中编写 execute()方法，其代码与 query()方法类似，但不会对结果集进行处理，返回的是受影响的行数，具体代码如下。

```
1  public function execute($sql, $bind = [])
2  {
3      $this->connect();
4      try {
5          $this->PDOStatement = $this->linkID->prepare($sql);
6          $this->PDOStatement->execute($bind);
7          return $this->PDOStatement->rowCount();
8      } catch (PDOException $err) {
9          $err = implode('-', $this->PDOStatement->errorInfo());
```

```
10        throw new Exception('数据库操作失败： ' . $err . ' [SQL: ' . $sql . ']');
11    }
12 }
```

（2）编写 getLastInsID()方法，用来获取最后插入的 id，具体代码如下。

```
1  public function getLastInsID()
2  {
3     return $this->linkID->lastInsertId();
4  }
```

（3）在 Query.php 文件中编写 execute()和 getLastInsID()方法，具体代码如下。

```
1  public function execute($sql, $bind = [])
2  {
3     return $this->connection->execute($sql, $bind);
4  }
5  public function getLastInsID()
6  {
7     return $this->connection->getLastInsID();
8  }
```

（4）完成上述代码后，在 Index 控制器的 test()方法中测试，具体代码如下。

```
1  public function test()
2  {
3     $sql = 'INSERT INTO `student` (`name`, `entry_date`) VALUES (?, ?)';
4     Db::execute($sql, ['Candy', '2020-1-1']);
5     return Db::getLastInsId();
6  }
```

通过浏览器访问测试，如果在页面中可以看到最后插入的 id，说明代码可以正确执行。

4. 事务处理

事务处理包括开启事务、提交事务和回滚事务的操作，分别通过 Db::startTrans()、Db::commit()和 Db::rollback()方法来完成。具体开发步骤如例 4-15 所示。

【例 4-15】 事务处理

（1）在 Connection.php 文件编写事务处理的方法，具体代码如下。

```
1  public function startTrans()
2  {
3     $this->connect();
4     return $this->linkID ? $this->linkID->beginTransaction() : false;
5  }
6  public function commit()
7  {
8     return $this->linkID ? $this->linkID->commit() : false;
9  }
10 public function rollBack()
11 {
12    return $this->linkID ? $this->linkID->rollBack() : false;
13 }
```

（2）在 Query.php 文件中调用 Connection 对象的事务处理方法，具体代码如下。

```
1  public function startTrans()
2  {
```

```
3      return $this->connection->startTrans();
4  }
5  public function commit()
6  {
7      return $this->connection->commit();
8  }
9  public function rollback()
10 {
11     return $this->connection->rollback();
12 }
```

完成上述代码后，在 Index 控制器的 test()方法中测试即可，示例代码如下。

```
Db::startTrans();    // 开启事务
Db::commit();        // 提交事务
Db::rollback();      // 回滚事务
```

4.3.4　自动生成 SQL 语句

在上一节中编写了用于执行SQL语句的query()方法和execute()方法，它们都需要传入一个SQL语句才能完成具体的操作。在实际开发中，大部分 SQL 语句都是大同小异的，为了提高开发效率，可以通过程序来自动生成 SQL 语句，用户只需要调用相关的方法即可。

1. 功能分析

在项目开发中，经常需要编写一些常用的 SQL 语句，如下所示。

```
// 查询数据 SQL
SELECT `name`,`email` FROM `pre_student`
// 新增数据 SQL
INSERT INTO `pre_student` SET `name`=:name,`entry_date`=:entry_date
// 修改数据 SQL
UPDATE `pre_student` SET `name`=:name WHERE `id`=:id
// 删除数据 SQL
DELETE FROM `pre_student` WHERE `id`=:id
```

在项目中直接写 SQL 语句虽然很灵活，但也有一些缺点，因为 SQL 在 PHP 代码中是一段字符串，容易写错，当字段有很多时写起来比较麻烦，容易遇到跨数据库的兼容问题等。并且如果将来需要更改表前缀，项目中大量的 SQL 语句都要修改，工作量很大。

为了实现自动生成 SQL 语句，可以将 SQL 语句中的各部分进行拆分，通过链式调用的方法来传入。例如，下面的代码演示了通过 Db 类进行数据的增、删、改、查操作。

```
// 查询数据
Db::name('student')->field('name, email')->select();
// 新增数据
Db::name('student')->insert(['name'=>'Lara', 'entry_date' => '2020-1-1']);
// 修改数据
Db::name('student')->where('`id`=:id', ['id'=>5])->update(['name' => 'Jack']);
// 删除数据
Db::name('student')->where('`id`=:id', ['id'=>6])->delete();
```

在上述代码中，name()方法用于传入表名，不含表前缀，在生成 SQL 语句时会自动加上表前缀；field()方法用于传入 SELECT 字段列表；where()方法用于传入 WHERE 查询条件，第 1 个参数是条件字符串，第 2 个参数是绑定的数据；select()方法用于执行 SELECT 操作；insert()方法用于执行 INSERT 操作，其参数表示待插入的字段和值，通过关联数组来传入，格式为“[字段=>值]”；update()方法用于执行 UPDATE 操作，第 2 个参数表示待修改的字段和值；delete()方法用于执行 DELETE 操作。

对于 SELECT 查询，在开发中还有一些复杂的查询方式，如下面的 SQL 语句。

```
SELECT `name`,`email` FROM `pre_student` WHERE `id` < 3 ORDER BY `id` desc LIMIT 1
```

为了实现上述查询的自动生成，还应提供 order()和 limit()两个链式调用的方法，如下所示。

```
Db::name('student')->field('name, email')->where('`id` < 3')->order('`id`
desc')->limit('1')->select();
```

2. 链式方法

自动生成 SQL 语句的方法分为两类：一类是链式方法，包括 field()、where()、order()和 limit()，它们不区分先后调用的顺序，只负责传入各部分的内容；另一类是执行具体操作的方法，包括 select()、insert()、update()和 delete()，只要调用就会执行操作。下面先来通过例 4-16 讲解链式方法的代码实现。

【例 4-16】链式方法的实现

（1）打开 framework/library/mytp/db/Query.php 文件，编写用于获取表名的方法，具体代码如下。

```
1  protected $prefix = '';
2  protected $name;
3  public function __construct(Connection $connection)
4  {
5      ……（原有代码）
6      $this->prefix = $this->connection->getConfig('prefix');
7  }
8  public function name($name)
9  {
10     $this->name = $name;
11     return $this;
12 }
13 public function getTable($name = '')
14 {
15     return $this->prefix . ($name ?: $this->name);
16 }
```

在上述代码中，第 6 行代码用于将数据库连接配置中的 prefix 表前缀取出来，保存到 $this->prefix 中，用于在获取表名时，自动拼接表前缀；第 8 行的 name()方法用于设置表名，第 13 行的 getTable()方法用于获取带有前缀的表名。

（2）在 Query 类中编写$options 属性，用来以数组的方式保存 SQL 中的 field（SELECT 字段列表）、data（INSERT 和 UPDATE 的数据）、where（WHERE 查询条件）、where_bind（WHERE 的参数绑定）、order（ORDER BY 排序）和 limit（LIMIT 限量）。然后编写 getOptions()方法，用于根据参数$name 获取数组中的某个元素。具体代码如下。

```
1  protected $options = [
2      'field' => [], 'data' => [], 'where' => '', 'where_bind' => [],
3      'order' => '', 'limit' => ''
4  ];
5  public function getOptions($name = '')
6  {
```

```
7       return $name === '' ? $this->options : $this->options[$name];
8   }
```

在上述代码中，第 7 行用于判断参数$name 是否传入，如果传入，到$this->options 数组中取出对应的元素，如果没有传入，则返回整个$this->options 数组。

（3）编写 field()方法，用于接收字段列表，具体代码如下。

```
1   public function field($field = [])
2   {
3       if (is_string($field)) {
4           $field = array_map('trim', explode(',', $field));
5       }
6       $field = array_merge($this->options['field'], $field);
7       $this->options['field'] = array_unique($field);
8       return $this;
9   }
```

在上述代码中，第 3~5 行用于使$field 参数支持使用数组或字符串的方式传入字段列表，当传入的是字符串时，以“,”为分隔符来切割数组，然后通过 trim()函数过滤每个字段前后的空格。第 6 行用于将传入的字符列表数组与$this->options['field']数组合并。第 7 行用于对合并的结果进行去重。

（4）编写 data()方法，用于传入数据，具体代码如下。

```
1   public function data(array $data = [])
2   {
3       $this->options['data'] = array_merge($this->options['data'], $data);
4       return $this;
5   }
```

上述代码对传入的数据$data 和$this->options['data']进行数组合并。

（5）编写 where()方法，用于传入 WHERE 条件，具体代码如下。

```
1   public function where($where = '', array $bind = [])
2   {
3       $this->options['where'] = $where;
4       $this->options['where_bind'] = $bind;
5       return $this;
6   }
```

在上述代码中，where()方法的第 1 个参数表示 SQL 中的 WHERE 条件，第 2 个参数表示在 WHERE 中绑定的数据。

（6）编写 limit()和 order()方法，分别用于传入 SQL 中的 LIMIT 和 ORDER 子句，具体代码如下。

```
1   public function limit($limit)
2   {
3       $this->options['limit'] = $limit;
4       return $this;
5   }
6   public function order($order)
7   {
8       $this->options['order'] = $order;
9       return $this;
10  }
```

完成上述操作后，在 Query 类中对于 SQL 语句的各部分内容的传递就已经完成了。

3．select()方法

在调用 select()方法时，该方法会根据之前在链式方法中传入过的内容来生成 SQL 语句，并返回 SQL 语句的查询结果。下面通过例 4-17 讲解 select()方法的代码实现。

【例 4-17】 select()方法的实现

（1）在 Query.php 文件中编写 select()方法，用于查询数据，具体代码如下。

```
1  public function select()
2  {
3      return $this->connection->select($this);
4  }
```

（2）在 Connection.php 文件中编写 select()方法，先通过生成器生成 SQL 语句，然后通过 query()方法执行查询操作，具体代码如下。

```
1  public function select(Query $query)
2  {
3      $sql = $this->builder->select($query);
4      return $this->query($sql, $query->getOptions('where_bind'));
5  }
```

（3）在 builder/Mysql.php 文件中编写 select()方法，具体代码如下。

```
1  public function select(Query $query)
2  {
3      $options = $query->getOptions();
4      $field = $options['field'] ? ('`' . implode('`,`', $options['field']) . '`') : '*';
5      $where = $options['where'] ? ' WHERE ' . $options['where'] : '';
6      $order = $options['order'] ? ' ORDER BY ' . $options['order'] : '';
7      $limit = $options['limit'] ? ' LIMIT ' . $options['limit'] : '';
8      $table = '`' . $query->getTable() . '`';
9      return 'SELECT ' . $field . ' FROM ' . $table . $where . $order . $limit;
10 }
```

上述代码实现了 SELECT 语句的自动拼接，返回拼接后的 SQL 语句。第 1 行使用了 Query 类，需要导入命名空间，具体代码如下。

```
1  use mytp\db\Query;
```

（4）完成上述代码后，在 Index 控制器的 test()方法中测试程序，具体代码如下。

```
1  public function test()
2  {
3      Db::execute('CREATE TABLE `pre_student` LIKE `student`');
4      Db::execute('INSERT INTO `pre_student` SELECT * FROM `student` LIMIT 4');
5      $data = Db::name('student')->field('name, email')->limit(2)->select();
6      return var_export($data, true);
7  }
```

在上述代码中，第 3~4 行用于创建 pre_student 表，并插入测试数据，这是因为自动生成 SQL 语句时会自动拼接表前缀“pre_”，如果该表不存，会查询失败。

通过浏览器访问测试，如果可以看到查询结果，说明程序已经正确执行。在 pre_student 表已经创建出来后，应删除第 3~4 行代码，以免下次执行 test()方法时出错。

4．记录 SQL 日志

为了更好地调试程序，有时需要检查程序自动生成的 SQL 语句是否正确，因此可以将项目中所有执行过的 SQL 语句记录下来，作为 SQL 日志。下面将通过例 4-18 讲解记录 SQL 日志的实现。

【例 4-18】 记录 SQL 日志的实现

（1）创建 framework/library/mytp/Log.php 文件，具体代码如下。

```
1  <?php
2  namespace mytp;
3
4  class Log
5  {
6      const INFO = 'info';
7      const SQL = 'sql';
8      protected $log = [];
9      public function record($msg, $type = 'info')
10     {
11         $this->log[$type][] = $msg;
12     }
13     public function getLog($type = '')
14     {
15         return $type ? $this->log[$type] : $this->log;
16     }
17 }
```

上述代码定义了一个 Log 类，用来记录日志和读取日志。record()方法用来记录日志，参数$msg 表示日志内容，$type 表示日志类型，可以用类常量 Log::INFO 或 Log::SQL 来表示，默认值为 info。

（2）在 framework/library/mytp/db/Connection.php 文件中编写 log()方法，具体代码如下。

```
1  public function log($log, $type = 'sql')
2  {
3      Container::get('log')->record($log, $type);
4  }
```

在上述代码中，$log 表示日志内容，$type 表示日志类型，默认为 SQL 类型。第 3 行用了 Container 类，需要导入命名空间，具体代码如下。

```
1  use mytp\Container;
```

还需要在 Container 类中为 Log 类添加别名 log，如下所示。

```
1  protected $bind = [
2      ……（原有代码）
3      'log' => Log::class
4  ];
```

（3）在 Connection 类的 query()和 execute()方法中调用 log()方法记录日志，具体代码如下。

```
1  public function query($sql, $bind = [])
2  {
3      $this->connect();
4      $this->log($sql);    // 记录 query()方法执行过的 SQL
5      ……（原有代码）
6  }
7  public function execute($sql, $bind = [])
8  {
```

```
9       $this->connect();
10      $this->log($sql);    // 记录execute()方法执行过的SQL
11      ……(原有代码)
12  }
```

（4）在 Index 控制器的 test()方法中测试程序，具体代码如下。

```
1  public function test(\mytp\Log $log)
2  {
3      Db::name('student')->field('name, email')->limit(2)->select();
4      return implode('<br>', $log->getLog('sql'));
5  }
```

通过浏览器访问测试，如果看到如下 SQL 语句，说明日志记录成功。

```
SELECT `name`,`email` FROM `pre_student` LIMIT 2
```

5. insert()方法

insert()方法用于完成数据的 INSERT 操作，具体实现步骤如例 4-19 所示。

【例 4-19】 insert()方法的实现

（1）在 Query.php 文件中编写 insert()方法，用于新增数据，具体代码如下。

```
1  public function insert(array $data=[], $replace = false, $getLastInsID = false)
2  {
3      $this->data($data);
4      return $this->connection->insert($this, $replace, $getLastInsID);
5  }
```

在上述代码中，insert()方法的第 1 个参数表示新增的数据，第 2 个参数表示是否替换已有的记录，第 3 个参数表示是否返回最后插入的 id，默认情况下返回受影响的行数。

（2）编写 insertGetId()方法，用于新增数据并返回最后插入的 id，具体代码如下。

```
1  public function insertGetId(array $data, $replace = false)
2  {
3      return $this->insert($data, $replace, true);
4  }
```

上述代码调用 insert()方法，将第 3 个参数传入 true，来实现直接返回最后插入的 id。

（3）在 Connection.php 文件中编写 insert()方法，具体代码如下。

```
1  public function insert(Query $query, $replace=false, $getLastInsID = false)
2  {
3      $sql = $this->builder->insert($query, $replace);
4      $result = $this->execute($sql, $query->getOptions('data'));
5      return $getLastInsID ? $this->getLastInsID() : $result;
6  }
```

在上述代码中，第 3 行用于获取 INSERT 操作的 SQL 语句，第 4 行用于执行 SQL 语句，第 5 行用于根据参数$getLastInsID 的值为 true 或 false 返回相应的结果。

（4）在 builder/Mysql.php 文件中编写 insert()和 buildField()方法，具体代码如下。

```
1  public function insert(Query $query, $replace = false)
2  {
3      $options = $query->getOptions();
4      $field = $this->buildField(array_keys($options['data']));
5      $table = '`' . $query->getTable() . '`';
6      $type = $replace ? 'REPLACE' : 'INSERT';
```

```
7      return $type . 'INTO' . $table . 'SET' . $field;
8  }
9  protected function buildField(array $data = [])
10 {
11     return implode(',', array_map(function ($v) {
12         return "`$v` = :$v";
13     }, $data));
14 }
```

在上述代码中，第 4 行调用了 buildField()方法，用于从数据数组中将字段列表取出来，拼接成“`字段 1`=:字段 1,`字段 2`=:字段 2,…”的形式。第 6 行用于根据$replace 的值为 true 或 false，来决定生成的 SQL 语句是 INSERT 操作还是 REPLACE 操作。

（5）在 Index 控制器的 test()方法中测试程序，具体代码如下。

```
1  public function test(\mytp\Log $log)
2  {
3      Db::name('student')->insert(['name' => 'Ana', 'entry_date' => '2020-1-1']);
4      return implode('<br>', $log->getLog('sql'));
5  }
```

通过浏览器访问测试，如果可以看到如下 SQL 语句，说明 insert()方法执行成功。

```
INSERT INTO `pre_student` SET `name` = :name,`entry_date` = :entry_date
```

6. update()方法

update()方法用于完成数据的 UPDATE 操作，具体实现步骤如例 4-20 所示。

【例 4-20】update()方法的实现

（1）在 Query.php 文件中编写 update()方法，用于修改数据，具体代码如下。

```
1  public function update(array $data = [])
2  {
3      if (empty($this->options['where'])) {
4          throw new Exception('update()缺少 WHERE 条件');
5      }
6      $this->data($data);
7      foreach ($this->options['where_bind'] as $k => $v) {
8          foreach ([$k, ':' . $k, ltrim($k, ':')] as $kk) {
9              if (isset($this->options['data'][$kk])) {
10                 throw new Exception('WHERE 参数名 ' . $kk .' 已存在，请换一个参数名');
11             }
12         }
13     }
14     return $this->connection->update($this);
15 }
```

在上述代码中，第 3~5 行用于判断是否已经传入过 WHERE 条件，如果没有，此操作会导致整个表的数据被修改，属于危险操作，阻止执行。

第 4 行和第 10 行代码使用了 Exception 类，需要导入命名空间，具体代码如下。

```
1  use Exception;
```

第 7~13 行用于判断 where_bind 数组中是否存在和 data 数组中同名的参数，如果存在则阻止执行，以免出现参数绑定冲突的问题。

（2）在 Connection.php 文件中编写 update()方法，具体代码如下。

```
1  public function update(Query $query)
2  {
3      $sql = $this->builder->update($query);
4      $data = array_merge($query->getOptions('data'),
5      $query->getOptions('where_bind'));
6      return $this->execute($sql, $data);
7  }
```

在上述代码中，第 4~5 行用于将 data 和 where_bind 进行数组合并，从而进行参数绑定。

（3）在 builder\Mysql.php 文件中编写 update()方法，具体代码如下。

```
1  public function update(Query $query)
2  {
3      $options = $query->getOptions();
4      $field = $this->buildField(array_keys($options['data']));
5      $where = $options['where'] ? ' WHERE ' . $options['where'] : '';
6      $order = $options['order'] ? ' ORDER BY ' . $options['order'] : '';
7      $limit = $options['limit'] ? ' LIMIT ' . $options['limit'] : '';
8      $table = '`' . $query->getTable() . '`';
9      return 'UPDATE ' . $table . ' SET ' . $field . $where . $order . $limit;
10 }
```

（4）在 Index 控制器的 test()方法中测试程序，具体代码如下。

```
1  public function test(\mytp\Log $log)
2  {
3      Db::name('student')->where('`id`=:id', ['id' => 5])->update(['name' => 'Bob']);
4      return implode('<br>', $log->getLog('sql'));
5  }
```

通过浏览器访问测试，如果可以看到如下 SQL 语句，说明 update()方法执行成功。

```
UPDATE `pre_student` SET `name` = :name WHERE `id`=:id
```

7. delete()方法

delete()方法用于完成数据的 DELETE 操作，具体实现步骤如例 4-21 所示。

【例 4-21】 delete()方法的实现

（1）在 Query.php 文件中编写 delete()方法，用于删除数据，具体代码如下。

```
1  public function delete()
2  {
3      if (empty($this->options['where'])) {
4          throw new Exception('delete()缺少 WHERE 条件');
5      }
6      return $this->connection->delete($this);
7  }
```

在上述代码中，第 3~5 行用于判断是否已经传入过 WHERE 条件，如果没有，则阻止执行。

（2）在 Connection.php 文件中编写 delete()方法，具体代码如下。

```
1  public function delete(Query $query)
2  {
3      $sql = $this->builder->delete($query);
4      return $this->execute($sql, $query->getOptions('where_bind'));
5  }
```

（3）在 builder\Mysql.php 文件中编写 delete()方法，具体代码如下。

```
1  public function delete(Query $query)
2  {
3      $options = $query->getOptions();
4      $where = $options['where'] ? ' WHERE ' . $options['where'] : '';
5      $order = $options['order'] ? ' ORDER BY ' . $options['order'] : '';
6      $limit = $options['limit'] ? ' LIMIT ' . $options['limit'] : '';
7      $table = '`' . $query->getTable() . '`';
8      return 'DELETE FROM ' . $table . $where . $order . $limit;
9  }
```

（4）在 Index 控制器的 test()方法中测试程序，具体代码如下。

```
1  public function test(\mytp\Log $log)
2  {
3      Db::name('student')->where('`id`=:id', ['id' => 5])->delete();
4      return implode('<br>', $log->getLog('sql'));
5  }
```

通过浏览器访问测试，如果可以看到如下 SQL 语句，说明 delete()方法执行成功。

```
DELETE FROM `pre_student` WHERE `id`=:id
```

小提示：

在 ThinkPHP 中的数据库操作中，除了以上讲解的这些方法外，还提供了很多方法，如 join()、group()、having()、alias()等。对于 where()方法，还支持使用查询表达式，语法为 where('字段名','表达式','查询条件')，具体可以参考 ThinkPHP 开发手册，这里不再进行具体演示。

4.4　模 板 引 擎

MVC 开发模式提倡将视图与业务逻辑代码分离，从而代码更容易维护。为了实现分离的效果，可以借助模板引擎。模板引擎提供了一套语法，用来嵌入到 HTML 中输出数据。相比 PHP 语法，模板引擎的语法更加简单易懂，即使没有 PHP 语言基础的人群也可以快速上手。接下来，本节将会讲解两个常用的模板引擎的使用，分别是 Smarty 模板引擎和 ThinkPHP 自带的模板引擎。

4.4.1　Smarty 模板引擎

Smarty 是一个使用 PHP 语言开发的模板引擎，它实现了 PHP 代码与 HTML 代码的分离，具有响应速度快、语句自由、支持插件扩展等特点，可以使项目中的程序开发人员更加专注于数据的处理及功能模块的实现，而网页设计人员更加专注于网页的设计与排版等工作。下面讲解 Smarty 模板引擎的使用。

1. 在框架中安装 Smarty 模板引擎

Smarty 的安装方式有两种：一种是在 Smarty 官方网站进行下载；另一种是通过 Composer 进行安装，这里讲解第 2 种方式，具体步骤如例 4-22 所示。

【例 4-22】使用 Composer 安装 Smarty 模板引擎

（1）打开 mytp.test 项目，在项目的根目录下执行如下命令，安装 Smarty 依赖包。

```
composer require smarty/smarty=~3.1
```

上述命令表示安装 Smarty 3.1.x 系列的最新版本。

（2）打开 vendor/smarty/smarty/libs 目录，查看该目录下的文件，具体说明如表 4-5 所示。

表 4-5　Smarty 的 libs 目录文件介绍

名　称	说　明
Smarty.class.php	Smarty 核心类文件，提供相关方法用于实现 Smarty 模板引擎的功能
SmartyBC.class.php	Smarty 为了向前兼容 Smarty 2 版本而设置了这个类
Autoloader.php	Smarty 中实现自动载入文件功能的类
debug.tpl	Smarty 中的 debug 模板文件
plugins	自定义插件目录，存放各类自定义插件的目录
sysplugins	存放系统文件目录

（3）将 Smarty 安装完成后，就可以在控制器中使用 Smarty。在使用前，需要配置模板文件目录和编译文件目录。模板文件是指使用 Smarty 语法编写的 HTML 模板文件，编译文件是指 Smarty 将 HTML 模板文件编译成的 PHP 脚本文件。为了使所有的控制器都能使用 Smarty，下面将 Smarty 的初始化代码写在基础控制器类的构造方法中，其他控制器类继承这个基础控制器类就能使用 Smarty。

创建 framework/library/mytp/Controller.php 文件，具体代码如下。

```
1  <?php
2  namespace mytp;
3
4  use Smarty;
5
6  class Controller
7  {
8      protected $app;
9      protected $request;
10     protected $Smarty;
11     public function __construct(App $app)
12     {
13         $this->app = $app;
14         $this->request = $app->request;
15         $template_dir = $app->getAppPath() . $this->request->module() . '/view/';
16         $template_dir .= strtolower($this->request->controller()) . '/';
17         $compile_dir = $app->getRootPath() . 'runtime/temp/';
18         $this->Smarty = new Smarty();
19         $this->Smarty->template_dir = $template_dir;
20         $this->Smarty->compile_dir = $compile_dir;
21     }
22 }
```

在上述代码中，第 15~16 行用于拼接模板文件路径，格式为“application/模块名/view/控制器名/”；第 17 行用于拼接编译文件路径，格式为“runtime/temp/”；第 18 行用于创建 Smarty 对象；第 19 行用于配置模板文件目录，第 20 行用于配置编译文件目录。需要注意的是，在使用 Smarty 类时，需要在第 4 行导入命名空间 Smarty。

（4）打开 App.php 文件，在 App 类中增加 getRootPath()和 getAppPath()方法，具体代码如下。

```
1 public function getRootPath()
2 {
3     return $this->rootPath;
4 }
5 public function getAppPath()
6 {
7     return $this->appPath;
8 }
```

（5）修改 Index 控制器类，使其继承 Controller 类，如下所示。

```
1 class Index extends Controller
```

上述代码使用了 Controller 类，需要导入命名空间，如下所示。

```
1 use mytp\Controller;
```

（6）在 Index 控制器的 test()方法中使用 Smarty，具体代码如下。

```
1 public function test()
2 {
3     // 调用 assign()方法为模板中的变量赋值，格式为 assign(变量名, 值)
4     $this->Smarty->assign('title', 'Smarty');
5     $this->Smarty->assign('desc', 'Smarty 是一个 PHP 的模板引擎');
6     // 调用 fetch()方法渲染模板文件，返回渲染的 HTML 结果字符串
7     return $this->Smarty->fetch('test.html');
8 }
```

在上述代码中，第 4~5 行用于为模板分配 title 和 desc 两个变量，这两个变量可以嵌入到 HTML 中输出；第 7 行用于渲染模板文件 test.html，返回渲染的结果。

（7）创建 application/index/view/index/test.html 文件，具体代码如下。

```
1  <!DOCTYPE html>
2  <html>
3  <head>
4    <meta charset="UTF-8">
5    <title>Smarty 示例</title>
6  </head>
7  <body>
8    <h1>Hello {$title}</h1>
9    <p>{$desc}</p>
10 </body>
11 </html>
```

上述代码是一个 Smarty 的模板文件，其中第 8 行和第 9 行写在“{ }”中的是 Smarty 模板引擎要解析的变量，将变量的值输出到指定位置。

（8）通过浏览器访问测试，运行结果如图 4-6 所示。

图 4-6　使用 Smarty 模板引擎

在以上案例运行完成后，Smarty 会自动创建 runtime/temp 目录，并在该目录中保存 Smarty 的编译文件，在编译文件中默认会自动记录模板文件的位置以及文件的最后修改时间。

（9）考虑到 assign()和 fetch()方法经常会用到，为了简化操作，在 Controller 类中对这两个方法进行封装，具体代码如下。

```
1  public function assign($name, $value = '')
2  {
3     $this->Smarty->assign($name, $value);
4  }
5  public function fetch($template = '')
6  {
7     if($template === '') {
8        $template=$this->request->action();
9     }
10    return $this->Smarty->fetch($template . '.html');
11 }
```

在上述代码中，fetch()方法的参数$template 表示模板文件名（不含扩展名），第 7~9 行用于当省略该参数时，自动使用当前请求的操作作为模板文件名。

（10）修改 test()方法，具体代码如下。

```
1  public function test()
2  {
3     $this->assign('title', 'Smarty');
4     $this->assign('desc', 'Smarty 是一个 PHP 的模板引擎');
5     return $this->fetch();
6  }
```

通过浏览器访问测试，运行结果与图 4-6 相同。

2. 将数据库查询结果输出到模板中

在开发中，经常需要将数据库查询结果输出到模板中，一般是通过 foreach 语句遍历关联数组来实现。Smarty 模板引擎也提供了关联数组遍历输出的语法，下面通过例 4-23 进行演示。

【例 4-23】 Smarty 模板引擎中输入关联数组的语法

（1）修改 Index 控制器的 test()方法，具体代码如下。

```
1  public function test()
2  {
3     $data = Db::name('student')->field('name,email')->limit(2)->select();
4     $this->assign('student', $data);
5     return $this->fetch();
6  }
```

上述代码用于查询数据库中的学生信息，保存到模板变量$student 中。

（2）修改 application/index/view/index/test.html 文件中的<body>部分，具体代码如下。

```
1  <body>
2    <table border="1">
3      <tr><th>name</th><th>email</th></tr>
4      {foreach $student as $v}
5        <tr><td>{$v.name}</td><td>{$v.email}</td></tr>
6      {/foreach}
7    </table>
8  </body>
```

在上述代码中，第 4~6 行使用 foreach 语法来遍历$student 数组，第 5 行的$v.name 相当于$v['name']，$v.email 相当于$v['email']。

（3）通过浏览器访问测试，运行结果如图 4-7 所示。

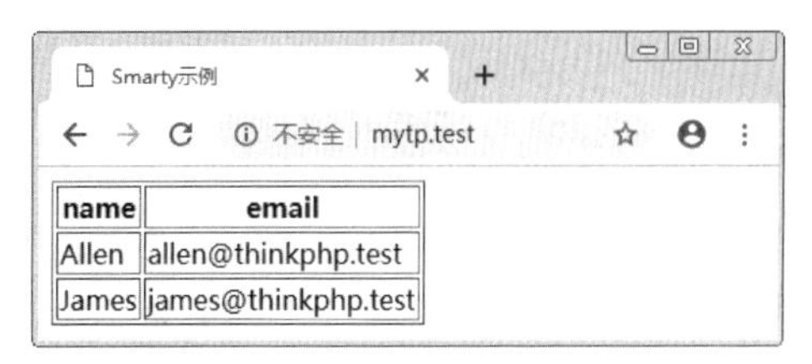

图 4-7　Smarty 输出查询结果

小提示：

近几年，前后端分离的开发方式越来越流行，再加上许多热门的 PHP 框架也提供了内置的模板引擎，使得 Smarty 模板引擎的使用越来越少，因此本书不再对 Smarty 模板引擎进行过多地讲解，有需要的读者可以参考 Smarty 官方中文手册进行学习。

4.4.2　ThinkPHP 模板引擎

ThinkPHP 5.1 内置了一个基于 XML 的性能卓越的模板引擎，使用了 XML 标签库技术，支持普通标签和 XML 标签两种类型，使用了动态编译和缓存技术，而且支持自定义标签库。其中，普通标签主要用于输出变量、函数过滤和做一些基本的运算操作；XML 标签也称为标签库标签，主要完成一些逻辑判断、控制和循环输出，并且可以对其进行扩展。下面讲解 ThinkPHP 模板引擎中的一些常用语法的使用。

1. 变量输出

在上一章节中学习了通过 assign()方法向模板发送一个变量，在 ThinkPHP 模板引擎中也是用同样的语法向模板发送变量，示例代码如下。

```
public function test()
{
    $name = 'ThinkPHP';
    $this->assign('name', $name);
    return $this->fetch();
}
```

上述代码中，通过 assign()方法向模板文件发送$name 变量，在模板中输出变量的代码如下所示。

```
<body>
  <p>Hello,{$name}! </p>
</body>
```

代码运行后在浏览器显示的内容如下所示。

```
Hello,ThinkPHP!
```

上面输出的内容是字符串，如果想要输出数组，上述的输出方式不能满足输出数组的需求，所以输出数组的代码如下所示。

```
$data = [
  'name' => 'ThinkPHP',
  'email' => 'example@thinkphp.test'
];
$this->assign('data', $data);
```

在模板中可以用下面两种方式输出，示例代码如下。

```
// 第 1 种方式
name: {$data.name}
email: {$data.email}
```

```
// 第 2 种方式
name: {$data['name']}
email: {$data['email']}
```

需要注意的是，在输出变量时，默认会调用 htmlentities()函数对数据进行过滤，以防止输出的值被当成 HTML 解析。除了默认过滤方式外，还可以换成其他的过滤规则，示例代码如下。

```
// 方式 1: 使用内置规则进行过滤
{$data.create_time|date='Y-m-d H:i'}    // 日期格式化
{$data.name|raw}                         // 不进行任何过滤
// 方式 2: 调用函数进行过滤
{:trim($data.name)}                      // 相当于 echo $data['name']
```

ThinkPHP 提供的内置规则还有很多，具体可以参考官方手册。

2. 判断

当页面需要进行条件判断时，就需要用到 if 标签，来控制页面显示的内容，示例代码如下。

```
// 语法 1 接近 PHP 语法
{if $name == 1}
  value1
{elseif $name == 2 /}
  value2
{else /}
  value3
{/if}
```

```
// 语法 2 接近 XML 语法
{if condition="$name eq 1"}
  value1
{elseif condition="$name eq 2" /}
  value2
{else /}
  value3
{/if}
```

在上述语法中，第 1 种接近 PHP 语法，比较容易上手；第 2 种接近 XML 语法，但定界符是“{}”而不是“<>”。其中，condition 属性用来表示判断条件，condition 语句中，eq 是比较标签，用于比较两个值是否相等。除了 eq 还有很多其他的标签，具体可以参考官方手册。

ThinkPHP 5.1 的标签库默认定界符和普通标签一样使用“{}”，这是为了防止编辑器遇到不认识的标签报错，如果希望使用“<>”作为定界符，可以编辑 config/template.php 文件修改定界符，如下所示。

```
'taglib_begin' => '<',       // 标签库标签开始标记（默认为“{”）
'taglib_end' => '>',         // 标签库标签结束标记（默认为“}”）
```

3. 循环

当输出内容是数组时，就需要用循环语句来遍历数组，示例代码如下。

```
// 语法 1 接近 PHP 语法
{foreach $list as $k => $v}
    {$v.id}: {$v.name}
{/foreach}
```

```
// 语法 2 接近 XML 语法
{volist name="list" id="v"}
    {$v.id}: {$v.name}
{/volist}
```

上述代码中，foreach 的用法和 PHP 语法非常接近， volist 标签的 name 属性表示模板赋值的变量名称，id 表示当前的循环变量，可以随意指定。循环体内的取值会用到 id 定义的变量名。

本章小结

本章重点讲解了异常的处理、PDO 扩展的数据库操作、框架中的数据库操作，以及 Smarty 模板引擎和 ThinkPHP 内置模板引擎的使用。希望读者通过本章的学习，掌握异常处理和 PDO 的使用，理解框架中如何解决跨数据库的兼容问题，掌握如何在框架中处理异常，掌握 ThinkPHP 模板引擎的常用语法。

课后练习

一、填空题

1. 有潜在异常的代码写在________块内，使用________和 finally 处理异常。
2. PDO 类提供的________方法可返回最后插入行的 ID 值。
3. PDO 提供的 3 种错误处理模式分别是________、________、________。
4. ThinkPHP 的模板引擎中用于判断的语句是________。
5. PDO 中返回以列名为索引的关联数组的常量名是________。

二、判断题

1. 只有发生异常才会执行 finally 块中的代码。 （ ）
2. 一个 try 块可以对应多个 catch 块。 （ ）
3. 使用 PDO 必须确保对应的扩展开启。 （ ）
4. 使用事务可保证数据的一致性和原子性。 （ ）
5. Oracle 数据库的 PDO 驱动程序名称为 oci。 （ ）

三、选择题

1. PDO 类提供的（ ）可获取 SELECT 查询语句的结果集。
   A. query() B. exec() C. prepare() D. 以上答案全部正确
2. 下列选项中，（ ）用来获取异常文件的名称。
   A. getFile() B. getLine() C. getTrace() D. getTraceAsString()
3. 以下说法正确的是（ ）。
   A. PDO 支持的数据库有 MySQL、SQL Server、Oracle
   B. PDO 的 query()方法执行成功后返回 PDOStatement 对象
   C. PDO 的 exec()方法执行成功后返回受影响的行数
   D. 以上说法都不正确
4. 下面关于数据库说法错误的是（ ）。
   A. 框架提供了专门操作数据库的类
   B. 链式查询中 field()表示要查询的字段
   C. Builder 类用于连接数据库
   D. Connection 类不能直接实例化
5. 下列选项中，（ ）是 PDO 默认提供的错误处理模式。
   A. WARNING B. SILENT C. EXCEPTION D. 以上说法都不正确

四、简答题

1. 请简述 ThinkPHP 中数据库操作类作用和各个类之间的联系。
2. 请列举 PDO 获取结果集中常用的常量并解释其作用。

五、程序题

1. 请使用预处理 SQL 语句，通过 bindParam()方法和 bindValue()方法实现向 student 表添加数据。
2. 请在 ThinkPHP 中获取 student 表数据在页面展示，将 id 为偶数的名字设置成红色。

第 5 章 后台管理系统

学习目标

◎ 掌握后台管理系统的搭建。

◎ 掌握 ThinkPHP 模型的使用。

◎ 掌握 ThinkPHP 验证器、验证码的使用。

◎ 掌握令牌验证功能的开发。

后台管理系统是提供给网站管理人员使用的系统，必须输入正确的用户名、密码进行登录之后才能够进入系统。在大多数项目中，都需要开发一个后台管理系统，来对网站的内容进行管理。为此，本章将会讲解如何开发一个通用的后台管理系统，具体功能包括后台用户登录、页面结构搭建、Ajax 请求的封装、表单验证，以及为开发后台的其他功能提供一些支撑。

5.1 准备工作

5.1.1 项目说明

在本书的配套源代码包中已经提供了后台管理系统完成后的代码，读者可以将代码部署到本地开发环境中运行。在第一次进入系统时，会出现用户登录页面，如图 5-1 所示。

图 5-1 用户登录页面

在图 5-1 所示的页面中，输入用户名 admin、密码 12345，以及验证码，单击“登录”按钮即可。其中，验证码是指文本框下方的图片中显示的字符串，这个字符串是随机生成的，每次打开页面时显示的字符串都是不同的。如果图片中的字符串看不清楚，可以单击图片，更换一张新的验证码图片。

登录成功后，就会进入到后台管理系统，页面效果如图 5-2 所示。

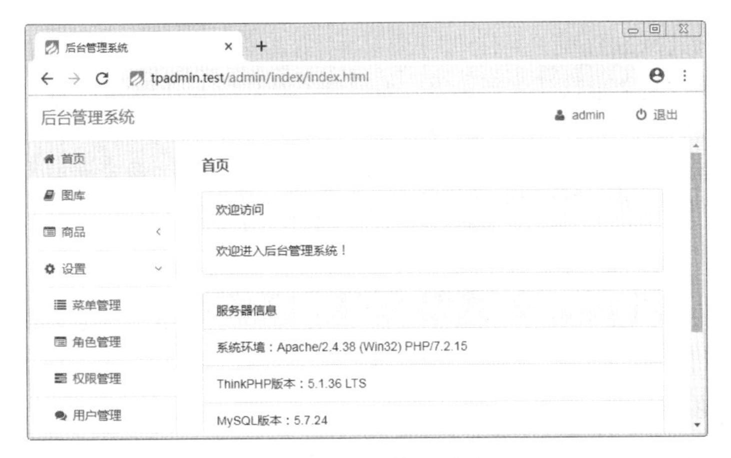

图 5-2　后台管理系统

在图 5-2 中，顶部右侧显示了当前登录的用户名是 admin，单击旁边的“退出”链接可以退出系统。在页面的左侧有一个菜单栏，用户可以在菜单栏中选择一个菜单项进行操作。在这些菜单项中，“设置”对应的功能将在第 6 章中讲解，“图库”和“商品”对应的功能将会在第 7 章中讲解。本章主要讲解用户登录、后台页面的搭建和“首页”功能的开发。

读者在学习本项目时，最好已经掌握了 HTML5、CSS3、JavaScript、jQuery、Ajax、Bootstrap 这些 Web 前端相关的技术，这样才能够理解项目中的前端代码是如何实现的。

5.1.2　创建项目

（1）创建项目目录 C:\web\www\tpadmin，然后在 VS Code 编辑器中执行“文件” - “打开文件夹”，选择该目录即可。

（2）打开 Apache 的虚拟主机配置文件 C:/web/apache2.4/conf/extra/httpd-vhosts.conf，配置一个域名为 tpadmin.test 的虚拟主机，具体配置如下。

```
<VirtualHost *:80>
    DocumentRoot "c:/web/www/tpadmin/public"
    ServerName tpadmin.test
    ServerAlias www.tpadmin.test
</VirtualHost>
```

值得一提的是，由于在第 1 章的 1.2.4 节已经配置了 C:/web/www 目录的访问权限为允许访问，因此在该目录下创建新的虚拟主机时，无须配置访问权限就可以访问了。若读者还没有配置过 C:/web/www 目录的访问权限，可以参考如下配置。

```
<Directory "c:/web/www">
    Options -indexes
    AllowOverride All
    Require local
```

```
</Directory>
```

（3）为了确保虚拟主机可以通过 tpadmin.test 域名访问，还需要编辑 hosts 文件。以管理员身份运行命令行工具，输入如下命令打开 hosts 文件。

```
notepad C:\Windows\System32\drivers\etc\hosts
```

打开 hosts 文件后，在文件中添加如下内容。

```
127.0.0.1 tpadmin.test
127.0.0.1 www.tpadmin.test
```

（4）在 VS Code 编辑器中打开终端，通过如下命令安装 ThinkPHP。

```
composer create-project topthink/think=5.1.36 .
```

上述命令执行完成后，在浏览器中访问 http://tpadmin.test 测试，如果看到 ThinkPHP 的提示信息，说明项目已经创建成功。

（5）创建.vscode/settings.json 文件，编写项目配置，具体代码如下。

```
{
    "php.suggest.basic": false,
    "php.executablePath": "C:/web/php7.2/php.exe",
    "phpcs.standard": "psr2",
    "files.eol": "\n"
}
```

（6）创建.editorconfig 文件，编写 php、html 和 js 文件的缩进配置，具体代码如下。

```
[*.php]
indent_style = space
indent_size = 4
[*.html]
indent_style = space
indent_size = 2
[*.js]
indent_style = space
indent_size = 2
```

小提示：

VS Code 编辑器需要安装一些扩展才能更好地进行 PHP 开发，若读者还没有安装扩展，请参考第 2 章 2.5.2 节进行安装。

5.1.3 项目环境变量

这里所说的环境变量并不是指系统的环境变量，而是项目的环境变量。在实际开发中，开发环境、测试环境、生产环境的配置一般来说是不同的，项目团队中的人员每次收到别人的代码后，都需要修改配置文件，项目才能正常运行，这就给代码的管理带来了不便。为了解决这个问题，可以将项目的环境配置放入一个单独的.env 文件中，并在代码管理工具（如 git）中忽略这个文件。在使用项目时，每个人创建自己的.env 文件，保存自己的环境变量，就无须修改配置文件了。

接下来分步骤讲解如何实现项目的环境变量管理，具体如下。

（1）在项目根目录下创建一个.env 文件，用于保存开发环境的配置，具体配置如下。

```
1  [app]
2  debug = true
```

```
3  trace = true
4
5  [database]
6  hostname = '127.0.0.1'
7  database = 'tpadmin'
8  username = 'root'
9  password = '123456'
10 hostport = '3306'
11 prefix = 'tpadmin_'
```

在上述配置中，第 2 行表示开启调试，第 3 行表示开启跟踪调试面板，第 6~11 行用来配置数据库的连接信息。其中，第 7 行配置了数据库名称为 tpadmin。

（2）打开 MySQL 命令行工具，将 tpadmin 数据库创建出来，具体 SQL 语句如下。

```
CREATE DATABASE `tpadmin`;
```

（3）修改 config/database.php 配置文件，从环境变量中读取配置，具体如下。

```
'hostname' => Env::get('database.hostname', '127.0.0.1'),
'database' => Env::get('database.database', ''),
'username' => Env::get('database.username', 'root'),
'password' => Env::get('database.password', ''),
'hostport' => Env::get('database.hostport', ''),
'charset' => Env::get('database.charset', 'utf8mb4'),
'prefix' => Env::get('database.prefix', ''),
```

在上述配置中，Env 类的 get()方法用来访问环境变量，它会自动读取.env 文件。get()方法的第 1 个参数表示配置项，第 2 个参数表示当配置项不存在时使用的默认值。在配置项中，“.” 分隔符左边表示配置段，如“[app]”“[database]”，右边表示在该配置段下面的配置。

小提示：

① 环境变量中设置的 debug 和 trace 会优先于应用配置（APP_DEBUG 和 APP_TRACE）自动生效，因此无须修改 config/app.php 配置文件。

② charset 字符集设置为 utf8mb4 而不是 utf8，这是因为 MySQL 中的 utf8 最多只支持每个字符 3 个字节，而 utf8mb4 能够用 4 个字节存储更多的字符，它是 utf8 的超集并完全兼容 utf8，在新的项目中推荐使用 utf8mb4 来代替 utf8。

多学一招：php think命令

ThinkPHP 提供了在命令行环境下使用的功能，用来执行一些特殊的操作，如启动内置服务器、查看版本、自动生成目录结构、创建类库文件等，其基本命令如下。

```
php think
```

上述命令执行后，会显示一些帮助信息，用来介绍该命令提供的一些选项和参数。从命令的语法上来说，其实是执行了 php 命令，传入了 think 参数。由于在安装 Composer 时会自动将 PHP 的安装目录添加到环境变量，因此 php 命令实际执行的程序是 C:\web\php7.2\php.exe。传入的参数 think 表示将当前目录下的 think 文件作为 PHP 脚本交给 php 命令执行。

在项目的根目录下可以看到 think 文件，它的基本代码如下。

```
1  #!/usr/bin/env php
```

```
2  <?php
3  ……（此处省略一些注释）
4  namespace think;
5  // 加载基础文件
6  require __DIR__ . '/thinkphp/base.php';
7  // 应用初始化
8  Container::get('app')->path(__DIR__ . '/application/')->initialize();
9  // 控制台初始化
10 Console::init();
```

在上述代码中，第 1 行既可以理解为 PHP 脚本的注释，也可以理解为 shell 脚本的头部信息，用来在 Linux 环境下使用。该文件的代码与入口文件 public/index.php 类似，区别在于入口文件是由 Web 服务器调用 PHP 来执行的，而 think 文件是由 php 命令直接执行的。

由于 php think 命令不是重点内容，这里不再进行详细详解，有需要的读者可以参考 ThinkPHP 官方手册进行学习。

5.1.4 数据库迁移

在进行团队开发时，不仅要对项目中的代码进行版本控制，还要对数据库进行版本控制。例如，一个开发人员在提交了新版本的代码后，由于新版本修改了数据库，其他开发人员在拿到代码后，也需要修改自己的数据库，项目才能正常运行。为了方便管理项目的数据库，可以借助数据库迁移工具，将数据库从一开始的创建到中间所有的变动都通过代码记录下来，在进行数据库迁移时，只需一行命令就可以对当前数据库进行升级或回滚，非常方便。而且，由于数据库迁移的代码不涉及 SQL 语句，也可以很好地解决不同类型数据库的迁移问题。下面将对数据库迁移的实现进行详细讲解。

1. 安装数据库迁移工具

（1）打开终端，执行如下命令安装数据库迁移工具。

```
composer require topthink/think-migration=2.*
```

上述命令指定了数据库迁移工具 think-migration 的版本为 2.*，该版本支持 ThinkPHP 5.1。

（2）安装数据库迁移工具后，可以在终端通过“php think 具体命令”方式使用。“具体命令”有很多，具体如表 5-1 所示。

表 5-1 数据库迁移命令

具体命令	说明
migrate:create	创建一个新的迁移
migrate:rollback	回滚最后一次迁移或特定迁移
migrate:run	执行数据库迁移
migrate:status	显示迁移状态
seed:create	创建新的数据库 seeder（用来进行数据填充）
seed:run	执行 seeder（执行数据填充）

2. 创建迁移文件

（1）使用数据库迁移工具创建一个迁移文件，具体命令如下。

```
php think migrate:create Test
```

在上述命令中，Test是自定义的类名，表迁移的代码将写在该类中。当命令第一次执行时，会提示是否创建对应的database/migrations目录，默认为yes，直接按回车键即可。

（2）创建新的迁移后，程序会在database/migrations目录下创建一个文件名格式为“创建时间_迁移名称.php”的迁移文件，如“20190419030151_test.php”，该文件的代码如下。

```
1  <?php
2
3  use think\migration\Migrator;
4  use think\migration\db\Column;
5
6  class Test extends Migrator
7  {
8      ……（此处省略一些注释）
9      public function change()
10     {
11     }
12 }
```

在Test类中，可以编写change()、up()和down()方法。change()用于编写可逆迁移的代码，当执行回滚操作时可以进行逆向操作。up()和down()分别用于向上迁移和向下迁移，需要注意的是，这两个方法不能和change()方法同时使用，如果已经存在change()方法，在执行迁移时会自动忽略up()和down()方法。

（3）在change()方法中编写迁移代码，下面演示一个简单的示例代码，具体如下：

```
1  public function change()
2  {
3      $table = $this->table('test',
4        ['engine' => 'InnoDB', 'collation' => 'utf8mb4_general_ci']);
5      $table->addColumn('username', 'string',
6        ['limit' => 32, 'null' => false, 'default' => '', 'comment' => '用户名'])
7      ->addColumn('score', 'integer',
8        ['null' => false, 'default' => 0, 'comment' => '积分'])
9      ->addIndex(['username'], ['unique' => true])
10     ->addTimestamps()
11     ->create();
12 }
```

在上述代码中，第3行的table()方法用于获取表的对象，第1个参数是不带前缀的表名，第2个参数是表的选项，这里指定了存储引擎为InnoDB，校对集为utf8mb4。第5行调用的addColumn()方法用于为表添加一个字段，第1个参数是字段名，第2个参数是数据类型，第3个参数是字段选项。在字段选项中，limit表示长度限制，null表示是否允许为null，default表示默认值，comment表示字段描述。第9行用于添加索引，这里为username字段添加了唯一约束和唯一索引。第10行用于添加create_time和update_time时间戳字段。第11行用于执行创建表的操作。另外，关于迁移文件的写法还有很多，具体可以查阅Phinx在线手册，这里不再赘述。

3. 执行数据库迁移

执行如下命令，开始进行数据库迁移。

```
php think migrate:run
```

上述命令执行后，就会在tpadmin数据库中创建tpadmin_test数据表，相当于执行如下SQL

语句。

```
CREATE TABLE `tpadmin_test` (
  `id` INT PRIMARY KEY AUTO_INCREMENT,
  `username` VARCHAR(32) NOT NULL DEFAULT '' COMMENT '用户名',
  `score` INT NOT NULL DEFAULT '0' COMMENT '积分',
  `create_time` TIMESTAMP NOT NULL DEFAULT CURRENT_TIMESTAMP,
  `update_time` TIMESTAMP NULL DEFAULT NULL,
  UNIQUE KEY `username` (`username`)
) ENGINE = InnoDB DEFAULT CHARSET = utf8mb4 COLLATE = utf8mb4_general_ci;
```

4. 回滚数据库

执行数据库迁移后，通过如下命令可以回滚到迁移前。

```
php think migrate:rollback
```

上述命令执行后，tpadmin_test 数据表就被删除了。

5. 指定操作的版本

在执行迁移或回滚操作时，默认会执行所有的迁移文件，如果要执行指定时间的迁移文件，可以使用选项“-t”，传入迁移文件的创建时间，也就是文件名前面的一串数字，示例命令如下。

```
// 在执行迁移时指定版本
php think migrate:run -t 20190419030151
// 在回滚时指定版本
php think migrate:rollback -t 20190419030151
```

6. 修改数据表

当执行数据库迁移后，如果想要修改表结构，最简单的方法是先回滚数据库，然后修改 change() 方法，修改后再次执行迁移即可。还有一种方法是创建一个新的迁移文件，将修改操作写在新的迁移文件中。再次执行迁移时，已经执行过的迁移文件不会重复执行，只有新的迁移文件会执行。下面进行操作演示。

（1）先执行一次迁移操作，确保 tpadmin_test 数据表已经创建出来了。

```
php think migrate:run
```

（2）创建一个新的迁移文件，如下所示。

```
php think migrate:create UpdateTest
```

（3）修改 UpdateTest 迁移文件的 change()方法，为 tpadmin_test 数据表添加一个新字段，如下所示。

```
1  public function change()
2  {
3      $this->table('test')->addColumn('info', 'string', ['limit' => 32,
4        'default' => '', 'comment' => '个人信息'])->update();
5  }
```

（4）执行迁移操作，执行后，tpadmin_test 数据表就会新增一个 info 字段。

```
php think migrate:run
```

（5）如需修改已有字段，可以用 changeColumn()方法，如下所示。

```
1  public function change()
2  {
3      $this->table('test')
4      ->changeColumn('username', 'string', ['limit' => 255])->update();
```

```
5 }
```

需要注意的是，changeColumn()方法执行过的操作将不能回滚。

7. 填充数据

（1）使用如下命令创建一个用来填充数据的文件。

```
php think seed:create Test
```

当命令第一次执行时，会提示是否创建对应的 database/seeds 目录，默认为 yes，直接按回车键即可。

（2）在 database/seeds 目录中找到用来填充数据的文件，该文件的代码如下。

```
1  <?php
2
3  use think\migration\Seeder;
4
5  class Test extends Seeder
6  {
7      ……（此处省略一些注释）
8      public function run()
9      {
10     }
11 }
```

在上述代码中，run()方法将会在执行填充操作时执行。

（3）编写 run()方法，用来在 tpadmin_test 表中插入测试数据，具体代码如下。

```
1  public function run()
2  {
3      $data = [];
4      for ($i = 101; $i <= 200; ++$i) {
5          $data[] = ['id' => $i, 'username' => '用户' . $i, 'score' => mt_rand(1, 1000)];
6      }
7      $this->table('test')->insert($data)->save();
8  }
```

上述代码使用 for 循环创建了一个包含 100 条记录的数组$data，然后在第 7 行进行插入操作。

（4）执行如下命令开始进行数据填充。

```
php think seed:run
```

上述命令执行完成后，在 tpadmin_test 表中就可以看到自动填充的 100 条记录。

5.2 模型的使用

在第 2 章已经介绍过了 MVC 开发模式中模型的基本概念，而在前面的开发中，数据库的操作都是使用 Db 类来完成的，并没有使用模型。在实际开发中，Db 类操作数据库的代码往往会写在控制器中，导致控制器代码臃肿，不容易实现代码复用。为此，可以利用模型来承担一部分数据库操作的任务。本节将针对 ThinkPHP 中的模型进行详细讲解。

5.2.1 模型的使用步骤

在使用模型前，需要先定义模型，将模型文件保存在 application/index/model 目录中，然后在

Index 控制器中使用模型即可。下面进行详细的步骤讲解。

（1）在 application/index/model 目录下创建 Test.php 文件，具体代码如下。

```
1  <?php
2  namespace app\index\model;
3
4  use think\Model;
5
6  class Test extends Model
7  {
8  }
```

上述代码完成了 Test 模型的定义，该模型会自动与 tpadmin_test 数据表对应。think\Model 是模型类的基类，当一个类继承了 think\Model 类以后，该类就成为了一个模型类。

需要注意的是，在对模型进行命名时，应采用驼峰法命名，并且首字母大写，不需要加上表前缀。例如，TestUser 模型对应 tpadmin_test_user 数据表。

（2）在 Index 控制器中使用模型，在使用前，需要导入命名空间，如下所示。

```
1  use app\index\model\Test;
```

（3）在 Index 控制器中编写 test()方法，使用 Test 模型操作数据库，具体代码如下。

```
1  public function test()
2  {
3      // 添加一条记录
4      Test::create(['id' => 1, 'username' => 'test', 'score' => 100]);
5      // 查询 id 为 1 的记录
6      $test = Test::get(1);
7      // 获取 username 字段的值
8      $username = $test->username;
9      // 删除 id 为 1 的记录
10     Test::destroy(1);
11     return $username;
12 }
```

上述代码演示了使用 Test 模型来对 tpadmin_test 数据表中的数据进行添加、查询和删除操作。通过浏览器访问 http://tpadmin.test/index/index/test，可以看到输出结果为 test。

（4）打开跟踪调试面板，查看执行过的 SQL，如图 5-3 所示。

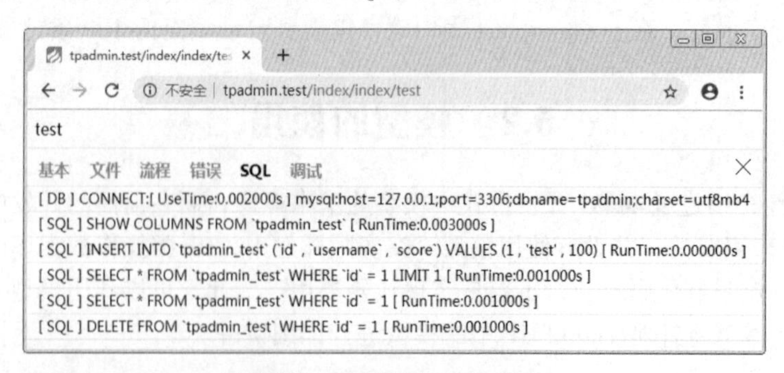

图 5-3　查看执行过的 SQL

从图 5-3 可以看出，模型自动完成了数据库相关操作。其中，在执行删除操作前，模型先执行了一个查询操作，这是因为模型在删除前会先判断记录是否存在，只有存在才会进行删除。另外，由于这些 SQL 是框架自动执行的，因此可能会出现重复查询的情况，图 5-3 中 id 为 1 的记录被查询了两次，像这样的情况是正常现象，可以理解为模型产生的额外性能开销。

5.2.2　模型的常用操作

1. 获取自动增长 id

在新增数据时，如果没有为表中的自动增长字段传入值，可以在新增后获取，示例代码如下。

```
1  $test = Test::create(['username' => 't1', 'score' => 100]);
2  echo $user->id;      // 获取自动增长 id
```

2. 自定义主键字段

当使用模型的静态方法 get()查询数据时，默认会将 id 作为数据表的主键，如果数据表的主键不是 id，则需要在模型类中指定主键的名称，如下所示。

```
1  class Test extends Model
2  {
3      protected $pk = 'sn';    // 将 sn 字段识别为主键
4  }
```

3. 复杂查询

前面介绍的 get()方法用来获取一条记录，如果获取多条记录，或者使用 where 等查询条件，则可以使用查询构造器的方式进行查询，支持排序、数量限制等连贯操作，下面分别进行演示。

（1）使用 all()方法可以通过指定多个 id 来获取多条数据，示例代码如下。

```
1  $test=Test::all([1, 2, 3]);
```

上述代码执行后，实际执行的 SQL 语句如下。

```
SELECT * FROM `tpadmin_test` WHERE `id` IN (1,2,3)
```

（2）使用查询构造器 where()、order()等完成查询操作，示例代码如下。

```
1  $test = Test::where('score', '>', 90)->order('id', 'desc')->limit(1)->select();
2  foreach ($test as $k => $v) {
3      echo $v->username;
4  }
```

在上述代码中，select()方法返回的查询结果$test 是一个数据集对象，它可以像数组一样通过 foreach 进行遍历。将上述代码执行后，实际执行的 SQL 语句如下。

```
SELECT * FROM `tpadmin_test` WHERE `score` > 90 ORDER BY `id` DESC LIMIT 2
```

小提示：

关于 ThinkPHP 中的查询构造器的使用，读者可以通过 ThinkPHP 官方网站中的 ThinkPHP 5.1 完全开发手册的【数据库】—【查询构造器】一节获取更多内容。

4. 更新数据

在开发更新数据的功能时，模型推荐的做法是先查询后更新，示例代码如下。

```
1  $test = Test::get(1);
2  if ($test) {
3      // 方式 1: 依次为每个字段赋值，然后调用 save()方法保存
4      $test->username = 't2';
5      $test->score = 90;
6      $test->save();
```

```
7      // 方式2：直接调用save()方法，通过数组传入所有的数据
8      // $test->save(['username' => 't3', 'score' => 90]);
9  } else {
10     // 要操作的记录不存在，$test为NULL，此时无法执行更新数据操作
11 }
```

上述代码演示了两种更新数据的方式：第1种方式是依次为每个字段赋值，这种方式适合字段数量不多的情况；第2种方式是通过数组传入所有的数据。将上述代码执行后，实际执行的SQL语句如下。

```
UPDATE `tpadmin_test` SET `username` = 't2', `score` = 90 WHERE `id` = 1
```

在使用模型的更新数据功能时，还有一些细节需要注意，具体如下。

（1）不要在一个模型实例里面执行多次更新操作，会导致部分重复数据不再更新，正确的方式应该是先查询后更新，或者使用模型类的update()方法更新。update()方法的使用示例如下。

```
Test::update(['id' => 1, 'score' => 100]);
```

上述代码执行后，实际执行的SQL语句如下。

```
UPDATE `tpadmin_test` SET `score` = 100 WHERE `id` = 1
```

（2）对于复杂的查询，可以使用查询构造器来查询数据并更新，示例代码如下。

```
1  $test = Test::where('score', '<', 100)->find();
2  if ($test) {
3      $test->save(['username' => 't4', 'score' => 99]);
4  }
```

（3）save()方法在执行前会检查每个字段的值是否和原来的值相同，如果相同，则不会进行更新，如果需要强制更新，可以在调用save()方法前先调用force()方法，如下所示。

```
1  $test->force()->save(['username' => 't5', 'score' => 99]);
```

（4）对于一些特殊的需求，如使用SQL函数，或进行字段的自增，可以用如下方式实现。

```
1  $test->score = Db::raw('ASCII(s)');     // `score` = ASCII('s')
2  $test->score = ['inc', 1];              // `score` = `score` + 1
3  $test->score = ['dec', 1];              // `score` = `score` - 1
```

5. 指定字段列表

在默认情况下，create()方法会自动忽略给定的数据中不存在的字段，示例代码如下。

```
1  Test::create(['username' => 't6', 'hello' => 100]);
```

在上述代码中，hello字段在数据表中不存在，该字段会自动忽略。

如果希望只允许某些特定字段可以被操作，可以在模型类中设置$field属性，如下所示。

```
1  class Test extends Model
2  {
3      protected $field = ['username'];    // 数据表的字段列表
4  }
```

在$field数组中添加字段后，当执行create()新增数据或save()修改数据时，会自动忽略其他字段。

create()方法的第2个参数也可以传入字段列表，它会替代$field中的字段列表，示例代码如下。

```
1  Test::create(['username' => 't7', 'score' => 100], ['username', 'score']);
```

6．替换数据

将 create()方法的第 3 个参数设为 true 可以执行替换数据的操作，示例代码如下。

```
1  Test::create(['username' => 't8'], ['username'], true);
```

上述代码执行后，实际执行的 SQL 语句如下。

```
REPLACE INTO `tpadmin_test` (`username`) VALUES ('t8')
```

7．批量新增或更新数据

模型提供了 saveAll()方法，用于批量新增或更新数据，示例代码如下。

```
1  $test = new Test;
2  $test->saveAll([    // 更新数据
3      ['id' => 1, 'username' => 't9'],
4      ['id' => 2, 'username' => 't10']
5  ]);
6  $test = new Test;
7  $test->saveAll([    // 新增数据
8      ['username' => 't11'],
9      ['username' => 't12'],
10 ]);
```

从上述代码可以看出，当传入的数据中包含主键 id 时，saveAll()方法会执行批量更新操作，如果没有传入主键 id，则表示更新数据操作。将上述代码执行后，实际执行的 SQL 语句如下所示。

```
UPDATE `tpadmin_test` SET `username` = 't9' WHERE `id` = 1
UPDATE `tpadmin_test` SET `username` = 't10' WHERE `id` = 2
INSERT INTO `tpadmin_test` (`username`) VALUES ('t11')
INSERT INTO `tpadmin_test` (`username`) VALUES ('t12')
```

8．获取器和修改器

在模型中可以为每个字段设置获取器和修改器，方法名分别为“get 字段 Attr”和“set 字段 Attr”，下面通过代码进行演示，如下所示。

```
1  protected function setUsernameAttr($value)
2  {
3      return strtoupper($value);
4  }
5  protected function getUsernameAttr($value)
6  {
7      return strtolower($value);
8  }
```

上述代码用于在设置 username 字段时，将值转换为大写，获取 username 字段时，将值转换为小写。

接下来在控制器中测试 username 字段的修改器和获取器是否有效，代码如下。

```
1  $test = Test::create(['username' => 't13']);
2  return Test::get($test->id)->username;
```

上述代码执行后，浏览器中的输出结果为“t13”，而实际执行的 SQL 语句如下。

```
INSERT INTO `tpadmin_test` (`username`) VALUES ('T13')
```

如果希望获取到未经获取器处理的原始数据，可以用 getData()方法来获取，示例代码如下。

```
1  $test = Test::create(['username' => 't14']);
2  return Test::get($test->id)->getData('username');
```

在使用修改器时需要注意，如果使用查询构造器，则不会执行修改器，示例代码如下。

```
1  // 通过 save()方法更新数据，修改器有效
2  Test::get(1)->save(['username' => 't15']);
3  // 通过 update()静态方法更新数据，修改器有效
4  Test::update(['id' => 1, 'username' => 't16']);
5  // 通过查询构造器更新数据，修改器无效，因此不推荐使用这种方式
6  Test::where('id', 1)->update(['username' => 't17']);
```

上述代码执行后，查看实际执行的 SQL 语句，可以看到 t17 没有经过修改器的处理，如下所示。

```
UPDATE `tpadmin_test` SET `username` = 'T15' WHERE `id` = 1
UPDATE `tpadmin_test` SET `username` = 'T16' WHERE `id` = 1
UPDATE `tpadmin_test` SET `username` = 't17' WHERE `id` = 1
```

9. 删除数据

删除数据有 3 种方式：第 1 种方式是先调用 get()方法获取数据，然后调用 delete()方法进行删除；第 2 种方式是调用 destroy()方法删除数据；第 3 种方式是通过查询构造器删除数据。下面分别进行讲解。

（1）先调用 get()方法查询数据，然后调用 delete()删除数据，示例代码如下。

```
1  $test = Test::get(1);
2  if ($test) {
3      $test->delete();
4  } else {
5      // $test 为 NULL，无法删除数据
6  }
```

上述代码执行后，实际执行的 SQL 语句如下。

```
SELECT * FROM `tpadmin_test` WHERE `id` = 1 LIMIT 1
DELETE FROM `tpadmin_test` WHERE `id` = 1
```

（2）调用 destroy()方法删除数据，示例代码如下。

```
1  // 示例 1: 删除 id 为 1 的数据
2  Test::destroy(1);
3  // 示例 2: 删除 id 为 2、3 的两条数据
4  Test::destroy([2, 3]);
5  // 示例 3: 删除 score 字段值为 0 的数据
6  Test:destroy(['score' => 0]);
7  // 示例 4: 使用闭包传入删除条件，删除 id 大于 10 的记录
8  Test::destroy(function($query){
9      $query->where('id', '>', 10);
10 });
```

当使用以上 4 种示例代码进行删除数据的时候，都会先查询数据是否存在，然后再执行删除操作。

（3）通过查询构造器删除数据，这种方式虽然也能实现删除，但是会导致模型事件无法执行，因此不推荐使用这种方式。示例代码如下。

```
1  Test::where('id', '>', 10)->delete();
```

另外，ThinkPHP 的模型还有很多其他的功能，如事件、搜索器、只读字段、类型转换、查询范围等，读者可以参考 ThinkPHP 官方手册获取更多内容。

5.2.3　数据集的使用

在默认情况下，当使用模型查询数据时，返回的结果是一个数据集对象，而使用 Db 类查询数据时，返回的结果是一个数组，通过下面的代码可以进行验证。

```
1  $arr = \think\Db::name('test')->select(); // 使用 Db 类查询数据
2  echo gettype($arr);                       // 输出结果：array
3  $obj = Test::select();                    // 使用模型查询数据
4  echo gettype($obj);                       // 输出结果：object
5  echo get_class($obj);                     // 输出结果：think\model\Collection
```

从上述代码可以看出，使用模型查询数据后，返回的对象是 think\model\Collection 类的实例，打开相应的类文件 thinkphp/library/think/model/Collection.php，可以看到该类继承 think\Collection 类，这就说明模型返回的结果是一个数据集对象。打开 thinkphp/library/think/Collection.php 文件，可以看到 Collection 类实现了 PHP 中的 ArrayAccess 数组访问接口，可以使对象支持数组访问语法。

数据集对象提供了许多常用的方法，如表 5-2 所示。

表 5-2　常用的数据集方法

数据集方法	作　　用	相似的数组函数
isEmpty()	判断是否为空	empty()
merge()	合并数据	array_merge()
flip()	交换键和值	array_flip()
diff()	返回差集	array_diff()
intersect()	返回交集	array_intersect()
keys()	返回所有键名	array_keys()
pop()	获取并删除最后一个元素	array_pop()
shift()	获取并删除第一个元素	array_shift()
unshift()	在开头插入一个元素	array_anshift()
reverse()	数据倒序重排	array_reverse()
filter()	用回调函数过滤元素	array_filter()
sort()	排序	array_sort()
slice()	截取一部分数据	array_slice()
toArray()	转换为数组	-

从表 5-2 可以看出，Collection 类对数组函数进行了封装，在处理数据集的时候更方便调用，让数据更加对象化，操作更方便。

为了使读者更好地理解，下面通过代码对比数据集和普通数组的区别，如下所示。

```
1  // ① 数组可直接通过 empty()函数判断是否为空
2  $arr = [];
3  echo empty($arr) ? '$arr 为空' : '$arr 不为空';       // 输出结果：$arr 为空
4  // ② 数据集对象需要调用 isEmpty()方法判断是否为空，empty()函数判断有误
5  $obj = Test::where('id', -1)->select();
6  echo empty($obj) ? '$obj 为空' : '$obj 不为空';       // 输出结果：$obj 不为空
7  echo $obj->isEmpty() ? '$obj 为空' : '$obj 不为空';   // 输出结果：$obj 为空
```

另外，对于 Db 类的数据库操作，也可以通过更改配置文件的方式，将返回结果的类型修改为数据集。打开 config/database.php 文件，找到如下一行配置。

```
'resultset_type'  => 'array',
```

将上述配置中的 array 修改为 collection 即可，然后编写代码进行测试，如下所示。

```
1  $obj = \think\Db::name('test')->select();
2  echo get_class($obj);  // 输出结果: think\Collection
```

测试完成后，将 resultset_type 的值改为 array，从而恢复原来的配置。tpadmin_test 数据表在后面的开发中用不到，读者可以手动删除这个数据表以及相关的模型文件、数据库迁移文件和数据填充文件。

多学一招：助手函数

为了方便框架中的各种功能的使用，ThinkPHP 提供了助手函数，文件位于 thinkphp\helper.php，在框架启动后会被自动加载。在 ThinkPHP 中，助手函数是一种可选的功能，框架本身不依赖任何助手函数。通过查看助手函数的源代码可知，这些助手函数就是对各种常规操作的封装，从而简化了代码的书写。下面通过表 5-3 列举一些常用的助手函数。

表 5-3　常用的助手函数

函数名	说　明	函数名	说　明
abort()	中断执行并发送 HTTP 状态码	halt()	变量调试输出并中断执行
action()	调用控制器类的操作	input()	获取输入数据，支持默认值和过滤
app()	快速获取容器中的实例，支持依赖注入	json()	JSON 数据输出
cache()	缓存管理	model()	实例化模型
config()	获取和设置配置参数	redirect()	重定向
container()	获取容器对象实例	request()	实例化 Request 对象
controller()	实例化控制器	response()	实例化 Response 对象
cookie()	Cookie 管理	session()	Session 管理
db()	实例化数据库类	token()	生成表单令牌输出
debug()	调试时间和内存占用	trace()	记录日志信息
dump()	浏览器友好的变量输出	url()	URL 生成
env()	获取环境变量	validate()	实例化验证器
exception()	抛出异常	view()	渲染模板输出

下面以 input()和 model()函数为例，演示常规方式和助手函数方式的区别，具体代码如下。

```
// 常规方式
public function test()
{
    // 获取 GET 参数
    $name = $this->request->get('name');
    // 实例化模型（需要导入命名空间）
    $test = new Test();
}
```

```
// 助手函数方式
public function test()
{
    // 获取 GET 参数
    $name = input('get.name');
    // 实例化模型（无须导入命名空间）
    $test = model('Test');
}
```

5.3　后台用户登录

后台用户是网站的管理人员，其可登录网站后台进行管理操作。为了防止无关人员登录后台，需要开发后台用户登录功能，只有输入正确的用户名和密码进行登录后，才可以进入后台。本节将针对后台用户登录功能的开发进行讲解。

5.3.1　创建数据表

（1）执行如下命令，创建后台用户表的数据库迁移文件。

```
php think migrate:create AdminUser
```

（2）打开新创建的迁移文件，编写 change()方法，具体代码如下。

```
1  public function change()
2  {
3      $table = $this->table('admin_user',
4        ['engine' => 'InnoDB', 'collation' => 'utf8mb4_general_ci']);
5      $table->addColumn('admin_role_id', 'integer',
6        ['null' => false, 'default' => 0,  'comment' => '角色 id'])
7     ->addColumn('username', 'string',
8        ['limit' => 32, 'null' => false, 'default' => '', 'comment' => '用户名'])
9      ->addColumn('password', 'string',
10       ['limit' => 32, 'null' => false, 'default' => '', 'comment' => '密码'])
11     ->addColumn('salt', 'char',
12       ['limit' => 32, 'null' => false, 'default' => '', 'comment' => '密码 salt'])
13     ->addIndex(['username'], ['unique' => true])
14     ->addTimestamps()
15     ->create();
16 }
```

在上述代码中，admin_role_id 字段表示用户所属的角色 id，会在开发角色功能的时候使用，password 字段用于保存加密后的密码，salt 字段用于保存密码加密时使用的密钥。在实际开发中，对用户的密码进行加密，防止明文存储，是一种提高安全性的方式，避免因黑客攻击导致数据泄露的问题。另一方面，有不少用户习惯在不同网站使用相同的密码，不保存明文密码，也是为了用户着想。

（3）执行如下命令，将表创建出来。

```
php think migrate:run
```

（4）执行如下命令，创建数据填充文件。

```
php think seed:create AdminUser
```

（5）打开新创建的数据填充文件，编写代码如下。

```
1  public function run()
2  {
3      $salt = md5(uniqid(microtime(), true));
4      $password = md5(md5('123456') . $salt);
5      $this->table('admin_user')->insert([
6        ['id' => 1, 'admin_role_id' => 1, 'username' => 'admin',
7          'password' => $password, 'salt' => $salt],
8        ['id' => 2, 'admin_role_id' => 2, 'username' => 'test',
9          'password' => $password, 'salt' => $salt]
10     ])->save();
11 }
```

在上述代码中，第 3 行用于自动生成密钥，第 4 行用于对密码进行加密，密码的原文是 123456。

第 6~9 行创建了两个用户，用户名分别是 admin 和 test，密码都是 123456。

（6）执行如下命令，开始进行数据填充。

```
php think seed:run -s AdminUser
```

上述命令执行后，admin 和 test 用户就被创建出来了。

5.3.2 用户登录页面

1. 创建后台模块

（1）创建 admin 模块对应的 application/admin 目录，然后在该目录中创建 controller 目录，用于保存后台的所有控制器文件。

（2）在 application/admin/controller 目录中创建 Index.php 文件，具体代码如下。

```
1  <?php
2  namespace app\admin\controller;
3
4  use think\Controller;
5
6  class Index extends Controller
7  {
8      public function login()
9      {
10         return $this->fetch();
11     }
12 }
```

在上述代码中，login()方法用于显示用户登录页面。

（3）创建 application/admin/view/index/login.html 文件，具体代码如下。

```
1  <!DOCTYPE html>
2  <html>
3  <head>
4    <meta charset="utf-8">
5  </head>
6  <body>
7    这是后台用户登录页面
8  </body>
9  </html>
```

（4）通过浏览器访问 http://tpadmin.test/admin/index/login.html，可以看到页面中出现“这是后台用户登录页面”。

2. 编写后台登录页面

（1）修改 application/admin/view/index/login.html 文件，在<head>中引入静态资源，具体代码如下。

```
1  <head>
2    <meta charset="utf-8">
3    <meta name="viewport" content="width=device-width, initial-scale=1.0">
4    <link rel="stylesheet" href="__CDN__/twitter-bootstrap/3.4.1/css/bootstrap.
5    min.css">
6    <link rel="stylesheet" href="__CDN__/toastr.js/2.1.4/toastr.min.css">
7    <link rel="stylesheet" href="__STATIC__/css/main.css">
```

```
8    <script src="__CDN__/jquery/1.12.4/jquery.min.js"></script>
9    <script src="__CDN__/twitter-bootstrap/3.4.1/js/bootstrap.min.js"></script>
10   <script src="__CDN__/toastr.js/2.1.4/toastr.min.js"></script>
11   <script src="__STATIC__/js/main.js"></script>
12   <title>登录</title>
13 </head>
```

从上述代码可以看出，页面引入了 Bootstrap、jQuery 和 toastr。Bootstrap 用于开发响应式页面，jQuery 用于简化 JavaScript 代码，toastr 用于在页面中显示提示信息。第 7 行的 main.css 是项目自身的 CSS 样式文件，在引入时应把顺序放在其他引入样式的后面，从而避免样式被覆盖。第 11 行的 main.js 是项目自身的 JavaScript 代码文件，在引入时应注意把顺序放在其他 JavaScript 文件的后面，从而确保它依赖的库都已经被加载完整。

（2）在引入的路径中，__CDN__和__STATIC__是 ThinkPHP 模板中的替代变量，它们会在模板解析时替换为配置文件中指定的值。创建 application/admin/config/template.php 配置文件，具体代码如下。

```
1  <?php
2  return [
3      'tpl_replace_string' => [
4          '__STATIC__' => '/static/admin',
5          '__CDN__' => '/static/common',
6          '__UPLOAD__' => '/static/uploads'
7      ]
8  ];
```

上述代码配置了 3 个替代变量，其中__CDN__表示这部分资源来自 CDN 服务器，但此处指向的是本地的地址，这是因为在开发环境中使用本地地址速度更快，而对于线上的项目可以使用 CDN 服务器的地址，如“https://CDN 服务器域名”。

（3）从本书的配套源代码中找到本章的完整代码，将完整代码中的 public 目录下的 static 目录复制到当前项目的相同路径下。然后删除 public/static/admin/js/main.js 文件，该文件会在后面重新编写。

（4）在 application/admin/view/index/login.html 文件中创建用户登录表单，具体代码如下。

```
1  <body class="login">
2    <div class="container">
3      <form method="post" class="j-login">
4        <h1>后台管理系统</h1>
5        <div class="form-group">
6          <input type="text" name="username" class="form-control"
7           placeholder="用户名" required>
8        </div>
9        <div class="form-group">
10         <input type="password" name="password" class="form-control"
11          placeholder="密码" required>
12       </div>
13       <div class="form-group">
14         <input type="submit" class="btn btn-lg btn-success" value="登录">
15       </div>
16     </form>
17   </div>
18 </body>
```

（5）通过浏览器访问 http://tpadmin.test/admin/index/login.html，可以看到图 5-4 所示的效果。

图 5-4　用户登录页面

3. 生成验证码

考虑到网站上线后可能会遭受网络攻击，为了保护后台登录功能的安全，需要增加一个验证码功能，在用户登录时显示一张验证码图片，要求用户输入图片中的字符，只有验证码输入正确，后台才会处理用户的登录请求。为了方便开发验证码功能，ThinkPHP 提供了验证码扩展库，具体使用步骤如下。

（1）在终端中执行如下命令，安装验证码扩展。

```
composer require topthink/think-captcha=2.*
```

上述命令指定了验证码扩展的版本为 2.*，该版本支持 ThinkPHP 5.1。

（2）在用户登录表单中，找到密码输入框和登录按钮之间的位置，添加如下代码。

```
1  <div class="form-group">
2    <input type="text" name="captcha" class="form-control"
3     placeholder="验证码" required>
4  </div>
5  <div class="form-group">
6    <div class="login-captcha"><img src="{:captcha_src()}" alt="captcha"></div>
7  </div>
```

在上述代码中，第 6 行的 captcha_src()函数就是验证码扩展提供的函数，该函数会自动生成验证码图片，返回图片的地址。在浏览器中查看验证码的显示效果，如图 5-5 所示。

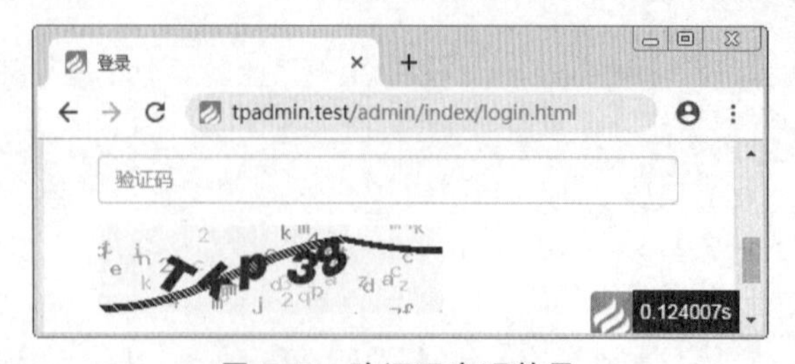

图 5-5　验证码实现效果

（3）在浏览器的开发者工具中查看 HTML 结构，查看 captcha_src()函数返回的验证码图片的地址，具体为 http://tpadmin.test/captcha.html。如果用浏览器直接访问该地址，也可以看到验证码图片。

小提示：

① 验证码的图片地址是 html 网页后缀，不是 jpg、png 等图片类型的后缀，而浏览器仍然能够识别其内容是一张图片，而不是网页，这是因为浏览器是根据 HTTP 响应头中的 Content-Type 来识别内容类型的。通过开发者工具可以查看验证码的 Content-Type 响应头，其值为 image/png。

② ThinkPHP 的验证码扩展还可以进行自定义配置，如更改验证码的字符集合、过期时间、复杂程度等，使用 think\captcha\Captcha 类来完成，具体可以参考官方手册。

（4）由于验证码比较复杂，有时会难以识别图片中的字符，为此，可以实现单击验证码图片更换验证码的功能。在</body>前面添加 JavaScript 代码，具体如下。

```
1  <script>
2    $('.login-captcha img').click(function() {
3      $(this).attr('src', '{:captcha_src()}'+'?_='+Math.random());
4    });
5  </script>
```

在上述代码中，第 3 行在修改<img>图片的 src 属性时，在验证码地址的后面加上了一串随机数，用于防止某些浏览器（如 IE）在遇到 src 值没有变化时不会重新加载图片的问题。

（5）通过浏览器访问测试，单击验证码图片，观察是否会更换验证码。

多学一招：静态资源版本控制

在页面中引入静态资源时，通常都会为静态资源加上版本号，从而在服务器更新静态资源时，避免因浏览器缓存了旧版本导致无法立即生效的问题。下面以 main.css 和 main.js 文件为例，演示如何进行版本控制。具体实现步骤如下。

（1）创建项目配置文件 application/admin/config/tpadmin.php，保存项目的版本号，如下所示。

```
1  <?php
2  return [
3      'version' => '0.1'
4  ];
```

（2）修改 main.css 的引入代码，判断当开启调试时，利用随机数来避免缓存，而关闭调试时，利用版本号来控制缓存的版本，具体代码如下。

```
1  <link rel="stylesheet" href="__STATIC__/css/main.css?{if
2  $Think.env.app_debug}_={:time()}{else /}v={$Think.config.tpadmin.version}{/if}">
```

（3）main.js 文件的引入代码也进行同样的修改，具体代码如下。

```
1  <script src="__STATIC__/js/main.js?{if $Think.env.app_debug}_={:time()}
2  {else /}v={$Think.config.tpadmin.version}{/if}"></script>
```

完成上述修改后，即可实现静态资源的版本控制。

5.3.3　表单验证

在用户提交了登录表单后，需要接收表单，进行验证。验证包括两个方面：一方面是验证用户输入的值是否符合格式要求；另一方面是验证用户名、密码和验证码是否正确。下面将分别进行讲解。

1. 接收表单

打开 application/admin/controller/Index.php 文件，修改 login()方法，具体代码如下。

```
1  public function login()
2  {
3      if ($this->request->isPost()) {
4          $data = [
5              'username' => $this->request->post('username/s', '', 'trim'),
6              'password' => $this->request->post('password/s', ''),
7              'captcha' => $this->request->post('captcha/s', '', 'trim')
8          ];
9          // 验证表单
10     }
11     return $this->fetch();
12 }
```

在上述代码中，第 3 行用于判断当前请求类型是否为 POST，如果判断成立则表示用户提交了表单，否则表示用户打开了用户登录页面。第 4~8 行用于接收表单并进行过滤，将接收到的值保存到$data 数组中。

2. 使用验证器进行表单验证

在接收表单后，对表单中的值进行验证。为了方便开发验证功能，可以利用 ThinkPHP 的验证器来实现。用户需要手动创建一个类文件，表示用于定义对某个数据表中的字段的验证规则，习惯上使用大驼峰法的表名作为验证器的类名。下面讲解如何用验证器进行表单验证。

（1）创建 application/admin/validate/AdminUser.php 文件，具体代码如下。

```
1  <?php
2  namespace app\admin\validate;
3
4  use think\Validate;
5
6  class AdminUser extends Validate
7  {
8      protected $rule = [
9          'username' => 'require|max:32',
10         'password' => 'require|min:6',
11     ];
12     protected $message = [
13         'username.require' => '用户名不能为空',
14         'username.max' => '用户名最多为 32 个字符',
15         'password.require' => '密码不能为空',
16         'password.min' => '密码最少为 6 位'
17     ];
18 }
```

在上述代码中第 8 行的$rule 表示验证规则，第 12 行的$message 表示规则对应的错误提示信息。验证规则是一个数组，数组的键名是字段名，值是规则字符串，在字符串中，多个规则用“|”分隔，require、max 和 min 都是 ThinkPHP 的内置规则，require 表示该字段不能省略，max:32 表示最大长度为 32，min:6 表示最大长度为 6。当某个规则验证为不合法时，会返回$message 中定义的提示信息。另外，ThinkPHP 还有很多其他的内置规则，具体可以参考 ThinkPHP 官方手册。

（2）在编写验证器类时，还要考虑不同场景下的区别。例如，在用户登录、添加用户、修改用户等场景下，需要验证的规则是不同的，这就需要根据不同场景来定义规则。在默认情况下，定义在$rule数组中的规则是所有场景都会进行验证的，而在指定场景后，可以根据不同场景增加或减少验证规则。某个特定场景的验证规则需要写在以“scene场景名”方式命名的方法中。

下面编写登录场景的验证规则，将规则写在sceneLogin()方法中，具体代码如下。

```
1  public function sceneLogin()
2  {
3      return $this->append('captcha', 'require|captcha');
4  }
```

上述代码表示在$rule规则的基础上，增加一个captcha字段的验证，也就是对验证码进行验证。

（3）在$message中增加验证码的错误提示信息，具体代码如下。

```
1  protected $message = [
2      ……（原有代码），
3      'captcha.require' => '验证码不能为空',
4      'captcha.captcha' => '验证码有误'
5  ];
```

（4）在Index控制器文件中导入验证器的命名空间，具体代码如下。

```
1  use app\admin\validate\AdminUser as UserValidate;
```

（5）在Index控制器的login()方法中，在使用$data保存表单数据后，新增如下代码。

```
1  $validate = new UserValidate;
2  if (!$validate->scene('login')->check($data)) {
3      $this->error('登录失败：' . $validate->getError() . '。');
4  }
5  // 执行到此处说明验证器验证成功
6  $this->success('登录成功。');
```

在上述代码中，第1行获取了验证器类的实例$validate，第2行用于进行验证，当验证的结果为false时，执行第3行代码，返回错误信息。其中，scene()方法用于传入验证的场景，check()方法用于传入待验证的数据，getError()方法用于获取验证失败时的错误信息。

第3行和第6行的$error()方法和success()方法是ThinkPHP提供的用来返回执行结果的方法，分别表示执行失败和执行成功，它们被定义在thinkphp\library\traits\controller\Jump.php文件中。通过查看源代码可知，它们都有5个可选参数，第1个参数表示提示信息，第2个参数表示跳转的URL地址，第3个参数表示返回的数据，第4个参数表示跳转等待时间，第5个参数表示发送的响应头信息。

（6）通过浏览器访问测试，分别输入正确的验证码和错误的验证码，观察程序的运行结果。验证成功时的结果如图5-6所示，验证失败时的结果如图5-7所示。

图 5-6　登录成功

图 5-7　登录失败

3．验证用户名和密码是否正确

（1）验证用户名和密码的代码可以写在 Index 控制器的 login()方法中，但是从项目的代码架构来说，不应将各种各样的代码都写在控制器中，而是写在单独的类文件中。下面编写一个 Auth 类，专门负责与用户相关的验证、授权等功能。创建 application/admin/library/Auth.php 文件，具体代码如下。

```
1  <?php
2  namespace app\admin\library;
3
4  class Auth
5  {
6      public function login($username, $password)
7      {
8      }
9  }
```

在上述代码中，login()方法用于判断用户登录的用户名$username 和密码$password 是否正确，该方法的具体的代码将在后面的步骤中实现。

（2）为了验证用户名和密码是否正确，需要创建 application/admin/model/AdminUser.php 模型文件，用于访问数据库，具体代码如下。

```
1  <?php
2  namespace app\admin\model;
3
4  use think\Model;
5
6  class AdminUser extends Model
7  {
8  }
```

（3）在 Auth 类中导入 AdminUser 模型的命名空间，具体代码如下。

```
1  use app\admin\model\AdminUser as UserModel;
```

（4）在 Auth 类中的 login()方法中进行用户名和密码的验证，具体代码如下。

```
1  $user = UserModel::get(['username' => $username]);
2  if (!$user) {
3      $this->setError('用户不存在');
4      return false;
5  }
6  if ($user->password! = $this->passwordMD5($password, $user->salt)) {
7      $this->setError('用户名或密码不正确');
8      return false;
9  }
10 // 执行到此处说明用户名和密码正确，登录成功
```

在上述代码中,第 3 行的 setError()方法和第 6 行的 passwordMD5()方法将在后面的步骤中实现。于数据库中保存的密码是加密后的结果，无法直接验证用户输入的密码是否正确，因此需要在第 6 行使用加密方法 passwordMD5()对用户输入的密码进行加密，然后比较加密的结果是否相同。

（5）为了保存或读取验证失败时的错误信息，编写 setError()和 getError()方法，具体代码如下。

```
1  protected $error;
2  public function setError($error)
```

```
3   {
4       $this->error = $error;
5       return $this;
6   }
7   public function getError()
8   {
9       return $this->error;
10  }
```

在上述代码中，第 1 行使用$error 属性保存错误信息，第 2 行的 setError()用于设置错误信息，第 7 行的 getError()用于获取错误信息。第 5 行返回了$this，用于使该方法可以链式调用。

（6）编写密码加密函数 passwordMD5()，具体代码如下。

```
1   public function passwordMD5($password, $salt)
2   {
3       return md5(md5($password) . $salt);
4   }
```

在上述代码中，第 3 行的加密方式与创建用户时的加密方式是相同的。$password 参数是用户在登录时提交的待验证的密码，$salt 是数据库中保存的密钥。使用密码加密时，用相同的算法对用户输入的密码进行加密，就可以比较加密的结果是否一致，从而验证密码是否正确。

4．保存登录状态

在将用户名和密码验证成功后，使用 PHP 中的 Session 机制保存登录状态。为了方便操作 Session，ThinkPHP 提供了 Session 类，具体使用步骤如下。

（1）在 Auth 类导入 Session 类的静态代理类的命名空间。

```
1   use think\facade\Session;
```

（2）在 login()方法中编写代码，在验证用户名和密码完成后，保存登录状态，具体代码如下。

```
1   // 执行到此处说明用户名和密码正确，登录成功
2   Session::set($this->sessionName, ['id' => $user->id]);
3   return true;
```

在上述代码中，$this->sessionName 表示保存在 Session 中的登录信息的名称，需要在 Auth 类中添加该属性，具体代码如下。

```
1   protected $sessionName = 'admin';
```

（3）当要获取 Session 时，可以使用 Session::get($this->sessionName)来获取，具体会在后面讲解。

5．利用 Common 控制器保存 Auth 类实例

（1）在将 Auth 类编写完成后，就需要创建实例来使用。由于 Auth 类的实例将来可能会在后台的多个控制器中使用，为了方便管理，可以编写一个公共控制器 Common，由其他所有控制器继承。创建公共控制器文件 application/admin/controller/Common.php，具体代码如下。

```
1   <?php
2   namespace app\admin\controller;
3
4   use app\admin\library\Auth;
5   use think\Controller;
6
7   class Common extends Controller
```

```
8  {
9      protected $auth;
10 }
```

在上述代码中，第 4 行导入了 Auth 类的命名空间，第 9 行使用$auth 属性保存 Auth 类的实例。

（2）修改 Index 控制器类，使其继承 Common 控制器类，具体代码如下。

```
1  class Index extends Common
```

在继承 Common 类后，Index 控制器的文件中导入 Controller 命名空间的代码“use think\Controller;”已经用不到了，可以将这行代码删除。

（3）在 Auth 类中编写代码，提供静态方法 getInstance()用于创建自身实例，具体代码如下。

```
1  protected static $instance;
2  public static function getInstance($options = [])
3  {
4      if (is_null(self::$instance)) {
5          self::$instance = new static($options);
6      }
7      return self::$instance;
8  }
```

（4）在 Common 控制器中编写 initialize()方法，用于获取 Auth 类的实例，具体代码如下。

```
1  protected function initialize()
2  {
3      $this->auth = Auth::getInstance();
4  }
```

需要注意的是，在 ThinkPHP 中，控制器的 initialize()方法将在控制器被初始化时自动执行。

（5）在 Index 控制器的 login()方法中，完成用户登录的验证，具体代码如下。

```
1  // 执行到此处说明验证器验证成功
2  if (!$this->auth->login($data['username'], $data['password'])) {
3      $this->error('登录失败: ' . $this->auth->getError() . '。');
4  }
5  $this->success('登录成功。');
```

（6）通过浏览器访问测试，输入正确的用户名“admin”和密码“123456”，测试能否登录成功。然后输入错误的用户名和密码，测试是否会登录失败，显示失败原因。

5.3.4 Ajax 交互

在前面的开发中，表单提交后的返回结果是使用 success()和 error()方法来发送的，这种方式的用户体验很不友好，当表单验证失败时，页面发生了跳转，原来填写的表单已经消失了，用户还需重新填写表单，尤其是当表单中的项目特别多时，会给用户带来极大的不便。

为了优化用户体验，下面将会讲解如何通过 Ajax 的方式提交表单，使页面不发生跳转。

1. ThinkPHP 对 Ajax 请求的处理

当 ThinkPHP 的 success()方法和 error()方法遇到 Ajax 请求时，将不会返回 HTML 页面，而是 JSON 数据，用来使 JavaScript 程序更方便地接收服务器的返回结果。下面通过代码进行演示。

（1）在 Index 控制器中编写 test1()方法和 test2()方法，具体代码如下。

```
1  public function test1()
2  {
```

```
3       $this->success('成功');
4   }
5   public function test2()
6   {
7       $this->error('失败');
8   }
```

（2）通过浏览器访问后台用户登录页面，在开发者工具的控制台中输入如下JavaScript代码，用于发送GET方式的Ajax请求，输出服务器的返回结果。

```
1  $.get('/admin/index/test1', function(data) {
2    console.log(data);
3  });
```

上述代码执行后，在控制台中输出的返回结果如下。

```
{code: 1, msg: "成功", data: "", url: "http://think.test/admin/index/index.html",  wait: 3}
```

上述结果是一个JSON字符串。其中，code的值为1表示请求成功；data表示返回的数据，也就是通过success()方法的第3个参数传入的数据；url表示跳转地址；wait表示该提示信息停留的秒数。

（3）继续在控制台中输入代码，测试test()方法，具体代码如下。

```
1  $.get('/admin/index/test2', function(data) {
2    console.log(data);
3  });
```

上述代码执行后，在控制台中输出的返回结果如下。

```
{code: 0, msg: "失败。", data: "", url: "", wait: 3}
```

从上述代码可以看出，code的值为0表示请求失败。

2. 封装Ajax操作

在了解服务器返回的成功和失败信息的基本格式后，下面编写项目的JavaScript程序，对Ajax请求的代码进行封装，主要功能如下。

① 将Ajax操作的代码封装到一个对象中，该对象可以随意命名，这里命名为main对象。

② 通过main.ajax()方法发送Ajax请求，该方法有3个参数：第1个参数可以是对象或字符串，如果是对象，则用来传递给$.ajax()，如果是字符串，则表示请求地址；第2个参数表示当服务器返回成功结果时执行的回调函数;第3个参数表示当服务器返回失败结果时执行的回调函数。

③ 当开始发送Ajax请求时，在页面中显示加载提示，并在收到服务器响应后，隐藏加载提示。

④ 当Ajax请求失败，或服务器响应错误信息时，通过toastr()将错误信息显示在页面中。

在分析了要完成的主要功能后，下面开始进行代码编写，具体步骤如下。

（1）创建public/static/admin/js/main.js文件，具体代码如下。

```
1  (function(window, $, toastr) {
2    window.main = {
3      toastr: toastr,
4      init: function() {
5        toastr.options.positionClass='toast-top-center';
6        return this;
7      },
8      ajax: function (opt, success, error) {
```

```
9       opt = (typeof opt === 'string') ? {url: opt} : opt;
10      var that = this;
11      var options = {
12        success: function (data, status, xhr) {
13          that.hideLoading();
14          if (!data) {
15            toastr.error('请求失败，请重试。');
16          } else if (data.code === 0) {
17            toastr.error(data.msg);
18            error && error(data);
19          } else {
20            success && success(data);
21          }
22          opt.success && opt.success(data, status, xhr);
23        },
24        error: function (xhr, status, err) {
25          that.hideLoading();
26          toastr.error('请求失败，请重试。');
27          opt.error && opt.error(xhr, status, err);
28        }
29      };
30      that.showLoading();
31      $.ajax($.extend({}, opt, options));
32    },
33    showLoading: function() {
34      $('.main-loading').show();
35    },
36    hideLoading: function() {
37      $('.main-loading').hide();
38    },
39  };
40 })(this, jQuery, toastr);
```

在上述代码中，第 4 行的 init()方法用于执行初始化操作，第 5 行用于将 toastr 提示框在页面中显示的位置设定为顶部居中，第 8 行的 ajax()方法用于发送 Ajax 请求，第 9 行用于判断参数 opt 是对象还是字符串，如果是对象则在第 31 行将其与 options 对象合并后传给$.ajax()方法，如果是字符串则将其修改为只有一个 url 属性的对象，也就是将字符串作为$.ajax()的请求地址。第 12~29 行的 options 对象中包含 success()和 error()方法，它们用来在 opt 对象的 success()和 error()方法执行前完成一些操作。第 31 行将 opt 对象和 options 对象合并成一个新的对象传递给$.ajax()，这样会导致 opt 对象的 success()方法和 error()方法被替代而无法执行，因此需要在第 22 行和第 27 行判断 opt 中是否存在这两个方法，如果存在则调用，从而解决这个问题。第 33 行的 showLoading()方法用来显示加载提示，第 36 行的 hideLoading()方法用来隐藏加载提示，这两个方法将在分别在 Ajax 请求前后执行。

第 14~21 行代码用于判断服务器的返回结果，如果没有返回任何内容，则提示“请求失败，请重试”，如果返回的 data.code 值为 0，则显示 data.msg 错误信息，并执行 error()函数，如果返回的 code 不为 0，则执行 success()函数。

（2）修改 application/admin/view/index/login.html 文件，将加载提示放入页面中，具体代码如下。

```
1  <div class="container">
2    ……
3    <div class="main-loading" style="display:none">
4      <div class="dot-carousel"></div>
5    </div>
6  </div>
```

在上述代码中，第 3~5 行是新增的代码，默认为隐藏状态。加载提示的 CSS 样式可以参考配套源代码中的 main.css 文件。

（3）在浏览器的控制台中编写 JavaScript 代码来测试，具体代码如下。

```
1  // 先进行初始化
2  main.init();
3  // 测试 1: 第 1 个参数传入请求地址，第 2 个参数传入成功时的回调函数
4  main.ajax('test1', function(data) {
5    toastr.success(data.msg);
6    console.log(data);
7  });
8  // 测试 2: 第 1 个参数传入请求地址，第 3 个参数传入失败时的回调函数
9  main.ajax('test2', null, function(data) {
10   console.log(data);
11 });
12 // 测试 3: 第 1 个参数传入对象
13 main.ajax({url: 'test1', success: function(data) {
14   console.log(data);
15 }});
```

3. 封装 POST 请求

前面编写的 main.ajax()方法主要用于发送 GET 请求，而 POST 请求在处理方式上有一些区别，POST 请求需要在服务器返回执行成功的信息时，将信息显示在页面中。为此，下面将编写一个 main.ajaxPost()方法，专门用来发送 POST 请求。

（1）在 main 对象中编写 ajaxPost()方法，具体代码如下。

```
1  ajaxPost: function(opt, success, error) {
2    opt = (typeof opt === 'string') ? {url: opt} : opt;
3    var that = this;
4    var callback = opt.success;
5    opt.type = 'POST';
6    opt.success = function(data, status, xhr) {
7      if(data && data.code === 1) {
8        toastr.success(data.msg);
9      }
10     callback && callback(data, status, xhr);
11   };
12   that.ajax(opt, success, error);
13 },
```

在上述代码中，第 7~9 行用于在服务器返回执行成功的结果时，将信息显示在页面中。第 4 行保存了 opt 对象中原有的 success()方法，用来在第 10 行中调用。

（2）在浏览器的控制台中编写 JavaScript 代码来测试，具体代码如下。

```
1  // 先进行初始化
2  main.init();
3  // 测试 POST 请求成功时的效果
4  main.ajaxPost('test1', function(data) {
5    console.log(data);
6  });
7  // 测试 POST 请求失败时的效果
8  main.ajaxPost('test2', function(data) {
9    console.log(data);
10 });
```

（3）测试成功后，Index 控制器的 test1()和 test2()这两个方法已经用不到了，删除即可。

4. Ajax 提交表单

当提交表单时，页面会发生跳转，为了阻止表单的自动跳转，需要在表单的 submit()事件中编写代码，通过事件对象 e 的 preventDefault()方法阻止默认行为，然后调用 ajaxPost()方法发生请求。

（1）在 main.js 中编写 ajaxForm()方法，用于将表单改为 Ajax 提交方式，具体代码如下。

```
1  ajaxForm: function (selector, success, error) {
2    var form = $(selector);
3    var that = this;
4    form.submit(function (e) {
5      e.preventDefault();
6      that.ajaxPost({
7        url: form.attr('action'),
8        data: new FormData(form.get(0)),
9        contentType: false,
10       processData: false
11     }, success, error);
12   });
13 },
```

在上述代码中，第 1 行的参数 selector 表示表单的选择器，第 2 个参数表示成功时执行的回调函数，第 3 个参数表示失败时执行的回调函数。第 5 行用于阻止表单的默认提交行为，第 6 行用于发送 Ajax 的 POST 请求，第 7 行用于使用表单的 action 属性作为请求地址，第 8 行用于获取表单中的数据，由于数据为 FormData 对象，需要在第 9~10 行关闭$.ajax()的自动发送 Content-Type 和自动处理数据的功能。

（2）在 application/admin/view/index/login.html 中的<script>中添加如下代码，进行调用。

```
1  <script>
2    main.init();
3    main.ajaxForm('.j-login', function() {
4      location.href = "{:url('Index/index')}";
5    }, function() {
6      $('.login-captcha img').click();
7    });
8    ……（原有代码）
9  </script>
```

在上述代码中，第 4 行用于在登录成功后跳转到后台首页，url()函数用来生成 URL 地址，函数参数的基本形式为“模块/控制器/操作”或“控制器/操作”，省略模块表示使用当前模块，控制器和操作也可以省略，表示使用当前控制器和操作。第6行用于在执行失败后更新验证码。

小提示：

在默认情况下，为了安全性，验证码在验证成功后会自动失效，这就导致当用户验证码输入正确但登录失败时，下次提交表单出现验证码无效的问题，因此需要在登录失败时自动更新验证码。

（3）在 Index 控制器中编写 index()方法，具体代码如下。

```
1  public function index()
2  {
3      return '登录成功';
4  }
```

（4）通过浏览器访问测试，观察 Ajax 提交表单功能是否可以正确执行。

5.3.5　远程调试

通过前面的学习可知，在配置文件中开启跟踪调试后，ThinkPHP 会在网页的右下角提供一个小按钮，单击按钮就会显示跟踪调试信息。然而这种方式有一个明显的不足，就是无法查看 Ajax 请求的调试信息。为此，可以利用远程调试功能，来代替跟踪调试面板。其基本思路是，先创建一个 SocketLog 服务器，用来接收调试信息，然后在浏览器中安装 SocketLog 客户端扩展，用来从 SocketLog 服务器中获取调试信息，将调试信息输出到控制台中。当 ThinkPHP 执行时，就会将调试信息发送给 SocketLog 服务器。

接下来讲解如何在 ThinkPHP 中实现远程调试功能，具体步骤如下。

（1）打开 Node.js 官方网站进行下载和安装 Node.js。

（2）安装 Node.js 后，打开一个新的命令窗口，执行如下命令安装 SocketLog 服务器。

```
npm install -g socketlog-server
```

在上述命令中，npm 是 Node.js 的包管理器，install 表示安装，-g 表示全局安装。全局安装后，就可以使用 socketlog-server 命令来启动 SocketLog 服务器。

（3）将 SocketLog 服务器安装完成后，执行如下命令启动 SocketLog 服务器。

```
socketlog-server
```

上述命令执行后，将会在本地搭建一个 WebSocket 服务，监听端口是 1229。

（4）修改项目的.env 文件，关闭 trace 功能，如下所示。

```
trace = false
```

（5）创建 application/admin/config/log.php 文件，配置 SocketLog 服务器的连接信息，如下所示。

```
1  <?php
2  return [
3      'type' => 'socket',
4      'host' => '127.0.0.1',
5      // 只允许指定的客户端 id 读取日志
6      'allow_client_ids' => ['thinkphp_zfH5NbLn']
7  ];
```

在上述代码中，第6行用于配置客户端 id，可以在数组中添加多个 id，id 的值可以随意指定，推荐使用“用户名_随机字符串”的形式，使用随机字符串可以防止被无关人员获取日志。

（6）在 Chrome 浏览器中安装 SocketLog 扩展。可以在 Chrome 应用商店搜索 SocketLog 扩展进行安装，也可以在 GitHub 中获取扩展的源代码，选择 release 版本进行下载。下载后，将文件解压。然后打开 Chome 浏览器的扩展程序页面 chrome://extensions/，启用开发者模式，然后单击“加载已解压的扩展程序”按钮，选择解压后的目录中的 chrome 目录即可进行安装。

（7）将 SocketLog 扩展安装成功后，在地址栏右边会出现 SocketLog 按钮，单击按钮配置监听地址和 Client_ID（客户端 id），如图 5-8 所示。

图 5-8　SocketLog 设置

（8）监听地址使用默认值 ws://localhost:1229 即可，Client_ID 输入前面配置的 thinkphp_zfH5NbLn。输入完成后，单击保存按钮。

（9）当 SocketLog 扩展连接服务器成功后，就会在控制台显示调试信息。并且当页面触发 Ajax 请求后，新的调试信息也会出现在控制台中，如图 5-9 所示。

图 5-9　查看调试信息

5.3.6　令牌验证

ThinkPHP 提供了表单令牌的功能，主要用于防止一个表单被重复提交，以及防御 CSRF（Cross-Site Request Forgery，跨站请求伪造）攻击。它的思路是，在表单页面中生成一个随机字符串作为令牌，放在隐藏域中，随表单一起提交，服务器收到表单后验证令牌是否有效，只有验证通过才能执行后面的操作。令牌是一次性的，只要服务器验证了这个令牌，令牌就失效了。使用令牌验证还可以防御 CSRF，这是因为如果没有令牌，服务器无法识别当前请求是用户主动发出的，还是黑客利用恶意代码发出的。例如，下面的两段代码演示了如何进行 CSRF 攻击。

（1）GET 方式的 CSRF 攻击代码。

```
<img src="http://xxx/admin/data/delete/id/1">
```

在上述代码中，img 标签的 src 属性指向的地址是网站的后台，用来删除 id 为 1 的数据。由于 img 标签会自动向 src 地址发请求，当网站后台用户在已登录状态下浏览了包含这个 img 标签的页面时，删除数据的操作就在用户不知情的情况下被执行了。

（2）POST 方式的 CSRF 攻击代码。

```
1  <form id="f" method="post" action="http://xxx/admin/data/delete" target="i">
2    <input type="hidden" name="id" value="1">
3  </form>
4  <iframe style="display:none" name="i"></iframe>
5  <script>
6    document.getElementById('f').submit();
7  </script>
```

在上述代码中，表单的 action 地址用来删除数据，但要删除的数据的 id 必须通过 POST 方式传入，因此第 2 行在表单中使用隐藏域传入要删除的 id。第 6 行使用 JavaScript 代码在页面打开后自动提交表单。为了避免表单提交后的页面跳转引起用户怀疑，通过设置 target 属性将表单提交给 iframe 框架，并将框架隐藏起来。当网站后台用户在已登录状态下浏览了这个页面时，删除数据的操作就已经静默执行了。

以上两种攻击代码之所以能够成立，是因为网站使用 Cookie 保存了已登录用户的 SessionID，Cookie 会在浏览器发送请求时自动携带，而服务器无法分辨当前请求是用户主动发起的还是伪造的。为了解决这个问题，就需要用另外一种手段来验证请求，那就是在请求头、请求字符串或请求体中添加一个令牌。只有令牌验证成功，当前请求才是一个有效的请求。由于令牌是随机生成的，黑客也就无法伪造请求。

接下来在项目中添加令牌验证功能，其开发思路如下。

① 为所有涉及数据添加、修改和删除的操作添加令牌验证，而查询类操作不需要验证。

② 为了方便验证，查询操作统一使用 GET 方式，添加、修改和删除操作统一使用 POST 方式。

③ 当收到 POST 方式的请求时，验证令牌是否有效，如果令牌无效，则不允许继续执行。

④ 当页面打开时，PHP 自动生成一个令牌，保存在 Session 中，用于下次验证。

⑤ 对于普通的表单，使用 PHP 将令牌输出到隐藏域中，下次提交表单时会自动携带令牌。

⑥ 对于 Ajax 请求，PHP 需要先将令牌输出到 HTML 中，当页面打开后，使用 JavaScript 程序获取令牌，将令牌保存，然后在下次的 Ajax 请求中将令牌放在请求头中发送。PHP 在验证令牌后，生成新的令牌，放在响应头中。最后使用 JavaScript 获取响应头中的令牌保存，用来在下次的 Ajax 请求中携带。

需要注意的是，如果令牌是一次性的，这会导致并发的 Ajax 请求出现问题。因此，还有一种方式是稍微降低令牌的安全性，使令牌在一段时间内有效。下面将针对这两种方式分别进行讲解。

1. 基于一次性令牌的验证

一次性令牌主要利用 Request 类的 token()方法来生成，如果当前是 Ajax 请求，它会自动将令牌放入响应头中。在收到令牌后，使用 Validate 类的 token()方法来验证。具体实现步骤如下。

（1）在 Common 控制器文件中导入 Validate 命名空间。

```
1  use think\facade\Validate;
```

（2）修改 Common 控制器的 initialize()方法，具体代码如下。

```
1  public function initialize()
2  {
3      if ($this->request->isPost()) {
4          $token = ['X-CSRF-TOKEN' => $this->request->header('X-CSRF-TOKEN')];
5          if (!Validate::token(null, 'X-CSRF-TOKEN', $token)) {
6              $this->request->token('X-CSRF-TOKEN');
7              $this->error('令牌已过期，请重新提交。');
8          }
9          $token = $this->request->token('X-CSRF-TOKEN');
10     }
11     $this->auth = Auth::getInstance();
12 }
```

在上述代码中，第 3 行用于判断当前是否为 POST 请求，第 4 行用于从请求头中取出令牌，第 5 行用于进行令牌验证，第 6 行和第 9 行用于生成新的令牌。Validate::token()方法的第 1 个参数用不到，第 3 个参数用于传入待验证的数据数组，第 2 个参数表示从数组中将指定键名的元素作为令牌进行验证。其中，X-CSRF-TOKEN 是令牌在请求头和响应头中的自定义名称，可以随意命名。

（3）在 Index 控制器的 login()方法为页面生成需要生成令牌，具体代码如下。

```
1  public function login()
2  {
3      ……（原有代码）
4      $this->assign('token', $this->request->token('X-CSRF-TOKEN'));
5      return $this->fetch();
6  }
```

（4）在 login.html 中修改 main.init()方法，将令牌传入保存，如下所示。

```
1  main.init({token: '{$token}'});
```

（5）在 main.js 中修改 mian 对象，添加一个 token 属性，并在 init()方法中接收传入的参数。

```
1  window.main = {
2    token: '',                      // 保存令牌
3    init: function(opt) {
4      $.extend(this, opt);          // 将传入的 opt 对象合并到自身对象中
5      ……（原有代码）
```

（6）修改 ajaxPost()方法，在请求头中加入令牌，并在收到响应后，保存响应头中的令牌。

```
1  ajaxPost: function(opt, success, error) {
2    ……（原有代码）
3    opt.type = 'POST';
4    opt.headers = opt.headers ? opt.headers : {};    // 确保存在 opt.headers 对象
5    opt.headers['X-CSRF-TOKEN'] = that.token;         // 将令牌放入请求头
6    opt.success = function(data, status, xhr) {
7      that.token = xhr.getResponseHeader('X-CSRF-TOKEN'); // 将响应头中的令牌保存
8      ……（原有代码）
9    };
10   that.ajax(opt, null, error);
11 },
```

（7）通过浏览器访问测试，观察用户登录功能是否会进行令牌验证。为了测试令牌无效的情

况，可以在控制台中执行如下代码，为 main.token 重新赋值，使令牌无效。

```
1  main.token = 'xxx';
```

2．在一段时间内有效的令牌验证

为了使项目支持并发的 Ajax 请求，需要使令牌在一段时间内有效。虽然降低了令牌的安全性，但只要保证令牌不被窃取，依然可以起到防御 CSRF 攻击的作用。具体实现步骤如下。

（1）修改 Common 控制器文件中导入 Validate 类的代码，将其改为导入 Session 类。

```
1  // use think\facade\Validate; // 将这行代码删除或注释起来
2  use think\facade\Session;
```

（2）在 Common 控制器中新增 getToken()方法，用于获取令牌，具体代码如下。

```
1  public function getToken()
2  {
3      $token = Session::get('X-CSRF-TOKEN');
4      if (!$token) {
5          $token = md5(uniqid(microtime(), true));
6          Session::set('X-CSRF-TOKEN', $token);
7      }
8      return $token;
9  }
```

在上述代码中，第 5~6 行用于在令牌不存在时，自动生成令牌，保存在 Session 中。

（3）修改 initialize()方法中的 if 块代码，使用 getToken()方法获取令牌，具体代码如下。

```
1  if ($this->request->isPost()) {
2      $token = $this->getToken();
3      header('X-CSRF-TOKEN: ' . $token);
4      if ($token! == $this->request->header('X-CSRF-TOKEN')) {
5          $this->error('令牌已过期，请重新提交。');
6      }
7  }
```

在上述代码中，第 2 行用于获取令牌，第 3 行用于将令牌放在响应头中发送，第 4 行用于判断请求头中的令牌和 Session 中保存的令牌是否相同，如果不同，则表示令牌无效。

（4）修改 Index 控制器的 login()方法，使用 getToken()方法获取令牌。

```
1  $this->assign('token', $this->getToken());
```

（5）完成上述修改后，通过浏览器访问测试即可。

5.3.7　检测用户是否已经登录

在前面的开发中，已经完成用户登录的功能，但并没有检测当前用户是否已经登录。下面将实现检测用户是否已经登录的功能。如果当前请求的是除登录页面之外的其他页面，则要求用户必须登录才能继续访问，具体实现步骤如下。

（1）在 Auth 类中编写 isLogin()方法，判断 Session 中是否保存了用户 id。

```
1  public function isLogin()
2  {
3      return Session::has($this->sessionName . '.id');
4  }
```

在上述代码中，Session::has()用于判断指定的 Session 是否存在，$this->sessionName 的值为 admin，进行字符串拼接后的结果为“admin.id”，表示 admin 数组中的 id 元素。

（2）在 Common 控制器中判断用户是否已经登录，具体代码如下。

```
1  protected $checkLoginExclude = [];
2  protected function initialize()
3  {
4      ……（原有代码）
5      $controller = $this->request->controller();
6      $action = $this->request->action();
7      if (in_array($action, $this->checkLoginExclude)) {
8          return;
9      }
10     if (!$this->auth->isLogin()) {
11         $this->error('您还没有登录。', 'Index/login');
12     }
13 }
```

在上述代码中，第 1 行在 Common 类中新增了 checkLoginExclude 属性，它是一个排除列表，表示定义在该数组中的方法名将不需要检测用户是否登录。第 5~6 行用户获取当前的控制器和方法名，第 7 行用于判断当前的方法名是否在排除列表中，如果在排除列表中，则不执行后面的代码。第 10 行用于判断用户是否登录，如果结果为 false，则表示没有登录，通过第 11 行代码提示用户并跳转到登录页面。

（3）在 Index 控制器中增加 checkLoginExclude 属性，在列表中添加 login 方法。

```
1  protected $checkLoginExclude = ['login'];
```

（4）通过浏览器访问测试。当访问 http://tpadmin.test/admin 时，如果用户没有登录，就会出现“您还没有登录”的提示信息，并在等待 3 s 后跳转到登录页面。如果已经登录，则显示“登录成功”。

5.3.8 用户退出

用户退出功能的开发非常简单，只要删除 Session 中保存的登录信息，就会被检测为用户没有登录。下面进行代码讲解。

（1）在 Index 控制器中编写 logout()方法，具体代码如下。

```
1  public function logout()
2  {
3      $this->auth->logout();
4      $this->redirect('Index/login');
5  }
```

在上述代码中，第 4 行的 redirect()方法表示重定向，它会向浏览器发送状态码为 301 的响应信息，并在响应头中使用“Location: URL 地址”告知浏览器要跳转的地址。

（2）在 Auth 类中编写 logout()方法，具体代码如下。

```
1  public function logout()
2  {
3      Session::delete($this->sessionName);
4      return true;
5  }
```

上述代码使用 Session::delete()方法删除 Session 中保存的用户登录信息。

（3）通过浏览器访问测试。在确保用户已经登录以后，访问 http://tpadmin.test/admin/index/logout，

浏览器会自动跳转到登录页面。然后访问后台首页 http://tpadmin.test/admin，如果看到“您还没有登录”的提示信息，说明当前用户已经成功退出。

5.4　后台页面搭建

5.4.1　后台布局

后台的页面结构主要分为 3 部分，分别是顶部、菜单和内容区域，如图 5-10 所示。

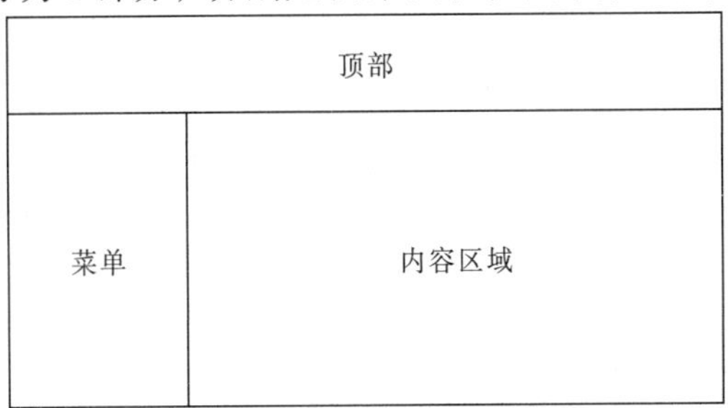

图 5-10　后台布局

在图 5-10 中，当用户单击了菜单中的某一项以后，内容区域就会显示对应的内容。由于顶部和菜单是不变的，只有内容区域发生改变，为此可以开启 ThinkPHP 的模板布局功能，开启后，将页面中的公共部分写在一个单独的布局文件中，然后在布局文件中使用{__CONTENT__}表示内容区域。具体步骤如下。

（1）在 Common 控制器的 initialize()方法中添加代码，启动 layout 布局。

```
1  protected function initialize()
2  {
3      ……（原有代码）
4      $this->view->engine->layout('common/layout');
5      $this->assign('layout_token', $this->getToken());
6  }
```

在上述代码中，第 4 行用于启用模板布局，第 5 行用于将令牌传递给页面。

（2）创建 application/admin/view/common/layout.html 文件，具体代码如下。

```
1  <!DOCTYPE html>
2  <html>
3  <head>
4    <meta charset="utf-8">
5    <meta name="viewport" content="width=device-width, initial-scale=1.0">
6    <link rel="stylesheet" href="__CDN__/twitter-bootstrap/3.4.1/css/bootstrap.min.css">
7    <link rel="stylesheet" href="__CDN__/font-awesome-4.2.0/css/font-awesome.min.css">
8    <link rel="stylesheet" href="__CDN__/toastr.js/2.1.4/toastr.min.css">
9    <link rel="stylesheet" href="__STATIC__/css/main.css">
10   <script src="__CDN__/jquery/1.12.4/jquery.min.js"></script>
11   <script src="__CDN__/twitter-bootstrap/3.4.1/js/bootstrap.min.js"></script>
12   <script src="__CDN__/toastr.js/2.1.4/toastr.min.js"></script>
13   <script src="__STATIC__/js/main.js"></script>
14   <title>后台管理系统</title>
15 </head>
```

```
16 <body>
17   <nav></nav>
18   <script>main.init({token: '{$layout_token}'});</script>
19   <div class="main-container">
20     <div class="main-content">{__CONTENT__}</div>
21     <div class="main-loading" style="display:none">
22       <div class="dot-carousel"></div>
23     </div>
24   </div>
25 </body>
26 </html>
```

在上述代码中，第 6~13 行引入的静态资源与用户登录页面类似，区别在于第 7 行增加了 font-awesome 图标字体库。第 17 行的<nav>标签内用来编写顶部栏和左侧菜单，将在后面的步骤中实现。第 20 行的占位符{__CONTENT__}表示内容区域，在模板解析时会自动替换成页面内容。

（3）修改第 17 行代码，完成顶部栏和左侧菜单的代码，具体如下。

```
1  <nav class="navbar navbar-default navbar-static-top main-nav" role="navigation">
2    <div class="navbar-header">
3      <button type="button" class="navbar-toggle" data-toggle="collapse"
4       data-target=".navbar-collapse">
5       <span class="sr-only">Toggle navigation</span>
6       <span class="icon-bar"></span>
7       <span class="icon-bar"></span>
8       <span class="icon-bar"></span>
9      </button>
10     <div class="navbar-brand">后台管理系统</div>
11   </div>
12   <div class="collapse navbar-collapse">
13     <div class="main-sidebar">
14       <ul class="nav main-menu">
15         <li>
16           <a href="{:url('Index/index')}" class="active">
17             <i class="fa fa-home fa-fw"></i>首页
18           </a>
19         </li>
20       </ul>
21     </div>
22     <!-- 将用户名和退出按钮链接放在大屏幕的顶部右侧-->
23     <ul class="nav navbar-right ">
24       <li><a href="#"><i class="fa fa-user fa-fw"></i>admin</a></li>
25       <li><a href="{:url('Index/logout')}">
26        <i class="fa fa-power-off fa-fw"></i>退出</a></li>
27     </ul>
28   </div>
29 </nav>
```

在上述代码中，第 1 行的 navbar-static-top 表示固定到顶部，第 3~9 行是一个折叠按钮，在大屏幕的设备中不显示，但在小屏幕中，菜单会自动折叠起来，这个折叠按钮就会显示在右上角，单击可以将菜单折叠或展开。第 10 行是菜单栏的标题。第 13~21 行是菜单内容，第 23~27 行是用户名和退出的按钮链接。

（4）修改 Index 控制器的 index()方法，具体代码如下。

```
1  public function index()
2  {
3      return $this->fetch();
4  }
```

（5）创建 application/admin/view/index/index.html 文件，具体代码如下。

```
1  <div>后台首页</div>
```

（6）通过浏览器访问测试，运行结果如图 5-11 所示。

图 5-11　后台布局

5.4.2　后台首页

在本项目中，后台首页用来显示服务器信息，包括系统环境、ThinkPHP 版本、MySQL 版本、服务器时间、文件上传限制，以及脚本执行时限。具体实现步骤如下。

（1）修改 Index 控制器的 index()方法，获取服务器信息，传递到页面中。

```
1  public function index(App $app)
2  {
3      $this->assign('server_info', [
4          'server_version' => $this->request->server('SERVER_SOFTWARE'),
5          'thinkphp_version' => $app->version(),
6          'mysql_version' => $this->getMySQLVer(),
7          'server_time' => date('Y-m-d H:i:s', time()),
8          'upload_max_filesize' => ini_get('file_uploads') ?
9           ini_get('upload_max_filesize') : '已禁用',
10         'max_execution_time' => ini_get('max_execution_time') . '秒'
11     ]);
12     return $this->fetch();
13 }
14 private function getMySQLVer()
15 {
16     $res = Db::query('SELECT VERSION() AS ver');
17     return isset($res[0]) ? $res[0]['ver'] : '未知';
18 }
```

在上述代码中，第 14 行的 getMySQLVer()方法用于获取 MySQL 版本。由于第 1 行和第 16 行分别用到了 App 类和 Db 类，需要导入命名空间，如下所示。

```
1  use think\App;
2  use think\Db;
```

（2）修改 application/admin/view/index/index.html 文件，具体代码如下。

```
1  <div>
2    <div class="main-title"><h2>首页</h2></div>
3    <div class="main-section">
4    <div class="panel panel-default">
```

```
5         <div class="panel-heading">欢迎访问</div>
6         <div class="panel-body">欢迎进入后台管理系统！</div>
7       </div>
8       <div class="panel panel-default">
9         <div class="panel-heading">服务器信息</div>
10        <ul class="list-group">
11          <li class="list-group-item">系统环境：{$server_info.server_version}</li>
12          <li class="list-group-item">ThinkPHP 版本：{$server_info.thinkphp_version}</li>
13          <li class="list-group-item">MySQL 版本：{$server_info.mysql_version}</li>
14          <li class="list-group-item">服务器时间：{$server_info.server_time}</li>
15          <li class="list-group-item">文件上传限制：{$server_info.upload_max_filesize}</li>
16          <li class="list-group-item">脚本执行时限：{$server_info.max_execution_time}</li>
17        </ul>
18      </div>
19    </div>
20  </div>
```

5.4.3 后台菜单

网站后台的菜单一般分为单层项和双层项，双层项可以展开和收起。在前面的开发中，首页就是一个单层项。接下来在首页下面增加一个双层项，利用 JavaScript 实现展开和收起的效果，具体步骤如下。

（1）修改 application/admin/view/common/layout.html 文件，在首页下面增加双层项，如下所示。

```
1  <li>
2    <a href="{:url('Index/index')}" class="active">
3      <i class="fa fa-home fa-fw"></i>首页
4    </a>
5  </li>
6  <!-- 双层项 -->
7  <li class="main-sidebar-collapse">
8    <a href="#" class="main-sidebar-collapse-btn">
9      <i class="fa fa-cog fa-fw"></i>设置
10     <span class="fa main-sidebar-arrow"></span>
11   </a>
12   <ul class="nav">
13     <li><a href="#"><i class="fa fa-cog fa-fw"></i>设置 1</a></li>
14     <li><a href="#"><i class="fa fa-cog fa-fw"></i>设置 2</a></li>
15   </ul>
16 </li>
```

在上述代码中，第 2 行 class 值为 active 表示该项为选中状态，即当前页面为首页。第 3 行的 i 标签是菜单图标。第 7 行 class 值为 main-sidebar-collapse 表示这是一个被收起来的双层项。第 8 行 class 值为 main-sidebar-collapse-btn 表示这个连接用来展开或收起子菜单。第 10 行的 span 元素是双层项的右侧小箭头，“<”表示收起，当展开时，利用 CSS 将该字符向左旋转 90°，使箭头朝下。第 13~14 行是子菜单，当“设置”被展开后，就会出现“设置 1”和“设置 2”两项。

（2）修改 public/static/admin/js/main.js 文件，编写一个 layout()方法，具体代码如下。

```
1  layout: function() {
2    $('.main-sidebar-collapse-btn').click(function() {
3      $(this).parent().find('.nav').slideToggle(200);
4      $(this).parent().toggleClass('main-sidebar-collapse').siblings().
```

```
5       addClass('main-sidebar-collapse').find('.nav').slideUp(200);
6      return false;
7    });
8  },
```

在上述代码中，第 3 行用于实现双层项的展开和收起，第 4~5 行用于切换菜单的显示效果，并将除自身以外的其他双层项收起。

（3）修改 layout.html，在 body 标签结束前的位置调用 layout()方法，如下所示。

```
1  <script>main.layout();</script>
```

5.4.4 Ajax 交互

当用户在左侧菜单中单击某一项时，就会在内容区域显示对应的内容。为了更好的用户体验，内容区域将会通过 Ajax 进行加载，并且在加载成功后，更新 URL。具体实现思路如下。

（1）在 Common 控制器的 initialize()方法中判断当前请求是否为 Ajax 请求，如果是 Ajax 请求，只返回内容区域，如果不是 Ajax 请求，则返回完整页面。

（2）在 mian.js 中编写 content()方法，用来从指定 URL 加载内容，更新内容区域。

（3）为菜单中的链接绑定单击事件，在单击后，调用 content()方法加载指定 URL 的内容。

在分析了实现思路后，下面开始进行代码编写，具体步骤如下。

（1）修改 Common 控制器的 initialize()方法，将该方法的最后两行代码放入 if 块中，用 if 判断当前是否不是 Ajax 请求，只有不是 Ajax 请求，才执行操作。如下所示。

```
1  if (!$this->request->isAjax()) {
2      $this->view->engine->layout('common/layout');
3      $this->assign('layout_token', $this->getToken());
4  }
```

（2）在 main.js 中增加 content()方法，具体代码如下。

```
1  content: function(url, success) {
2    var $content=$('.main-content');
3    this.ajax(url, function(data) {
4      $content.html(data);
5      $content.parents('.main-container').animate({scrollTop: '0px'}, 'fast');
6      window.history.pushState(null, null, url);
7      success && success(data);
8    });
9  },
```

在上述代码中，第 2 行用于获取待替换的内容区域对象，第 4 行用于将服务器返回的结果替换到内容区域中，第 5 行用于使内容区域以动画效果滚动到顶部，第 6 行用于更新 URL 地址，第 7 行用于执行回调函数。

（3）在使用 pushState()方法更新 URL 地址后，当用户执行后退操作时，页面不会发生改变。为了解决这个问题，下面在 init()方法中编写代码，在触发 popstate 事件时刷新页面，具体代码如下。

```
1  init: function(opt) {
2    ……（原有代码）
3    $(window).on('popstate', function () {
4      window.location.reload();
5    });
6    return this;
7  },
```

（4）修改 main.js 中的 layout()方法，为菜单中的链接绑定单击事件，具体代码如下。

```
1  layout: function() {
2    var that = this;
3    ……（原有代码）
4    var $menuLink = $('.main-menu a');
5    $menuLink.click(function () {
6      toastr.clear();
7      var $this = $(this);
8      if($this.hasClass('main-sidebar-collapse-btn')) {
9        return false;
10     }
11     that.content($this.attr('href'), function () {
12       $menuLink.removeClass('active');
13       $this.addClass('active');
14       $this.parents('.collapse').collapse('hide');
15     });
16     return false;
17   });
18 }
```

在上述代码中，第 6 行用于在加载前先清除页面中的提示信息，第 8~10 行用于排除含有子菜单的链接，第 11~15 行用于更新内容区域，其中，第 14 行用于在小屏幕中将整个菜单折叠起来，第 16 行用于阻止链接本身的页面跳转。

（5）修改 layout.html，为菜单中的设置 1 和设置 2 添加 URL 地址，如下所示。

```
1  <ul class="nav">
2    <li><a href="{:url('test1')}"><i class="fa fa-cog fa-fw"></i>设置 1</a></li>
3    <li><a href="{:url('test2')}"><i class="fa fa-cog fa-fw"></i>设置 2</a></li>
4  </ul>
```

（6）修改 Index 控制器 test1()和 test2()方法的返回结果为$this->fetch，如下所示。

```
1  public function test1()
2  {
3      return $this->fetch();
4  }
5  public function test2()
6  {
7      return $this->fetch();
8  }
```

（7）编写 application/admin/view/index/test1.html 文件，具体代码如下。

```
1  <div>设置 1</div>
```

（8）编写 application/admin/view/index/test2.html 文件，具体代码如下。

```
1  <div>设置 2</div>
```

（9）通过浏览器访问测试，分别单击设置 1 和设置 2，观察内容区域是否会发生改变。在测试完成后，将 Index 控制器的 test1()、test2()方法以及相应的模板文件删除即可。

本章小结

本章重点讲解了后台管理系统的搭建、模型的使用、登录功能的开发、页面菜单的创建以及 Ajax 交互。通过对本章的学习，读者应理解后台管理系统的目录结构，能够使用模型对数据库进行操作，学会开发后台用户登录和菜单等功能，能够将页面制作、前后端交互、数据库操作、远程调试、安全防护等多方面的技术融会贯通，具备对整个项目的研发能力。

课后练习

一、填空题

1. ThinkPHP 5 中提供了________工具用来进行数据库迁移。
2. 数据库配置文件中 resultset_type 设置成________返回的查询结果是数据集对象。
3. 验证码扩展提供的________函数可以生成验证码图片，返回图片的地址在页面中显示。
4. 开启远程调试后，需要借助________服务器来远程查看 Ajax 请求返回的信息。
5. 使用________技术可以防止一个表单被重复提交，以及防御 CSRF 攻击。

二、判断题

1. 模型默认会对应一个数据表，也有可能会对应多个。（　　）
2. 在模型中，默认是对应和模型名一致的数据表，也可单独指定数据表。（　　）
3. 表单验证主要是验证输入的内容是否符合要求。（　　）
4. 远程调试可以方便查看 Ajax 执行后的结果。（　　）
5. 表单令牌有效期是永久性的，所以不需要去主动获取。（　　）

三、选择题

1. 模型类提供的（　　）方法可获取所有数据。
   A. get()　　B. all()　　C. select()　　D. update()
2. ThinkPHP 框架中，（　　）方法用来查询数据。
   A. get()　　B. find()　　C. select()　　D. 以上选项都正确
3. 以下说法正确的是（　　）。
   A. 表单验证需要有服务器和 js 的双向验证
   B. 验证主要为了保证数据符合规范和数据正确性
   C. 表单验证可以防止黑客的恶意攻击
   D. 以上说法都正确
4. 下面关于令牌验证的说法正确的是（　　）。
   A. 防止数据的非法访问　　B. 防止表单重复提交
   C. 保证系统的正常运行　　D. 以上说法都正确
5. 下列选项中，（　　）是数据集提供的处理方法。
   A. reverse()　　B. empty()　　C. array_shift()　　D. array_sort()

四、简答题

1. 请列举模型中常用的增、删、改、查方法。
2. 请列出几个数据集中常用的方法。

五、程序题

1. 请使用模型类实现对一个新数据表的增、删、改、查操作。
2. 请使用数据库迁移工具创建一张测试用的数据表并填充数据。

第 6 章 基于角色的访问控制

学习目标

◎ 掌握菜单管理、角色管理、权限管理、用户管理功能的开发。

◎ 掌握基于角色的访问控制的实现原理。

◎ 掌握 ThinkPHP 关联模型的使用。

基于角色的访问控制（Role-Based Access Control，RBAC）是在后台管理系统中非常实用的一种访问控制的方式。在实际项目中，后台的用户可能有多个，要想让不同的用户拥有不同的权限，就要为每个用户分配权限。如果直接将权限分配给用户，不仅操作起来麻烦，还容易出现问题，不利于管理。为此，如果先创建一些角色，将权限分配给角色，再将角色分配给用户，这样就能很方便地将同一套权限规则赋予多个用户，极大地简化了权限的管理。本章将针对 RBAC 的实现进行详细讲解。

6.1 菜 单 管 理

在前面的开发中，后台左侧菜单是直接写在页面中的，管理起来较为不便。为了更好地对菜单进行管理，可以将菜单相关的数据保存到数据库中，然后在项目中开发一套菜单管理功能，对菜单进行增加、删除、修改、查询等操作。本节将会讲解菜单管理功能的具体实现。

6.1.1 创建数据表

后台的菜单项有两种类型：一种是单层项，一种是双层项。单层项表示该功能只需要一个控制器就能实现，而多层项表示该功能需要多个控制器，每个控制器负责一些子功能。下面对菜单的数据结构进行分析，将其转换为可以保存在数据库中的数据，如表 6-1 所示。

表 6-1 菜单数据表

id	pid	名 称	图 标	控 制 器	排 序
1	0	首页	home	index	1
2	0	设置	cog	admin	99
3	2	菜单管理	list	admin.menu	1
4	2	角色管理	list-alt	admin.role	2
5	2	权限管理	tasks	admin.permission	3
6	2	用户管理	comments	admin.user	4

在表 6-1 中，pid 表示上级菜单项的 id，如“菜单管理”是“设置”的子项，所以 pid 为 2。如果 pid 为 0，表示该项没有上级菜单。图标表示该项使用的图标。控制器表示该项指向哪个控制器，当菜单打开时将会请求控制器的 index()方法。由于菜单有两个层级，因此控制器使用了多级控制器的方式，如“admin.menu”表示 application/admin/controller/admin 目录下的 Menu 控制器。

在分析了菜单数据表后，下面开始将数据表创建出来，具体步骤如下。

（1）在终端中执行如下命令，创建数据表迁移文件。

```
php think migrate:create AdminMenu
```

（2）在新创建的迁移文件中编写 change()方法，具体代码如下。

```
1  public function change()
2  {
3      $table = $this->table('admin_menu',
4          ['engine' => 'InnoDB', 'collation' => 'utf8mb4_general_ci']);
5      $table->addColumn('pid', 'integer',
6          ['null' => false, 'default' => 0, 'comment' => '上级 id'])
7        ->addColumn('name', 'string',
8          ['limit' => 32, 'null' => false, 'default' => '', 'comment' => '名称'])
9        ->addColumn('icon', 'string',
10         ['limit' => 32, 'null' => false, 'default' => '', 'comment' => '图标'])
11       ->addColumn('controller', 'string',
12         ['limit' => 32, 'null' => false, 'default' => '', 'comment' => '控制器'])
13       ->addColumn('sort', 'integer',
14         ['null' => false, 'default' => 0, 'comment' => '排序值'])
15       ->addTimestamps()
16       ->create();
17 }
```

（3）执行如下命令，进行数据库迁移。

```
php think migrate:run
```

（4）执行如下命令，创建数据填充文件。

```
php think seed:create AdminMenu
```

（5）在新创建的数据填充文件中编写 run()方法，具体代码如下。

```
1  public function run()
2  {
3      $this->table('admin_menu')->insert([
4          ['id' => 1, 'pid' => 0, 'name' => '首页', 'icon' => 'home',
5           'controller' => 'index', 'sort' => 1],
6          ['id' => 2, 'pid' => 0, 'name' => '设置', 'icon' => 'cog',
7           'controller' => 'admin', 'sort' => 99],
8          ['id' => 3, 'pid' => 2, 'name' => '菜单管理', 'icon' => 'list',
9           'controller' => 'admin.menu', 'sort' => 1],
10         ['id' => 4, 'pid' => 2, 'name' => '角色管理', 'icon' => 'list-alt',
11          'controller' => 'admin.role', 'sort' => 2],
12         ['id' => 5, 'pid' => 2, 'name' => '权限管理', 'icon' => 'tasks',
13          'controller' => 'admin.permission', 'sort' => 3],
14         ['id' => 6, 'pid' => 2, 'name' => '用户管理', 'icon' => 'comments',
15          'controller' => 'admin.user', 'sort' => 4]
16     ])->save();
17 }
```

（6）执行如下命令，进行数据填充。

```
php think seed:run -s AdminMenu
```

6.1.2 菜单展示

1. Tree 类

菜单是一种树形的结构，菜单项之间存在上下级关系。在项目开发中，树形结构是十分常见的，如多级分类、多级目录等。为了方便在项目中处理树形结构，可以专门编写一个 Tree 类，该类的设计思想类似数据集类，都是提供一些常用的方法，来对数据进行处理。Tree 类是一个公共的类，在项目的各个模块中都有可能用到，因此可以将该类保存在 common 模块的 library 目录中，路径为 application/common/library。

在 ThinkPHP 中，common 是一个公共模块，它默认是阻止对外访问的，因此在 common 模块中可以保存各个模块之间通用的一些代码。打开 config/app.php 配置文件，可以看到在 deny_module_list（阻止访问的模块列表）数组中已经添加了 common。如果希望其他模块也禁止访问，可以添加到这个数组中。

接下来在 application/common/library 目录中创建 Tree.php 文件，具体代码如下。

```
1   <?php
2   namespace app\common\library;
3   
4   class Tree
5   {
6       protected $idName = 'id';
7       protected $pidName = 'pid';
8       protected $subName = 'sub';
9       protected $data = [];
10      public function __construct(array $data = [])
11      {
12          $this->data($data);
13      }
14      public function data(Array $data = [])
15      {
16          $this->data = $data;
17          return $this;
18      }
19      public function getData()
20      {
21          return $this->data;
22      }
23      public function getTree()
24      {
25          return $this->tree($this->data);
26      }
27      public function tree($data, $pid = 0)
28      {
29          $result = [];
30          foreach ($data as $v) {
31              if ($v[$this->pidName] === $pid) {
```

```
32                $sub = $this->tree($data, $v[$this->idName]);
33                $v[$this->subName] = $sub;
34                $result[] = $v;
35            }
36        }
37        return $result;
38    }
39 }
```

在上述代码中，tree()方法用于递归将数据库查询到的二维数组转换为多层嵌套的数组，在每一项数组中，使用 sub 元素表示子元素数组。

2. 封装 Menu 类

Tree 类专门负责树形结构数据的处理，但由于菜单还需要一些特殊处理，因此再编写一个 Menu 类，它继承 Tree 类，提供 getTree()方法，用于获取整理后的数组。由于 Menu 类不属于公共类，因此不需要写在 common 模块中，而是写在 admin 模块中。下面讲解 Menu 类的具体实现。

创建 application/admin/library/Menu.php 文件，具体代码如下。

```
1  <?php
2  namespace app\admin\library;
3
4  use app\common\library\Tree;
5
6  class Menu extends Tree
7  {
8      public function getTree($curr = '')
9      {
10         $data = $this->data;
11         foreach($data as $k => $v) {
12             $data[$k]['curr'] = $this->isCurr($v['controller'], $curr);
13         }
14         return $this->tree($data, 0);
15     }
16     protected function isCurr($test, $curr)
17     {
18         return($test === $curr) ||
19           ($test . '.' === substr($curr, 0, strlen($test)+1));
20     }
21 }
```

在上述代码中，getTree()方法用于获取整理后的菜单数组，其参数$curr 表示当前控制器，用来将当前控制器对应的菜单项设为选中效果。第 16 行的 isCurr()方法用于判断菜单的控制器$test 是否为当前控制器$curr，在判断时，如果当前控制器属于子项（如 admin.menu），则对其父项也会返回 true。

3. 查询菜单数据

在完成了 Tree 类和 Menu 类的代码编写后，下面开始实现菜单数据的查询。在前面的开发中，查询数据习惯使用模型的 get()静态方法，它返回的是数据集，而菜单数据希望返回的是继承了 Tree 类的 Menu 类的实例，因此，可以在模型类中定义一个 tree()静态方法，专门用来获取所需的实例。

创建 application/admin/model/AdminMenu.php 文件，具体代码如下。

```
1  <?php
2  namespace app\admin\model;
3
4  use app\admin\library\Menu;
5  use think\Model;
6
7  class AdminMenu extends Model
8  {
9      public static function tree()
10     {
11         $data = self::order('sort', 'asc')->select()->toArray();
12         return new Menu($data);
13     }
14 }
```

在上述代码中，静态方法 tree()用于查询菜单数据，返回 Menu 类的实例。

4．输出菜单

由于在后面的开发中，将会根据不同用户拥有的权限显示不同的菜单，因此，需要将查询菜单数据的代码写在 Auth 类中。关于菜单的权限控制将会在 6.5.2 小节进行讲解，这里仅实现菜单数据的查询。

（1）在 Auth 类文件中导入 AdminMenu 模型的命名空间，具体代码如下。

```
1  use app\admin\model\AdminMenu as MenuModel;
```

（2）在 Auth 类中编写 menu()方法，用于获取菜单数据，具体代码如下。

```
1  public function menu($controller)
2  {
3      return MenuModel::tree()->getTree(strtolower($controller));
4  }
```

在上述代码中，$controller 表示当前控制器的名称，用来传给 getTree()方法使用。

（3）修改 Common 类中的 initialize()方法，将获取到的菜单数据放入模板中，具体代码如下。

```
1  if(!$this->request->isAjax()) {
2      $this->view->engine->layout('common/layout');
3      $this->assign('layout_menu', $this->auth->menu($controller)); // 新增代码
4      ……（原有代码）
5  }
```

（4）在 layout.html 中删除原来的“首页”和“设置”菜单项，重新编写如下代码。

```
1  {foreach $layout_menu as $v}
2    <li class="{if $v.sub && !$v.curr}main-sidebar-collapse{/if}">
3      <a href="{:url('admin/'.$v.controller.'/index')}"
4       class="{if $v.sub}main-sidebar-collapse-btn{else}{if $v.curr}active{/if}{/if}"
5       data-name="{$v.controller}">
6        <i class="fa fa-{$v.icon} fa-fw"></i>{$v.name}
7        {if $v.sub}<span class="fa main-sidebar-arrow"></span>{/if}
8      </a>
9      {if $v.sub}
10       <ul class="nav">
11         {foreach $v.sub as $vv}
12           <li>
```

```
13            <a href="{:url('admin/'.$vv.controller.'/index')}" class="{if $vv.curr}
14             active{/if}" data-name="{$vv.controller}">
15             <i class="fa fa-{$vv.icon} fa-fw"></i>{$vv.name}
16            </a>
17          </li>
18        {/foreach}
19      </ul>
20    {/if}
21  </li>
22 {/foreach}
```

在上述代码中，第 2 行的“if $v.sub && ! $v.curr”用于判断$v.sub 数组不为空且$v.curr 为 false，如果判断成立，表示这个菜单存在子项并且非当前选中项，此时设置 class 为 main-sidebar-collapse 表示该项是一个已经收起来的双层项。第 3 行输出了菜单项的链接，地址为 admin 模块$v.controller 控制器的 index 操作。在第 4 行的 class 中，main-sidebar-collapse-btn 用来为链接添加展开和收起的图标“<”，active 用来将该项显示为选中效果。第 5 行添加了 data-name 属性，该属性用来根据控制器名称查找对应的菜单项。第 9~20 行用于输出子项。

（5）在 main.js 中增加 menuActive()方法，用来将指定菜单项设为选中效果，具体代码如下。

```
1 menuActive: function(name) {
2   var menu = $('.main-menu');
3   menu.find('a').removeClass('active');
4   menu.find('a[data-name=\'' + name + '\']').addClass('active');
5 },
```

（6）在浏览器的控制台中执行如下代码进行测试。

```
main.menuActive('index');          // 将“首页”设为选中效果
main.menuActive('admin.menu');     // 将“菜单管理”设为选中效果
main.menuActive('admin.role');     // 将“角色管理”设为选中效果
```

6.1.3 菜单列表

当用户在菜单中单击“菜单管理”后，就会打开菜单列表页面，在该页面中可以对菜单进行管理。下面开始编写菜单列表页面，具体步骤如下。

（1）在 Tree 类中编写 treeList()和 getTreeList()方法，用于递归整理数组，记录每一项的层级数。

```
1  protected $levelName = 'level';
2  public function treeList($data, $pid = 0, $level = 0, &$tree = [])
3  {
4      foreach ($data as $v) {
5          if ($v[$this->pidName] == $pid) {
6              $v[$this->levelName] = $level;
7              $tree[] = $v;
8              $this->treeList($data, $v['id'], $level+1, $tree);
9          }
10     }
11     return $tree;
12 }
13 public function getTreeList()
14 {
15     return $this->treeList($this->data);
16 }
```

在上述代码中，第 6 行用于保存菜单项的层级，一级菜单项的层级为 0，二级菜单项的层级为 1。

（2）创建 application/admin/controller/admin/Menu.php 文件，具体代码如下。

```
1  <?php
2  namespace app\admin\controller\admin;
3  
4  use app\admin\model\AdminMenu as MenuModel;
5  use app\admin\controller\Common;
6  
7  class Menu extends Common
8  {
9      public function index()
10     {
11         $menu = MenuModel::tree()->getTreeList();
12         $this->assign('menu', $menu);
13         return $this->fetch();
14     }
15 }
```

（3）创建 application/admin/view/admin/menu/index.html 文件，具体代码如下。

```
1  <div>
2    <div class="main-title"><h2>菜单管理</h2></div>
3    <div class="main-section">
4      <a href="{:url('edit')}" class="btn btn-success">+ 新增</a>
5    </div>
6    <div class="main-section">
7      <form method="post" action="{:url('sort')}" class="j-form">
8        <table class="table table-striped table-bordered table-hover">
9          <thead>
10           <tr>
11             <th width="55">序号</th><th>名称</th><th>图标</th>
12             <th>控制器</th><th width="100">操作</th>
13           </tr>
14         </thead>
15         <tbody>
16           {foreach $menu as $v}
17             <!-- 输出菜单列表，在下一步实现 -->
18           {/foreach}
19           {if empty($menu)}
20             <tr><td colspan="5" class="text-center">还没有添加项目</td></tr>
21           {/if}
22         </tbody>
23       </table>
24       <input type="submit" value="改变排序" class="btn btn-primary">
25     </form>
26   </div>
27 </div>
```

（4）在 foreach 中输出菜单列表，具体代码如下。

```
1  <tr>
```

```
2     <td>
3       <input type="text" class="form-control j-sort" maxlength="5" value="{$v.sort}"
4        data-name="sort[{$v.id}]" style="height:25px;font-size:12px;padding:0 5px;">
5     </td>
6     <td><small class="text-muted">{if $v.level} ├──{/if}</small> {$v.name}</td>
7     <td>{$v.icon}</td>
8     <td>{$v.controller}</td>
9     <td>
10      <a href="{:url('edit', ['id' => $v.id])}" style="margin-right:5px;">编辑</a>
11      <a href="#" class="text-danger">删除</a>
12    </td>
13  </tr>
```

（5）通过浏览器访问测试，页面效果如图 6-1 所示。

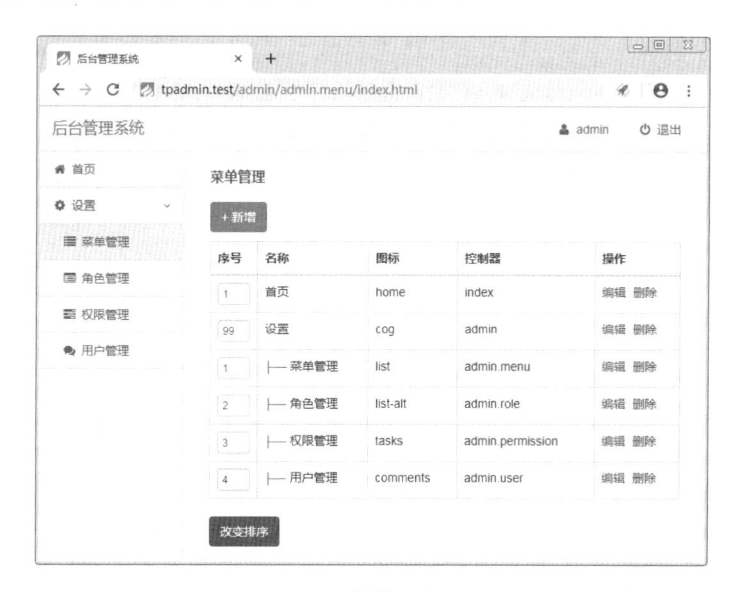

图 6-1　菜单列表页面

（6）在页面底部编写 JavaScript 代码，将页面中的表单转换为 Ajax 表单，具体代码如下。

```
1  <script>
2    main.ajaxForm('.j-form', function() {
3      main.contentRefresh();
4    });
5    $('.j-sort').change(function() {
6      $(this).attr('name', $(this).attr('data-name'));
7    });
8  </script>
```

在上述代码中，第 3 行的 contentRefresh()方法用于刷新内容区域，该方法在下一步编写。第 5 行为序号文本框绑定了 change()事件，用于在文本框的值发生变化时，添加 name 属性。

（7）在 main.js 文件中编写 contentRefresh()方法，具体代码如下。

```
1  contentRefresh: function(success) {
2    var url = window.location.href;
3    var $content = $('.main-content');
4    this.ajax({url: url}, function(data) {
```

```
5       $content.html(data);
6       success && success(data);
7     });
8   },
```

（8）在 Menu 控制器中编写 sort 方法，用于实现保存菜单的排序值，具体代码如下。

```
1  public function sort()
2  {
3      $sort = $this->request->post('sort/a', []);
4      $data = [];
5      foreach ($sort as $k=>$v) {
6          $data[] = ['id' => (int)$k, 'sort' => (int)$v];
7      }
8      $menu = new MenuModel;
9      $menu->saveAll($data);
10     $this->success('改变排序成功。');
11 }
```

（9）通过浏览器访问测试，改变菜单项的排序值，观察运行结果。在正常情况下，值较小的菜单项将排在前面，值较大的菜单项排在后面。需要注意的是，由于 Ajax 是局部更新，当提交表单后，只有菜单列表页面会发生改变，而左侧菜单不受影响。只有当用户手动刷新页面时，左侧菜单才会更新。

6.1.4 菜单添加和修改

当用户在菜单列表页面中单击新增或编辑链接时，就会打开菜单的添加或修改页面。菜单的添加和修改页面的基本结构是相同的，区别在于菜单添加页面是一个空表单，而菜单修改页面会显示已有的内容。下面开始讲解菜单添加和修改功能的具体实现。

（1）在用户单击了内容区域的链接后，默认情况下会发生页面跳转，而不是通过 Ajax 局部更新内容区域。为了实现 Ajax 局部更新，下面在 main.js 的 layout()方法中为链接绑定单击事件，具体代码如下。

```
1  layout: function() {
2    ……（原有代码）
3    $('.main-content').on('click', 'a:not([target])', function() {
4      that.content($(this).attr('href'));
5      return false;
6    });
7  }
```

（2）在 Menu 控制器中增加 edit()方法，具体代码如下。

```
1  public function edit()
2  {
3      $id = $this->request->param('id/d', 0);
4      $data = ['pid' => 0, 'name' => '', 'icon' => '', 'controller' => '', 'sort' => 0];
5      if ($id) {
6          if (!$data = MenuModel::get($id)) {
7              $this->error('记录不存在。');
8          }
9      }
10     $menu = MenuModel::tree()->getTreeList();
```

```
11     $this->assign('menu', $menu);
12     $this->assign('data', $data);
13     $this->assign('id', $id);
14     return $this->fetch();
15 }
```

在上述代码中，当 edit()方法接收的参数$id 的值为 0 时，表示当前操作为新增，当$id 的值不为 0 时，表示当前操作为编辑。

（3）创建 application/admin/view/admin/menu/edit.html 文件，具体代码如下。

```
1  <div>
2    <div class="main-title"><h2>{if $id}编辑{else}新增{/if}菜单</h2></div>
3    <div class="main-section">
4      <form method="post" action="{:url('save')}" class="j-form">
5        <ul class="form-group form-inline">
6          <li>
7            <input type="text" class="form-control" maxlength="5" name="sort"
8             value="{$data.sort}" style="width:50px;"> <label>序号</label>
9          </li>
10         <li>
11           <select name="pid" class="form-control" style="min-width:196px;">
12             <option value="0">---</option>
13             {foreach $menu as $v}
14               {if $v.level===0 && $v.id!==$id}
15                 <option value="{$v.id}" {if $v.id===$data.pid}selected{/if}>{$v.name}
16                 </option>
17               {/if}
18             {/foreach}
19           </select>
20           <label>上级菜单</label>
21         </li>
22         <li>
23           <input type="text" class="form-control" name="name" value="{$data.name}"
24            required> <label>名称</label>
25         </li>
26         <li>
27           <input type="text" class="form-control" name="icon" value="{$data.icon}"
28            required> <label>图标</label>
29         </li>
30         <li>
31           <input type="text" class="form-control" name="controller"
32            value="{$data.controller}" required> <label>控制器</label>
33         </li>
34         <li>
35           <input type="hidden" name="id" value="{$id}">
36           <input type="submit" value="提交表单" class="btn btn-primary">
37           <a href="{:url('index')}" class="btn btn-default">返回列表</a>
38         </li>
39       </ul>
40     </form>
41   </div>
```

```
42 </div>
43 <script>
44   main.ajaxForm('.j-form', function() {
45     main.content("{:url('index')}");
46   });
47 </script>
```

在上述代码中，第 14 行在输出下拉菜单时，排除了当前编辑的菜单项 id 和输出的菜单项 id 相同的情况，这是为了阻止用户将上级菜单项设为当前编辑的菜单项，也就是避免出现循环引用的情况。

（4）通过浏览器访问测试，新增菜单页面的显示效果如图 6-2 所示。

图 6-2　新增菜单页面

（5）在 Menu 控制器中编写 save()方法，用于接收表单数据，具体代码如下。

```
1  public function save()
2  {
3      $id = $this->request->post('id/d', 0);
4      $data = [
5          'pid' => $this->request->post('pid/d', 0),
6          'sort' => $this->request->post('sort/d', 0),
7          'name' => $this->request->post('name/s', ''),
8          'icon' => $this->request->post('icon/s', '', 'trim'),
9          'controller' => $this->request->post('controller/s', '', 'trim')
10     ];
11     if ($id) {
12         MenuModel::get($id)->save($data);
13         $this->success('修改成功。');
14     }
15     MenuModel::create($data);
16     $this->success('添加成功。');
17 }
```

（6）在 admin_menu 数据表中有 create_time 和 update_time 字段，这两个字段的值可以通过 ThinkPHP 来自动写入。创建 application/admin/config/database.php 文件，编写如下代码。

```
1  <?php
```

```
2  return [
3      'auto_timestamp' => 'timestamp',
4  ];
```

在上述代码中，auto_timestamp 用于开启自动写入时间戳，timestamp 表示字段类型为时间戳。

（7）通过浏览器访问测试，观察菜单添加和修改功能是否可以正确执行。

6.1.5 表单验证

在将菜单的添加和修改的基本功能实现后，下面再来增加表单验证功能。在进行表单验证时，除了验证数据的基本格式，还要验证 pid 值是否合法，确保 pid 值是一个真实存在的菜单项，并且是一级菜单项，在修改场景下不能和自身 id 值相等。虽然 pid 值是用户在下拉菜单中选中的，在输出下拉菜单时就已经将非法值去掉了，但是在接收表单时，还是需要再验证一次，以保证安全性。为了让读者更直观地认识到验证 pid 字段的必要性，下面介绍两种故意提交非法值的方式，分析其产生的后果。

（1）用户在浏览器中打开两个标签页，在第 1 个标签页中打开新增菜单页面，然后在第 2 个标签页中将菜单项中的“首页”的上级菜单改为“设置”。此时“首页”就是“设置”下面的一个二级菜单项，但第 1 个标签页中的“首页”仍然显示为一级菜单项，如果用户选择“首页”作为上级菜单提交表单，那么这个新增的菜单项就成了三级菜单项，超出了系统限制。还有一种情况是，如果用户在第 2 个标签页中删除了“首页”，那么在第 1 个标签页中新增的菜单项就成了孤儿节点，无法通过父节点找到它。

（2）在浏览器中打开新增菜单的页面后，在开发者工具的 Elements 面板中找到下拉菜单的页面结构，将“首页”的 option 标签的 value 属性值改为 999。由于数据表中并没有 id 为 999 的记录，此时选择“首页”作为上级菜单，就相当于新增了一个孤儿节点的菜单项。

由此可见，对于服务器而言，不能相信任何来自客户端提交的数据，所有的数据都需要验证后，才能保存到数据库中。接下来，开始进行表单验证功能的开发，具体步骤如下。

（1）创建 application/admin/validate/AdminMenu.php 文件，编写 AdminMenu 验证器。

```
1   <?php
2   namespace app\admin\validate;
3
4   use app\admin\model\AdminMenu as MenuModel;
5   use think\Validate;
6
7   class AdminMenu extends Validate
8   {
9       protected $rule = [
10          'name' => 'require|max:32',
11          'icon' => 'require|max:32',
12          'controller' => 'require|max:32',
13          'sort' => 'number',
14          'pid' => 'number',
15      ];
16      protected $message = [
17          'name.require' => '名称不能为空',
18          'name.max' => '名称不能超过 32 个字符',
19          'icon.require' => '图标不能为空',
```

```
20          'icon.max' => '图标不能超过 32 个字符',
21          'controller.require' => '控制器不能为空',
22          'controller.max' => '控制器不能超过 32 个字符',
23          'sort.number' => '排序值必须是数字',
24          'pid.different' => '不能选择自己作为上级菜单'
25      ];
26      public function sceneInsert()
27      {
28          return $this->append('pid', 'checkPidIsTop');
29      }
30      public function sceneUpdate()
31      {
32          return $this->append('pid', 'checkPidIsTop')->append('pid', 'different:id');
33      }
34      public function checkPidIsTop($value, $rule)
35      {
36          if ($value! == 0) {
37              if (!$data = MenuModel::field('pid')->get($value)) {
38                  return '上级菜单不存在';
39              }
40              if ($data->pid) {
41                  return '上级菜单不能使用子项';
42              }
43          }
44          return true;
45      }
46  }
```

在上述代码中，验证规则 number 用来验证某个字段的值是否为纯数字，不包含负数和小数点。验证规则 different 用来验证某个字段是否和另外一个字段的值不一致，第 32 行验证了 pid 和 id 是否不一致。

（2）在 Menu 控制器文件中导入 AdminMenu 验证器的命名空间，具体代码如下。

```
1  use app\admin\validate\AdminMenu as MenuValidate;
```

（3）在 Menu 控制器 save()方法中，在将表单保存为$data 后，编写如下代码进行表单验证。

```
1  $validate = new MenuValidate();
2  if ($id) {
3      if (!$validate->scene('update')->check(array_merge($data, ['id' => $id]))) {
4          $this->error('修改失败，' . $validate->getError() . '。');
5      }
6      if (!$menu = MenuModel::get($id)) {
7          $this->error('修改失败，记录不存在。');
8      }
9      $menu->save($data);
10     $this->success('修改成功。');
11 }
12 if (!$validate->scene('insert')->check($data)) {
13     $this->error('添加失败，' . $validate->getError() . '。');
14 }
15 MenuModel::create($data);
16 $this->success('添加成功。');
```

在上述代码中，第 3 行在进行 update 场景的验证时，在待验证的数组中增加了 id 元素，用来传递给验证器验证 id 和 pid 字段的值是否不同。

（4）通过浏览器访问测试，在新增或修改菜单时提交不合法的值，测试表单验证功能是否有效。

6.1.6　菜单删除

当用户在菜单列表页面单击删除链接时，表示删除指定的菜单项。为了避免误操作，在删除前，应该弹出一个确认框，询问用户是否确定要删除，用户选择“是”才会继续删除。具体开发步骤如下。

（1）修改 application/admin/view/admin/menu/index.html 文件中的删除链接，改为如下代码。

```
1  <a href="{:url('delete', ['id'=>$v.id])}" class="j-del text-danger">删除</a>
```

（2）在页面底部编写 JavaScript 代码，实现当删除链接被单击时，提示用户是否要删除，在用户选择“是”以后，发送 Ajax POST 请求，具体代码如下。

```
1  <script>
2    ……（原有代码）
3    $('.j-del').click(function() {
4      if (confirm('您确定要删除此项？')) {
5        main.ajaxPost($(this).attr('href'), function() {
6          main.contentRefresh();
7        });
8      }
9      return false;
10   });
11 </script>
```

（3）在 Menu 控制器中编写 delete()方法，用于实现删除功能，具体代码如下。

```
1  public function delete()
2  {
3      $id = $this->request->param('id/d', 0);
4      $validate = new MenuValidate();
5      if (!$validate->scene('delete')->check(['id' => $id])) {
6          $this->error('删除失败，' . $validate->getError() . '。');
7      }
8      if (!$menu = MenuModel::get($id)) {
9          $this->error('删除失败，记录不存在。');
10     }
11     $menu->delete();
12     $this->success('删除成功。');
13 }
```

（4）在 AdminMenu 验证器中增加 delete 场景，具体代码如下。

```
1  public function sceneDelete()
2  {
3      return $this->only(['id'])->append('id', 'checkIdIsLeaf');
4  }
5  public function checkIdIsLeaf($value, $rule)
6  {
7      $data = MenuModel::field('id')->where('pid', $value)->find();
```

```
8      return $data ? '存在子项' : true;
9  }
```

在上述代码中，checkIdIsLeaf()方法用于检查给定项是否存在子项，如果存在，则不允许删除。

（5）通过浏览器访问测试，观察菜单删除功能是否可以正确执行。

6.2 角色管理

开发角色管理功能的基本思路与菜单管理是类似的，都是对数据进行增加、删除、修改和查询操作。相比而言，角色管理功能更加简单，只需要管理每个角色的 id 和名称即可。在 AdminUser 用户表中有一个 admin_role_id 字段，这个字段就是角色表的主键 id，表示用户属于哪个角色。接下来，本节讲解角色管理功能的具体实现。

6.2.1 创建数据表

（1）在终端中执行如下命令，创建数据表迁移文件。

```
php think migrate:create AdminRole
```

（2）在新创建的迁移文件中编写 change()方法，具体代码如下。

```
1  public function change()
2  {
3      $table = $this->table('admin_role',
4          ['engine' => 'InnoDB', 'collation' => 'utf8mb4_general_ci']);
5      $table->addColumn('name', 'string',
6          ['limit' => 32, 'null' => false, 'default' => '', 'comment' => '名称'])
7        ->addTimestamps()
8        ->create();
9  }
```

（3）执行如下命令，进行数据库迁移。

```
php think migrate:run
```

（4）执行如下命令，创建数据填充文件。

```
php think seed:create AdminRole
```

（5）在新创建的数据填充文件中编写 run()方法，具体代码如下。

```
1  public function run()
2  {
3      $this->table('admin_role')->insert([
4          ['id' => 1, 'name' => '管理员'],
5          ['id' => 2, 'name' => '测试角色']
6      ])->save();
7  }
```

（6）执行如下命令，进行数据填充。

```
php think seed:run -s AdminRole
```

6.2.2 角色列表

（1）创建 application/admin/controller/admin/Role.php 文件，具体代码如下。

```
1  <?php
```

```
2  namespace app\admin\controller\admin;
3
4  use app\admin\controller\Common;
5  use app\admin\model\AdminRole as RoleModel;
6
7  class Role extends Common
8  {
9      public function index()
10     {
11         $role = RoleModel::all();
12         $this->assign('role', $role);
13         return $this->fetch();
14     }
15 }
```

（2）创建 aplication/admin/model/AdminRole.php 文件，具体代码如下。

```
1  <?php
2  namespace app\admin\model;
3
4  use think\Model;
5
6  class AdminRole extends Model
7  {
8  }
```

（3）创建 application/admin/view/admin/role/index.html 文件，具体代码如下。

```
1  <div>
2    <div class="main-title"><h2>角色管理</h2></div>
3    <div class="main-section">
4      <a href="{:url('edit')}" class="btn btn-success">+ 新增</a>
5    </div>
6    <div class="main-section">
7      <table class="table table-striped table-bordered table-hover">
8        <thead><tr><th>名称</th><th width="250">操作</th></tr></thead>
9        <tbody>
10       {foreach $role as $v}
11         <!-- 此处代码在下一步中编写-->
12       {/foreach}
13       {if $role->isEmpty()}
14         <tr><td colspan="3" class="text-center">还没有添加项目</td></tr>
15       {/if}
16       </tbody>
17     </table>
18   </div>
19 </div>
```

（4）在 foreach 中编写代码，完成角色列表的输出，具体代码如下。

```
1  <tr>
2    <td>
3      <a href="{:url('admin.permission/index', ['admin_role_id' => $v.id])}"
4       class="j-menu-to">{$v.name}</a>
5    </td>
```

```
6   <td>
7     <a href="{:url('admin.user/index', ['admin_role_id' => $v.id])}"
8      class="j-menu-to" style="margin-right:5px;">查看用户</a>
9     <a href="{:url('admin.permission/index', ['admin_role_id' => $v.id])}"
10     class="j-menu-to" style="margin-right:5px;">查看权限</a>
11    <a href="{:url('edit', ['id' => $v.id])}" style="margin-right:5px;">编辑</a>
12    <a href="{:url('delete', ['id' => $v.id])}" class="j-del text-danger">
13 删除</a>
14  </td>
15 </tr>
```

在上述代码中，添加了用来跳转到权限页面和用户页面的链接，由于此时这两个页面还没有编写，因此链接无法打开，在后面完成了这两个页面的编写以后，链接就可以打开了。

（5）在页面底部编写 JavaScript 代码，具体代码如下。

```
1 <script>
2   $('.j-del').click(function() {
3     if(confirm('您确定要删除此项？')) {
4       main.ajaxPost($(this).attr('href'), function() {
5         main.contentRefresh();
6       });
7     }
8     return false;
9   });
10  $('.j-menu-to').click(function() {
11    main.content($(this).attr('href'), function() {
12      main.menuActive('admin.permission');
13    });
14    return false;
15  });
16 </script>
```

（6）通过浏览器访问测试，角色列表页面的效果如图 6-3 所示。

图 6-3 角色列表页面

6.2.3 角色添加和修改

（1）修改 application/admin/controller/admin/Role.php 文件，添加 edit()方法，具体代码如下。

```
1 public function edit()
2 {
```

```
3     $id = $this->request->param('id/d', 0);
4     $data = ['name' => ''];
5     if ($id) {
6         if (!$data = RoleModel::get($id)) {
7             $this->error('记录不存在。');
8         }
9     }
10    $this->assign('data', $data);
11    $this->assign('id', $id);
12    return $this->fetch();
13 }
```

（2）创建 aplication/admin/view/admin/role/edit.html 文件，具体代码如下。

```
1  <div>
2    <div class="main-title"><h2>{if $id}编辑{else}新增{/if}角色</h2></div>
3    <div class="main-section">
4      <form method="post" action="{:url('save')}" class="j-form">
5        <ul class="form-group form-inline">
6          <li>
7            <input type="text" class="form-control" name="name" value="{$data.name}"
8             required> <label>名称</label>
9          </li>
10         <li>
11           <input type="hidden" name="id" value="{$id}">
12           <input type="submit" value="提交表单" class="btn btn-primary">
13           <a href="{:url('index')}" class="btn btn-default">返回列表</a>
14         </li>
15       </ul>
16     </form>
17   </div>
18 </div>
19 <script>
20   main.ajaxForm('.j-form', function() {
21     main.content("{:url('index')}");
22   });
23 </script>
```

（3）通过浏览器访问测试，新增角色页面的显示效果如图 6-4 所示。

图 6-4　新增角色页面

（4）在 application/admin/controller/admin/Role.php 文件中添加 save()方法，具体代码如下。

```
1  public function save()
```

```
2  {
3      $id = $this->request->post('id/d', 0);
4      $data = [
5          'name' => $this->request->post('name/s', '')
6      ];
7      $validate = new RoleValidate();
8      if ($id) {
9          if (!$validate->check($data)) {
10             $this->error('修改失败，' . $validate->getError() . '。');
11         }
12         if (!$role = RoleModel::get($id)) {
13             $this->error('修改失败，记录不存在。');
14         }
15         $role->save($data);
16         $this->success('修改成功。');
17     }
18     if (!$validate->check($data)) {
19         $this->error('添加失败，' . $validate->getError() . '。');
20     }
21     RoleModel::create($data);
22     $this->success('添加成功。');
23 }
```

在上述代码中，第 7 行用到了验证器，需要在该文件中导入命名空间，如下所示。

```
1  use app\admin\validate\AdminRole as RoleValidate;
```

（5）创建 application/admin/validate/AdminRole.php，具体代码如下。

```
1  <?php
2  namespace app\admin\validate;
3
4  use think\Validate;
5
6  class AdminRole extends Validate
7  {
8      protected $rule = [
9          'name' => 'require|max:32'
10     ];
11     protected $message = [
12         'name.require' => '名称不能为空'
13     ];
14 }
```

（6）通过浏览器访问测试，观察角色添加和修改功能是否可以正确执行。

6.2.4 角色删除

（1）在 Role 控制器中编写 delete()方法，具体代码如下。

```
1  public function delete()
2  {
3      $id = $this->request->param('id/d', 0);
4      $validate = new RoleValidate();
5      if (!$validate->scene('delete')->check(['id' => $id])) {
```

```
6          $this->error('删除失败，' . $validate->getError() . '。');
7      }
8      if (!$role = RoleModel::get($id)) {
9          $this->error('删除失败，记录不存在。');
10     }
11     $role->delete();
12     $this->success('删除成功。');
13 }
```

（2）在 AdminRole 验证器中增加 delete 场景的代码，具体代码如下。

```
1  public function sceneDelete()
2  {
3      return $this->only(['id'])->append('id', 'checkUserIsEmpty');
4  }
5  public function checkUserIsEmpty($value, $rule)
6  {
7      if (UserModel::field('id')->where('admin_role_id', $value)->find()) {
8          return '该角色已被用户使用';
9      }
10     return true;
11 }
```

（3）在上述代码中，第 7 行用到了 AdminUser 模型，需要导入命名空间，如下所示。

```
1  use app\admin\model\AdminUser as UserModel;
```

（4）通过浏览器访问测试，观察角色删除功能是否正确执行。

6.3 权限管理

角色与权限是一对多的联系，一个角色可以分配多个权限。将权限分配给角色后，再把角色分配给用户，这样各个用户的角色不同，所拥有的的权限也不同。例如，后台管理系统有管理员、网站编辑、网站客服等角色，管理员拥有所有权限，网站编辑只拥有文章的发布和修改权限，网站客服只拥有回答用户提问的权限。本节将针对权限管理功能进行讲解。

6.3.1 创建数据表

在前面的开发中，已经在角色表中添加了两个角色，分别是 id 为 1 的管理员和 id 为 2 的测试角色。为了给这两个角色分配权限，下面再来设计一个权限表，如表 6-2 所示。

表 6-2　权限数据表

权限 id	角色 id	控 制 器	操　　作
1	1	*	*
2	2	index	*
3	2	admin	index
4	2	admin.menu	index
5	2	admin.role	index

在表 6-2 中，控制器的值为“*”表示拥有控制器的权限，操作的值为“*”表示拥有某一个控制器中的所有操作的权限。由于一个控制器中有多个操作，在操作字段中可以用“,”来分隔多

个操作，如“index,edit,save”表示 index、edit 和 save 操作。

在分析了权限数据表后，下面开始将数据表创建出来，具体步骤如下。

（1）在终端中执行如下命令，创建数据表迁移文件。

```
php think migrate:create AdminPermission
```

（2）在新创建的迁移文件中编写 change()方法，具体代码如下。

```
1  public function change()
2  {
3      $table = $this->table('admin_permission',
4          ['engine' => 'InnoDB', 'collation' => 'utf8mb4_general_ci']);
5      $table->addColumn('admin_role_id', 'integer',
6          ['null' => false, 'default' => 0, 'comment' => '角色 id'])
7        ->addColumn('controller', 'string',
8          ['limit' => 32, 'null' => false, 'default' => '', 'comment' => '控制器'])
9        ->addColumn('action', 'string',
10         ['limit' => 255, 'null' => false, 'default' => '', 'comment' => '操作'])
11       ->addTimestamps()
12       ->create();
13 }
```

（3）执行如下命令，进行数据库迁移。

```
php think migrate:run
```

（4）执行如下命令，创建数据填充文件。

```
php think seed:create AdminPermission
```

（5）在新创建的数据填充文件中编写 run()方法，具体代码如下。

```
1  public function run()
2  {
3      $this->table('admin_permission')->insert([
4        ['id' => 1, 'admin_role_id' => 1, 'controller' => '*', 'action' => '*'],
5        ['id' => 2, 'admin_role_id' => 2, 'controller' => 'index', 'action' => '*'],
6        ['id' => 3, 'admin_role_id' => 2, 'controller' => 'admin', 'action' => 'index'],
7        ['id' => 4, 'admin_role_id' => 2, 'controller' => 'admin.menu', 'action' => 'index'],
8        ['id' => 5, 'admin_role_id' => 2, 'controller' => 'admin.role', 'action' => 'index']
9      ])->save();
10 }
```

（6）执行如下命令，进行数据填充。

```
php think seed:run -s AdminPermission
```

6.3.2 权限列表

角色与权限是一对多的关系，即一个角色拥有多个权限。在查询权限时，需要给定一个角色 id，用来查询该角色所拥有的权限。为了方便查询，下面将会讲解 ThinkPHP 模型关联的使用，利用模型关联来完成多表的查询。具体步骤如下。

（1）在 AdminRole 模型中增加 adminPermission()方法，用于建立模型关联。

```
1  public function adminPermission()
2  {
3      return $this->hasMany('AdminPermission');
4  }
```

在上述代码中，adminPermission()方法的方法名可以自定义，习惯上使用关联模型作为方法名，在该方法中调用的 hasMany()方法用来建立一对多关联，它有 3 个参数，这里只传了第 1 个参数，后面两个参数可以省略。第 1 个参数表示关联模型，第 2 个参数表示关联模型的外键，默认规则是“当前模型名_id”，第 3 个参数是当前模型的主键，默认会自动获取主键，也可以手动指定。

（2）创建 application/admin/model/AdminPermission.php 文件，具体代码如下。

```
1  <?php
2  namespace app\admin\model;
3
4  use think\Model;
5
6  class AdminPermission extends Model
7  {
8  }
```

（3）创建 application/admin/controller/admin/Permission.php 文件，具体代码如下。

```
1  <?php
2  namespace app\admin\controller\admin;
3
4  use app\admin\controller\Common;
5  use app\admin\model\AdminRole as RoleModel;
6
7  class Permission extends Common
8  {
9      public function index()
10     {
11         $admin_role_id = $this->request->param('admin_role_id/d', 1);
12         $roles = RoleModel::all();
13         foreach ($roles as $v) {
14             if ($v['id'] === $admin_role_id) {
15                 var_dump($v->toArray());
16                 var_dump($v->adminPermission->toArray());
17             }
18         }
19     }
20 }
```

在上述代码中，第 11 行用于接收角色 id，第 14 行用于查找指定角色 id 的权限列表，第 15 行用于将查找到的角色输出，第 16 行用于将查找到的权限列表输出。

（4）通过浏览器访问测试，输出结果如下所示。

```
array(4) {
    ["id"] => int(1)
    ["name"] => string(9) "管理员"
    ["create_time"] => string(19) "2019-05-27 11:04:54"
    ["update_time"] => NULL
}
array(1) {
    [0] => array(6) {
    ["id"] => int(1) ["admin_role_id"] => int(1)
    ["controller"] => string(1) "*"
```

```
    ["action"] => string(1) "*"
    ["create_time"] => string(19) "2019-05-27 11:37:22"
    ["update_time"] => NULL
  }
}
```

从上述代码可以看出，当没有执行第 16 行代码时，$v 数组中并没有权限表的数据，只有在第 16 行代码通过访问了 adminPermission 属性后，才会查询权限表，返回查询结果。

（5）在浏览器开发者工具的 Console 面板中查看 SocketLog 调试信息，找到 SQL 语句，如下所示。

```
SHOW COLUMNS FROM `tpadmin_admin_role`
SELECT * FROM `tpadmin_admin_role`
SELECT * FROM `tpadmin_admin_permission` WHERE `admin_role_id` = 1
```

通过上述 SQL 语句可以看出，在调用角色模型的 all()静态方法时，并没有查询所有角色的权限记录，而是只有访问了某个角色的 adminPermission 属性后，才会查询权限记录，这是一种按需查询的效果。

值得一提的是，关联表的按需查询方式并不一定适合所有的情况，特别是当遇到每一条记录都需要查询关联表时，显得很低效，如果表中有 10 条记录，就需要查询 10 次关联表。其实，ThinkPHP 还提供了另一种查询方式——关联预载入，具体会在后面进行讲解。

（6）修改 index()方法，完成页面所需数据的查询，具体代码如下。

```
1  public function index()
2  {
3      $admin_role_id = $this->request->param('admin_role_id/d', 1);
4      $roles = RoleModel::all();
5      $role = [];
6      foreach ($roles as $v) {
7          if ($v['id'] === $admin_role_id) {
8              $role = $v;
9              break;
10         }
11     }
12     $this->assign('role', $role);
13     $this->assign('roles', $roles);
14     $this->assign('admin_role_id', $admin_role_id);
15     return $this->fetch();
16 }
```

在上述代码中，$roles 保存了所有角色的查询结果，用来显示在页面的下拉菜单中，用户可以选择某个角色来查看权限。$role 保存了当前选择的角色的查询结果。

（7）编写 application/admin/view/admin/permission/index.html 文件，具体代码如下。

```
1  <div>
2    <div class="main-title"><h2>权限管理</h2></div>
3    <div class="main-section form-inline">
4      <a href="{:url('edit', ['admin_role_id'=>$admin_role_id])}"
5       class="btn btn-success">+ 新增</a>
6      <select class="j-select form-control" style="width:120px;margin-left:2px">
7        <option value="{:url('', ['admin_role_id'=>0])}">未选择</option>
8        {foreach $roles as $v}
```

```
9          <option value="{:url('', ['admin_role_id'=>$v.id])}"
10          {if $admin_role_id==$v.id}selected{/if}>{$v.name}</option>
11        {/foreach}
12      </select>
13    </div>
14    <div class="main-section">
15      <table class="table table-striped table-bordered table-hover">
16        <thead>
17          <tr><th>角色</th><th>允许的控制器</th><th>允许的操作</th><th>操作</th></tr>
18        </thead>
19        <tbody>
20          {if $role}
21            {foreach $role.adminPermission as $v}
22              <!-- 此处代码在下一步中实现 -->
23            {/foreach}
24          {/if}
25          {if empty($role) || $role->adminPermission->isEmpty()}
26            <tr><td colspan="4" class="text-center">列表为空</td></tr>
27          {/if}
28        </tbody>
29      </table>
30    </div>
31  </div>
```

在上述代码中，第 4 行在“新增”链接的地址中添加了 admin_role_id 参数，表示为当前查看的角色新增权限。

（8）在 foreach 中编写代码，完成权限列表的输出，具体代码如下。

```
1  <tr>
2    <td>
3      <a href="{:url('admin.role/edit', ['id'=>$role.id])}"
4       class="j-menu-to">{$role.name}</a>
5    </td>
6    <td>{$v.controller}</td>
7    <td>{$v.action}</td>
8    <td>
9      <a href="{:url('edit', ['id' => $v.id])}" style="margin-right:5px;">编辑</a>
10     <a href="{:url('delete', ['id' => $v.id])}" class="j-del text-danger">删除</a>
11   </td>
12 </tr>
```

（9）在页面底部编写 JavaScript 代码，具体代码如下。

```
1  <script>
2    $('.j-del').click(function() {
3      if(confirm('您确定要删除此项？')) {
4        main.ajaxPost($(this).attr('href'), function() {
5          main.contentRefresh();
6        });
7      }
8      return false;
9    });
10   $('.j-menu-to').click(function() {
```

```
11     main.content($(this).attr('href'), function() {
12       main.menuActive('admin.role');
13     });
14     return false;
15   });
16   $('.j-select').change(function() {
17     main.content($(this).val());
18   });
19 </script>
```

（10）通过浏览器访问测试，权限列表的页面效果如图 6-5 所示。

图 6-5　权限列表页面

多学一招：ThinkPHP中的模型关联方法

在 ThinkPHP 的模型中，除了前面用过的 hasMany()方法，还有很多其他的模型关联方法，用于建立一对一、一对多、多对多关联，具体如表 6-3 所示。

表 6-3　模型关联方法

模 型 方 法	关 联 类 型	模 型 方 法	关 联 类 型
hasOne()	一对一	belongsToMany()	多对多
belongsTo()	一对一	morphMany()	多态一对多
hasMany()	一对多	morphOne()	多态一对一
hasManyThrough()	远程一对多	morphTo()	多态

读者可以通过查阅 ThinkPHP 的开发手册，来了解这些方法的具体使用。

6.3.3　权限添加和修改

（1）在 Permission 控制器中编写 edit()方法，具体代码如下。

```
1  public function edit()
2  {
3      $id = $this->request->param('id/d', 0);
4      $admin_role_id = $this->request->param('admin_role_id/d', 0);
5      $data = ['admin_role_id' => $admin_role_id, 'controller' => '', 'action' => ''];
6      if ($id) {
7          if (!$data = PermissionModel::get($id)) {
8              $this->error('记录不存在。');
9          }
```

```
10     }
11     $role = RoleModel::all();
12     $this->assign('role', $role);
13     $this->assign('data', $data);
14     $this->assign('id', $id);
15     return $this->fetch();
16 }
```

（2）在 Permission 控制器文件中导入命名空间，如下所示。

```
1  use app\admin\model\AdminPermission as PermissionModel;
```

（3）创建 application/admin/view/admin/permission/edit.html 文件，具体代码如下。

```
1  <div>
2    <div class="main-title"><h2>{if $id}编辑{else}新增{/if}权限</h2></div>
3    <div class="main-section">
4      <form method="post" action="{:url('save')}" class="j-form">
5        <ul class="form-group form-inline">
6          <li>
7            <select name="admin_role_id" class="form-control" style="min-width:196px;">
8              <option value="0">未选择</option>
9              {foreach $role as $v}
10               <option value="{$v.id}" {if $v.id===$data.admin_role_id}selected{/if}>
11                 {$v.name}</option>
12             {/foreach}
13           </select>
14           <label>角色</label>
15         </li>
16         <li>
17           <input type="text" class="form-control" name="controller"
18            value="{$data.controller}" data-toggle="tooltip" data-placement="top"
19            title="使用 “*” 表示所有控制器" required>
20           <label>允许的控制器</label>
21         </li>
22         <li>
23           <input type="text" class="form-control" name="action"
24            value="{$data.action}" data-toggle="tooltip" data-placement="top"
25            title="使用 “,” 分隔多个操作，使用 “*” 表示所有操作" required>
26           <label>允许的操作</label>
27         </li>
28         <li>
29           <input type="hidden" name="id" value="{$id}">
30           <input type="submit" value="提交表单" class="btn btn-primary">
31           <a href="{:url('index', ['admin_role_id' => $data.admin_role_id])}"
32            class="btn btn-default">返回列表</a>
33         </li>
34       </ul>
35     </form>
36   </div>
37 </div>
38 <script>
39   main.ajaxForm('.j-form', function() {
```

```
40     main.content("{:url('index', ['admin_role_id' => $data.admin_role_id])}");
41   });
42   $('[data-toggle="tooltip"]').tooltip();
43 </script>
```

在上述代码中，第 18 行和第 24 行的 data-toggle="tooltip"用来显示工具提示，提示信息写在 title 属性中，data-placement="top"表示将工具提示显示在文本框的上方。

（4）通过浏览器访问测试，新增权限页面的显示效果如图 6-6 所示。

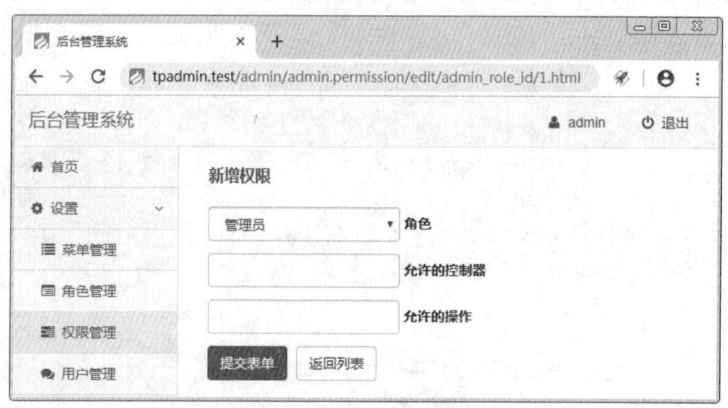

图 6-6　新增权限页面

（5）在 Permission 控制器中编写 save()方法，具体代码如下。

```
1  public function save()
2  {
3      $id = $this->request->post('id/d', 0);
4      $data = [
5          'admin_role_id' => $this->request->post('admin_role_id/d', 0),
6          'controller' => $this->request->post('controller/s', '', 'trim'),
7          'action' => $this->request->post('action/s', '', 'trim')
8      ];
9      $validate = new PermissionValidate();
10     if ($id) {
11         if (!$validate->scene('update')->check($data)) {
12             $this->error('修改失败，' . $validate->getError() . '。');
13         }
14         if (!$permission = PermissionModel::get($id)) {
15             $this->error('修改失败，记录不存在。');
16         }
17         $permission->save($data);
18         $this->success('修改成功。');
19     }
20     if (!$validate->scene('insert')->check($data)) {
21         $this->error('添加失败，' . $validate->getError() . '。');
22     }
23     PermissionModel::create($data);
24     $this->success('添加成功。');
25 }
```

（6）导入 AdminPermission 验证器的命名空间，如下所示。

```
1  use app\admin\validate\AdminPermission as PermissionValidate;
```

（7）创建 application/admin/validate/AdminPermission.php 文件，具体代码如下。

```
1  <?php
2  namespace app\admin\validate;
3
4  use app\admin\model\AdminRole as RoleModel;
5  use think\Validate;
6
7  class AdminPermission extends Validate
8  {
9      protected $rule = [
10         'controller' => 'require|max:32',
11         'action' => 'require|max:255',
12     ];
13     protected $message = [
14         'controller.require' => '控制器不能为空',
15         'action.require' => '操作不能为空'
16     ];
17     public function sceneInsert()
18     {
19         return $this->append('admin_role_id', 'checkAdminRoleId');
20     }
21     public function sceneUpdate()
22     {
23         return $this->append('admin_role_id', 'checkAdminRoleId');
24     }
25     public function checkAdminRoleId($value, $rule)
26     {
27         if (!RoleModel::field('id')->get($value)) {
28             return '角色不存在';
29         }
30         return true;
31     }
32 }
```

（8）通过浏览器访问测试，观察权限添加和修改功能是否可以正确执行。

多学一招：利用模型的修改器自动更正表单

在接收用户提交的表单时，有可能用户提交的内容的格式不是特别规范，但又没有必要退回去让用户重新填写。在这个情况下，可以利用模型提供的修改器功能来进行自动更正。

例如，下面在 AdminPermission 模型中使用修改器来修改 action 字段的值，如下所示。

```
1 public function setActionAttr($value)
2 {
3     return implode(',', array_map('trim', explode(',', $value)));
4 }
```

在上述代码中，方法名 setActionAttr()表示这是一个针对 action 字段的修改器，在这个方法中，参数$value 表示待修改的值，方法的返回值是修改后的结果。第 3 行代码用于自动删除分隔符“,”前后的空白字符。

6.3.4 权限删除

（1）在 Permission 控制器中编写 delete()方法，具体代码如下。

```
1  public function delete()
2  {
3      $id = $this->request->param('id/d', 0);
4      if (!$permission = PermissionModel::get($id)) {
5          $this->error('删除失败，记录不存在。');
6      }
7      $permission->delete();
8      $this->success('删除成功。');
9  }
```

（2）通过浏览器访问测试，观察权限删除功能是否正确执行。

（3）需要注意的是，由于权限依赖角色，如果角色被删除，则该角色的权限就成了无效的数据，应该被自动删除。下面修改 Role 控制器的 delete()方法，在删除角色的同时删除对应的权限记录。

```
1  public function delete()
2  {
3      ……（原有代码）
4      // 修改 if (!$role = RoleModel::get($id)) {
5      if (!$role = RoleModel::get($id, 'adminPermission')) {
6          $this->error('删除失败，记录不存在。');
7      }
8      // 修改 $role->delete();
9      $role->together('admin_permission')->delete();
10     $this->success('删除成功。');
11 }
```

在上述代码中，together()是 ThinkPHP 提供的方法，用于进行关联操作，在后面调用了 delete()方法，表示关联删除。此外，如果在 together()后面调用 save()方法还可以进行关联自动写入操作。

（4）通过浏览器访问测试，在删除角色后，观察角色所拥有的权限是否被自动删除。

6.4 用户管理

在前面的开发中，已经创建了 AdminUser 表，用来保存项目的后台用户，但还没有开发一套针对用户的管理功能，也就是对用户进行增加、删除、修改和查询操作。本节就来完成用户管理功能的开发。

6.4.1 用户列表

为了良好的用户体验，在用户列表页面中，应该将用户名和用户所属的角色名称都显示出来，这就需要建立用户表与角色表的关联。具体开发步骤如下。

（1）在 AdminUser 模型中增加 adminRole()方法，用于建立模型关联。

```
1  public function adminRole()
2  {
```

```
3     return $this->belongsTo('AdminRole');
4  }
```

在上述代码中，belongsTo()方法用来建立一对一关联，也就是一个用户属于一个角色。另外，如果想要在角色表中关联用户表，则应使用 hasMany()进行一对多关联。

（2）创建 application/admin/controller/admin/User.php 文件，具体代码如下。

```
1  <?php
2  namespace app\admin\controller\admin;
3
4  use app\admin\controller\Common;
5  use app\admin\model\AdminUser as UserModel;
6
7  class User extends Common
8  {
9     public function index()
10    {
11        $user = UserModel::with('adminRole')->field(['password', 'salt'], true)->all();
12        var_dump($user->toArray());
13    }
14 }
```

在上述代码中，第 11 行的 with()方法用于进行关联预载入，它的参数是方法名，也就是前面编写的 adminRole()方法。在进行查询时，模型会将每个用户对应的角色记录查询出来，保存到 adminRole 属性（或 adminRole 数组元素）中，相比按需查询的方式，它的效率更高。field()方法的第 2 个参数设为 true，表示在查询的字段列表中排除第 1 个参数指定的字段。

（3）通过浏览器访问测试，可以看到在返回的数组中已经将每个用户的角色信息查询出来，保存在了数组的 admin_role 元素中。查看执行过的 SQL 语句，如下所示。

```
SELECT `id`,`admin_role_id`,`username`,`create_time`,`update_time`
FROM `tpadmin_admin_user`
SHOW COLUMNS FROM `tpadmin_admin_role`
SELECT * FROM `tpadmin_admin_role` WHERE `id` IN (1,2)
```

从上述结果可以看出，模型并没有使用连表查询，而是分别查询了两张表中的记录。为了降低查询次数，在查询角色表时将角色 id 列表放入了 IN 中。

（4）修改 index()方法，将查询结果$user 传递给模板，具体代码如下。

```
1  public function index()
2  {
3     $user = UserModel::with('adminRole')->field(['password', 'salt'], true)->all();
4     $this->assign('user', $user);
5     return $this->fetch();
6  }
```

（5）创建 application/admin/view/admin/user/index.html 文件，具体代码如下。

```
1  <div>
2    <div class="main-title"><h2>用户管理</h2></div>
3    <div class="main-section">
4      <a href="{:url('edit')}" class="btn btn-success">+ 新增</a>
5    </div>
6    <div class="main-section">
```

```
7     <table class="table table-striped table-bordered table-hover">
8       <thead>
9         <tr>
10          <th>用户名</th><th>所属角色</th><th width="162">创建时间</th>
11          <th width="162">更新时间</th><th width="120">操作</th>
12        </tr>
13      </thead>
14      <tbody>
15      {foreach $user as $v}
16         <!-- 此处代码在下一步中实现 -->
17      {/foreach}
18      {if $user->isEmpty()}
19        <tr><td colspan="5" class="text-center">还没有添加项目</td></tr>
20      {/if}
21      </tbody>
22    </table>
23  </div>
24 </div>
```

（6）在 foreach 中编写代码，完成用户列表的输出，具体代码如下。

```
1  <tr>
2    <td><a href="{:url('edit', ['id' => $v.id])}">{$v.username}</a></td>
3    <td><a href="{:url('admin.permission/index', ['admin_role_id' => $v.admin_role_id])}"
4     class="j-menu-to">{$v.admin_role.name}</a></td>
5    <td>{$v.create_time}</td>
6    <td>{$v.update_time ?: '-'}</td>
7    <td>
8      <a href="{:url('edit', ['id' => $v.id])}" style="margin-right:5px;">编辑</a>
9      <a href="{:url('delete', ['id' => $v.id])}" class="j-del text-danger">删除</a>
10   </td>
11 </tr>
```

（7）在页面底部编写 JavaScript 代码，具体代码如下。

```
1  <script>
2    $('.j-del').click(function() {
3      if(confirm('您确定要删除此项？')) {
4        main.ajaxPost($(this).attr('href'), function() {
5          main.contentRefresh();
6        });
7      }
8      return false;
9    });
10   $('.j-menu-to').click(function() {
11     main.content($(this).attr('href'), function() {
12       main.menuActive('admin.permission');
13     });
14     return false;
15   });
16 </script>
```

（8）通过浏览器访问测试，用户列表的页面效果如图 6-7 所示。

图 6-7　用户列表页面

6.4.2　用户添加和修改

（1）在 User 控制器中编写 edit()方法，具体代码如下。

```
1  public function edit()
2  {
3      $id = $this->request->param('id/d', 0);
4      $data = ['username' => '', 'admin_role_id' => 0];
5      if ($id) {
6          if (!$data = UserModel::get($id)) {
7              $this->error('记录不存在。');
8          }
9      }
10     $role = RoleModel::all();
11     $this->assign('data', $data);
12     $this->assign('role', $role);
13     $this->assign('id', $id);
14     return $this->fetch();
15 }
```

（2）导入 AdminRole 模型的命名空间，如下所示。

```
1  use app\admin\model\AdminRole as RoleModel;
```

（3）创建 application/admin/view/admin/user/edit.html 文件，具体代码如下。

```
1  <div>
2    <div class="main-title"><h2>{if $id}编辑{else}新增{/if}用户</h2></div>
3    <div class="main-section">
4      <form method="post" action="{:url('save')}" class="j-form">
5        <ul class="form-group form-inline">
6          <li>
7            <input type="text" class="form-control" name="username"
8             value="{$data.username}" required> <label>用户名</label>
9          </li>
10         <li>
11           <select name="admin_role_id" class="form-control" style="min-width:196px;">
12             <option value="0">未选择</option>
13             {foreach $role as $v}
14               <option value="{$v.id}" {if $v.id===$data.admin_role_id}selected{/if}>
```

```
15              {$v.name}</option>
16            {/foreach}
17          </select>
18          <label>所属角色</label>
19        </li>
20        <li>
21          <input type="text" class="form-control" name="password"
22           {if $id}placeholder="保持不变"{else}required{/if}>
23          <label>密码</label>
24        </li>
25        <li>
26          <input type="hidden" name="id" value="{$id}">
27          <input type="submit" value="提交表单" class="btn btn-primary">
28          <a href="{:url('index')}" class="btn btn-default">返回列表</a>
29        </li>
30      </ul>
31    </form>
32  </div>
33 </div>
34 <script>
35   main.ajaxForm('.j-form', function() {
36     main.content("{:url('index')}");
37   });
38 </script>
```

从上述代码可以看出，在修改用户时，如果没有填写用户的密码，则表示维持原密码不变。

（4）通过浏览器访问测试，新增用户页面的显示效果如图 6-8 所示。

图 6-8　新增用户页面

（5）在 User 控制器中编写 save()方法，具体代码如下。

```
1 public function save()
2 {
3     $id = $this->request->post('id/d', 0);
4     $data = [
5         'username' => $this->request->post('username/s', '', 'trim'),
6         'admin_role_id' => $this->request->post('admin_role_id/d', 0),
7         'password' => $this->request->post('password/s', '')
8     ];
9     if ($id && $data['password'] === '') {
```

```
10         unset($data['password']);
11     }
12     $validate = new UserValidate();
13     if ($id) {
14         if (!$validate->scene('update')->check(array_merge($data, ['id' => $id]))) {
15             $this->error('修改失败，' . $validate->getError() . '。');
16         }
17         if (!$user = UserModel::get($id)) {
18             $this->error('修改失败，记录不存在。');
19         }
20         $user->save($data);
21         $this->success('修改成功。');
22     }
23     if (!$validate->scene('insert')->check($data)) {
24         $this->error('添加失败，' . $validate->getError() . '。');
25     }
26     UserModel::create($data);
27     $this->success('添加成功。');
28 }
```

（6）在 User 控制器文件中导入 AdminUser 验证器的命名空间，如下所示。

```
1  use app\admin\validate\AdminUser as UserValidate;
```

（7）修改 AdminUser 验证器，增加 insert 和 update 验证场景，具体代码如下。

```
1  public function sceneInsert()
2  {
3      return $this->append('admin_role_id', 'checkAdminRoleId')
4        ->append('username', 'unique:admin_user,username');
5  }
6  public function sceneUpdate()
7  {
8      return $this->append('admin_role_id', 'checkAdminRoleId')
9        ->remove('password', 'require')
10       ->append('username', 'unique:admin_user,username');
11 }
12 public function checkAdminRoleId($value, $rule)
13 {
14     if (!RoleModel::field('id')->get($value)) {
15         return '角色不存在';
16     }
17     return true;
18 }
```

在上述代码中，第 4 行和第 10 行的验证规则 unique 用于检查字段的唯一性，冒号后面的第 1 个参数“admin_user”表示待检查的数据表，第 2 个参数“username”是待检查的字段名称。在进行修改操作时，应注意将 id 值传入，从而避免当用户名未发生修改时出现用户名已存在的问题。

（8）在验证器的$message 属性中增加 unique 验证的提示信息，如下所示。

```
1  protected $message = [
2      ……(原有代码)
3      'username.unique' => '用户名已存在'
4  ];
```

（9）在验证器文件中导入命名空间，如下所示。

```
1  use app\admin\model\AdminRole as RoleModel;
2  use app\admin\model\AdminUser as UserModel;
```

（10）在 AdminUser 模型中增加 setPasswordAttr()方法，用于对密码进行加密，如下所示。

```
1  public function setPasswordAttr($value)
2  {
3     $salt = md5(uniqid(microtime(), true));
4     $this->data('salt', $salt);
5     return md5(md5($value) . $salt);
6  }
```

（11）通过浏览器访问测试，观察用户添加和修改功能是否可以正确执行。

6.4.3 用户删除

（1）在 User 控制器中编写 delete()方法，具体代码如下。

```
1  public function delete()
2  {
3     $id = $this->request->param('id/d', 0);
4     if (!$user = UserModel::get($id)) {
5        $this->error('删除失败，记录不存在。');
6     }
7     $user->delete();
8     $this->success('删除成功。');
9  }
```

（2）通过浏览器访问测试，观察用户删除功能是否正确执行。

6.4.4 修改密码

修改密码功能用于提供给当前登录的用户修改自己的密码。虽然通过前面开发的用户修改功能也能修改用户的密码，但是它可以修改后台系统中所有用户的密码，一般只有最高级别的管理员才能拥有这样的权力，因此下面需要单独开发一个修改当前用户密码的功能。

（1）修改 layout.html 文件，为页面中的用户名按钮加上修改密码的链接，如下所示。

```
1  <a href="{:url('Index/password')}" class="j-layout-pwd">
2    <i class="fa fa-user fa-fw"></i>admin
3  </a>
```

（2）修改 main.js 文件，在 layout()方法的底部增加代码，为链接绑定单击事件，如下所示。

```
1  layout: function() {
2    ……（原有代码）
3    $('.j-layout-pwd').click(function() {
4      that.content($(this).attr('href'));
5      return false;
6    });
7  },
```

（3）在 Auth 类中增加 changePassword()方法，用于实现修改当前登录用户的密码，如下所示。

```
1  public function changePassword($password)
2  {
```

```
3     $id = Session::get($this->sessionName . '.id');
4     userModel::get($id)->save(['password' => $password]);
5 }
```

（4）在 Index 控制器中编写 password()方法，具体代码如下。

```
1  public function password()
2  {
3      if ($this->request->isPost()) {
4          $password = $this->request->post('password/s', '');
5          $this->auth->changePassword($password);
6          $this->success('密码修改成功。');
7      }
8      return $this->fetch();
9  }
```

（5）创建 application/admin/view/index/password.html 文件，具体代码如下。

```
1  <div class="main-password">
2    <div class="main-title"><h2>修改密码</h2></div>
3    <div class="main-section">
4      <form method="post" class="j-pwd-form">
5        <ul class="form-group">
6          <li>
7            <label>输入新密码</label>
8            <input class="form-control j-password1" type="password" maxlength="200"
9             name="password" style="width:265px;" required>
10         </li>
11         <li>
12           <label>确认密码</label>
13           <input class="form-control j-password2" type="password" maxlength="200"
14            style="width:265px;" required>
15         </li>
16         <li><input type="submit" class="btn btn-primary" value="确认修改"></li>
17       </ul>
18     </form>
19   </div>
20 </div>
21 <script>
22   $('.j-pwd-form').submit(function(e) {
23     if($('.j-password1').val() !== $('.j-password2').val()) {
24       alert('两次输入的密码不一致！');
25       e.stopImmediatePropagation();
26       e.preventDefault();
27     }
28   });
29   main.ajaxForm('.j-pwd-form');
30 </script>
```

在上述代码中，第 25 行用于阻止剩余的事件处理函数的执行，也就是在表单验证失败时阻止表单的 Ajax 提交操作，第 26 行用于阻止表单的默认提交操作。

（6）通过浏览器访问测试，修改密码页面的显示效果如图 6-9 所示。

图 6-9　修改密码页面

6.5 访问控制

前面几节的讲解都是为了实现访问控制而做的准备，本节开始正式实现基于角色的访问控制。在每次收到请求后，先判断当前登录的用户是否有权限访问当前页面，如果没有权限则返回错误信息。在进入后台后，左侧菜单中应只显示当前用户有权限访问的菜单项，隐藏没有权限访问的菜单项。

6.5.1 检查用户权限

（1）在 AdminUser 模型中增加 adminPermission()方法，用于建立模型关联，具体代码如下。

```
1  public function adminPermission()
2  {
3      return $this->hasMany('AdminPermission', 'admin_role_id', 'admin_role_id');
4  }
```

在上述代码中，hasMany()方法的第 2 个参数表示权限表的角色 id，第 3 个参数表示用户表的角色 id，这样就建立了用户和权限的关联。

（2）在 Auth 类中获取当前登录用户的信息，具体代码如下。

```
1  protected $loginUser;
2  public function getLoginUser($field=null)
3  {
4      if (!$this->loginUser) {
5          $id = Session::get($this->sessionName . '.id');
6          $this->loginUser = UserModel::with('adminPermission')->get($id);
7      }
8      return $field ? $this->loginUser[$field] : $this->loginUser;
9  }
```

在上述代码中，$this->loginUser 用来保存当前已登录用户的信息。

（3）修改 Auth 类的 isLogin()方法，在检查 Session 后，再判断数据库中是否存在用户信息，这样可以避免用户在已登录状态下被删除后，由于会话没有过期，出现无效用户的情况。

```
1  public function isLogin()
2  {
```

```
3     return Session::has($this->sessionName . '.id') && $this->getLoginUser();
4  }
```

（4）在 Auth 类中增加 checkAuth()方法，用于进行权限检查，具体代码如下。

```
1  public function checkAuth($controller, $action)
2  {
3     $user = $this->getLoginUser();
4     foreach ($user['admin_permission'] as $v) {
5        if ($v['controller'] === '*') {
6           return true;
7        }
8        if (strtolower($v['controller']) === strtolower($controller)) {
9           if ($v['action'] === '*') {
10             return true;
11          }
12          if (in_array($action, explode(',', $v['action']))) {
13             return true;
14          }
15       }
16    }
17    return false;
18 }
```

在上述代码中，checkAuth()方法的参数$controller 表示当前控制器，$action 表示当前操作。如果该方法返回 ture，表示当前用户有权访问指定的控制器和操作，如果返回 false，则表示没有权限。

第 4~16 行代码用于进行权限检查，在检查时，如果控制器的权限为“*”，表示用户可以访问所有的控制器，一般只有最高级管理员拥有这种权限。如果操作的权限为“*”，表示用户可以访问指定控制器的所有操作。

（5）修改 Common 控制器的 initialize()方法，在判断当前用户为已登录状态后，进行权限验证。

```
1  protected function initialize()
2  {
3     ……（原有代码）
4     // 在判断为已登录后，验证用户是否有权限访问
5     if (!$this->auth->checkAuth($controller, $action)) {
6        $this->error('您没有权限访问。');
7     }
8     $loginUser = $this->auth->getLoginUser();
9     $this->assign('layout_login_user', ['id' => $loginUser['id'],
10     'username' => $loginUser['username']]);
11    // 以下是原有代码
12    if (!$this->request->isAjax()) {
13    ……
14 }
```

在上述代码中，第 4~10 行是新增的代码，其中，第 9~10 行用于将当前登录用户的 id 和用户名传递给模板，用于在模板中使用。

（6）修改 layout.html 文件中的修改密码链接，输出当前登录的用户名，如下所示。

```
1  <a href="{:url('Index/password')}" class="j-layout-pwd">
2    <i class="fa fa-user fa-fw"></i>{$layout_login_user.username}
```

```
</a>
```

（7）通过浏览器访问测试，观察检查用户权限功能是否正常。

6.5.2 根据用户权限显示菜单

在默认情况下，后台的左侧菜单显示的是完整菜单。如果当前用户没有权限访问菜单中的一些项目，最好将这些项目隐藏起来，以免给用户带来困扰。具体实现步骤如下。

（1）修改 Auth 类的 menu()方法，在查询到菜单数据后，将没有权限访问的项目去除，代码如下。

```
public function menu($controller)
{
    $user = $this->getLoginUser();
    $menu = MenuModel::tree();
    $data = $menu->getData();
    $result = [];
    foreach ($user['admin_permission'] as $v) {
        if ($v['controller'] === '*') {
            $result = $data;
            break;
        }
        foreach ($data as $vv) {
            if (strtolower($v['controller']) === strtolower($vv['controller'])) {
                $result[] = $vv;
                break;
            }
        }
    }
    return $menu->data($result)->getTree
 (strtolower($controller));
}
```

（2）通过浏览器访问测试，登录一个只有少量权限的测试用户，页面效果如图 6-10 所示。

图 6-10 根据用户权限显示菜单

本 章 小 结

本章讲解了后台管理系统中的菜单管理、角色管理、权限管理和用户管理功能的开发，并实现了基于角色的访问控制。通过本章的学习，读者应理解 RBAC 的实现原理，熟练运用 ThinkPHP 完成数据的增、删、改、查操作，掌握如何运用 ThinkPHP 的关联模型功能完成多表的操作。

课 后 练 习

一、填空题

1. 基于角色的访问控制可分成 3 部分，分别是________、________、________。
2. 权限表和________表关联，用户表和________表关联。
3. 一个用户可以拥有________个角色，一个角色可以有________个权限。

4. 关联模型中实现一对一关联的方法是________。
5. 关联模型中实现一对多关联的方法是________。

二、判断题

1. 角色是多个权限的集合，是权限的载体。 (　　)
2. RBAC 中会设置多种权限区分不同的用户。 (　　)
3. 模型提供了助手函数 model()，但执行效率低于模型静态方法查询。 (　　)
4. 权限和角色都直接和用户关联。 (　　)
5. RBAC 可以解决页面访问受到限制的问题。 (　　)

三、选择题

1. 下列（　　）是验证器具有的作用。
   A. 验证访问内容是否合法　　B. 验证输入信息是否合法
   C. 验证代码是否存在漏洞　　D. 验证数据完整性
2. 使用 RBAC 的原因是（　　）。
   A. 代码简洁
   B. 方便对用户权限管理
   C. 需要多重验证，项目更安全
   D. 业务流程更加清晰
3. 以下关于 RBAC 说法正确的是（　　）。
   A. 该模型根据用户所拥有的角色来决定用户在系统中的访问权限
   B. 一个用户必须属于某种角色，才能对一个页面进行访问或执行操作
   C. 在 RBAC 中，每个用户只能有一个角色
   D. 在 RBAC 中，权限与用户关联，用户与角色关联
4. 下面关于模型类的说法正确的是（　　）。
   A. 模型是对实体的抽象描述，展示出实体的特征
   B. 模型最终会调用 Db 类来完成数据表的查询操作
   C. 该类是一个抽象类，必须由子类继承并实现内部的抽象方法
   D. 以上说法全部正确
5. 下列关于 Session 说法正确的是（　　）。
   A. Session 默认使用 Mysql 驱动，不支持使用其他驱动
   B. Session 不支持对二维数组的操作
   C. 使用助手函数 session()直接获取内容
   D. Session 类不需要初始化可以直接使用

四、简答题

1. 请简述什么是 RBAC。
2. 请简述使用 RBAC 的优点。

五、程序题

1. 创建一个菜单，设计对应的数据表，实现该页面的增、删、改、查等操作。
2. 列举 ThinkPHP 中常用的模型关联方法（至少 3 个）。

第 7 章 在线商城项目

学习目标

- ◎ 掌握 ThinkPHP 文件上传的实现。
- ◎ 掌握 ThinkPHP 图像处理扩展的使用。
- ◎ 掌握 ThinkPHP 模型的分页查询和软删除功能的使用。
- ◎ 掌握 WebUploader 和 UEditor 组件的使用。

在前面的章节中，已经完成了一个具有 RBAC 功能的后台管理系统，该系统具有较强的可扩展性，可以增加各种各样的功能。本章将会在后台管理系统的基础上开发一个在线商城项目，该项目的主要功能包括分类管理、图片管理和商品管理。另外，在本书的配套源代码中还提供了商品列表、商品展示、用户中心、购物车和订单功能的开发文档，读者在学完本章讲解的内容后，可以继续完成这部分功能的开发。

7.1 分类管理

分类管理功能用来管理商品的分类，和前面开发过的菜单管理的开发思路是相同的。分类与商品的关系是一对多，即一个分类下有多件商品。分类有两个层级，一级分类是大类，二级分类是子类。用户还可以为分类上传图片，用来在前台页面中显示。由于图片上传是一个独立的功能，具体会在 7.2 节中讲解，本节重点讲解分类管理功能的实现。

7.1.1 添加菜单项

在开发分类管理功能前，需要先在后台菜单中增加一些菜单项，如表 7-1 所示。

表 7-1 新增菜单项

id	pid	名称	图标	控制器	排序
7	0	图库	book	album	2
8	0	商品	list-alt	goods	3
9	8	分类管理	list	goods.category	1
10	8	商品管理	table	goods.goods	2
11	8	回收站	trash-o	goods.recycle	3

接下来将表 7-1 中列举的菜单项添加到数据库中，具体步骤如下。

（1）修改 AdminMenu.php 数据填充文件，将原有代码临时注释起来，然后编写新代码，如下所示。

```
1  public function run()
2  {
3      /*  ……（原有代码） */
4      $this->table('admin_menu')->insert([
5          ['id' => 7, 'pid' => 0, 'name' => '图库', 'icon' => 'book',
6           'controller' => 'album', 'sort' => 2],
7          ['id' => 8, 'pid' => 0, 'name' => '商品', 'icon' => 'list-alt',
8           'controller' => 'goods', 'sort' => 3],
9          ['id' => 9, 'pid' => 8, 'name' => '分类管理', 'icon' => 'list',
10          'controller' => 'goods.category', 'sort' => 1],
11         ['id' => 10, 'pid' => 8, 'name' => '商品管理', 'icon' => 'table',
12          'controller' => 'goods.goods', 'sort' => 2],
13         ['id' => 11, 'pid' => 8, 'name' => '回收站', 'icon' => 'trash-o',
14          'controller' => 'goods.recycle', 'sort' => 3]
15     ])->save();
16 }
```

（2）在终端中执行如下命令命令，将新增的数据添加到数据库表中。

```
php think seed:run -s AdminMenu
```

（3）上述命令执行完成后，将原有代码取消注释，供以后使用。

7.1.2　创建数据表

分类表和菜单表的表结构是非常相似的，都具有 id、pid、name、sort 这些字段。分类表需要保存分类的图片路径，因此还需要增加一个 image 字段。具体实现步骤如下。

（1）在终端中执行如下命令，创建数据表迁移文件。

```
php think migrate:create GoodsCategory
```

（2）在新创建的迁移文件中编写 change()方法，具体代码如下。

```
1  public function change()
2  {
3      $table = $this->table('goods_category',
4          ['engine' => 'InnoDB', 'collation' => 'utf8mb4_general_ci']);
5      $table->addColumn('pid', 'integer',
6          ['null' => false, 'default' => 0,  'comment' => '上级 id'])
7        ->addColumn('name', 'string',
8          ['limit' => 32, 'null' => false, 'default' => '', 'comment' => '分类名'])
9        ->addColumn('sort', 'integer',
10         ['null' => false, 'default' => 0, 'comment' => '排序值'])
11       ->addColumn('image', 'string',
12         ['limit' => 255, 'null' => false, 'default' => '', 'comment' => '图片'])
13       ->addTimestamps()
14       ->create();
15 }
```

（3）执行如下命令，进行数据库迁移。

```
php think migrate:run
```

（4）执行如下命令，创建数据填充文件。

```
php think seed:create GoodsCategory
```

（5）在新创建的数据填充文件中编写如下代码。

```
1  public function run()
2  {
3      $this->table('goods_category')->insert([
4          ['id' => 1, 'pid' => 0, 'name' => '手机数码', 'sort' => 1],
5          ['id' => 2, 'pid' => 1, 'name' => '小米', 'image' => '', 'sort' => 1],
6          ['id' => 3, 'pid' => 1, 'name' => '华为', 'image' => '', 'sort' => 2],
7          ……（请参考本书配套源代码）
8      ]);
9  }
```

上述代码提供了 3 条测试数据，读者也可以自行添加，或从本书源代码中获取更多数据。

（6）执行如下命令，进行数据填充。

```
php think seed:run -s GoodsCategory
```

7.1.3 分类列表

在分类列表页面中，会显示每个分类的序号、图片、名称，如果一个分类包含子分类，则会在分类名称前面出现展开“⊞”或折叠“⊟”的小图标。子分类展开和折叠时的效果分别如图 7-1 和图 7-2 所示。

图 7-1 展开子分类

图 7-2 折叠子分类

在对分类列表页面进行了简单的分析后，下面开始讲解分类列表功能的实现，具体步骤如下。

（1）在 application/common/library/Tree.php 文件中编写 getTreeListCheckLeaf()方法，具体代码如下。

```
1  public function getTreeListCheckLeaf($name = 'isLeaf')
2  {
3      $data = $this->getTreeList();
4      foreach ($data as $k = >$v) {
5          foreach ($data as $vv) {
```

```
6             $data[$k][$name] = true;
7             if ($v[$this->idName] === $vv[$this->pidName]) {
8                 $data[$k][$name] = false;
9                 break;
10            }
11        }
12    }
13    return $data;
14 }
```

上述代码用于在整理分类列表数组时，判断每个分类项是否为叶子节点，将判断结果保存到 isLeaf 数组元素中，用于在页面中使用。

（2）创建 application/admin/model/GoodsCategory.php 文件，具体代码如下。

```
1  <?php
2  namespace app\admin\model;
3
4  use app\common\library\Tree;
5  use think\Model;
6
7  class GoodsCategory extends Model
8  {
9      public static function tree()
10     {
11         $model = new self;
12         $data = $model->order('sort', 'asc')->select()->toArray();
13         return new Tree($data);
14     }
15 }
```

（3）创建 application/admin/controller/goods/Category.php 文件，具体代码如下。

```
1  <?php
2  namespace app\admin\controller\goods;
3
4  use app\admin\model\GoodsCategory as CategoryModel;
5  use app\admin\controller\Common;
6
7  class Category extends Common
8  {
9      public function index()
10     {
11         $category = CategoryModel::tree()->getTreeListCheckLeaf();
12         $this->assign('category', $category);
13         return $this->fetch();
14     }
15 }
```

（4）创建 application/admin/view/goods/category/index.html 文件，具体代码如下。

```
1  <div>
2    <div class="main-title"><h2>分类管理</h2></div>
3    <div class="main-section">
4      <a href="{:url('edit')}" class="btn btn-success">+ 新增</a>
```

```
5   </div>
6   <div class="main-section">
7     <form method="post" action="{:url('sort')}" class="j-form">
8       <table class="table table-striped table-bordered table-hover">
9         <thead>
10          <tr>
11            <th width="55">序号</th><th width="60">图片</th>
12            <th>名称</th><th width="100">操作</th>
13          </tr>
14        </thead>
15        <tbody>
16          {foreach $category as $v}
17            <!-- 此处代码在下一步中实现 -->
18          {/foreach}
19          {if empty($category)}
20            <tr><td colspan="4" class="text-center">还没有添加项目</td></tr>
21          {/if}
22        </tbody>
23      </table>
24      <input type="submit" value="改变排序" class="btn btn-primary">
25    </form>
26  </div>
27 </div>
```

（5）在 foreach 中输出分类列表，具体代码如下。

```
1  <tr class="j-pid-{$v.pid}" {if $v.level}style="display:none"{/if}>
2    <td><input type="text" class="form-control j-sort" maxlength="5" value="{$v.sort}"
3     data-name="sort[{$v.id}]" style="height:25px;font-size:12px;padding:0 5px;"></td>
4    <td><a href="{:url('edit', ['id' => $v.id])}"><img src="{if
5      $v.image}__UPLOAD__/{$v.image}{else /}__STATIC__/goods/img/noimg.png{/if}"
6      width="50" height="50"></a></td>
7    <td>
8      {if $v.level}
9        <small class="text-muted">├──</small> {$v.name}
10     {else /}
11       {if $v.isLeaf}
12         {$v.name}
13       {else /}
14         <a href="#" class="j-toggle" data-id="{$v.id}"><i class="fa fa-plus-square-o
15          fa-minus-square-o fa-fw"></i>{$v.name}</a>
16       {/if}
17     {/if}
18   </td>
19   <td><a href="{:url('edit', ['id' => $v.id])}" style="margin-right:5px;">
     编辑</a>
20   <a href="{:url('delete', ['id' => $v.id])}" class="j-del text-danger">删除
</a></td>
21 </tr>
```

在上述代码中，第 8~17 行用于输出分类名称，其中，第 8 行用于判断分类的层级，如果是二级分类，在分类名称前面加上“├──”前缀；第 11 行用于判断一级分类是否没有子分类，如

果没有子分类，则输出不带链接的分类名称，如果有，则输出带有链接的分类名称。带有链接的分类名称用于在单击时展开或折叠子分类，其属性 data-id 用于在 JavaScript 中获取分类的 id 值，由于在第 1 行代码中将每个分类的 pid 保存在 class 中，因此通过 class 选择器即可找到需要折叠的子分类。第 4~6 行用于输出分类图片，在输出时，判断是否设置了分类图，如果没有设置，使用默认图片 noimg.png。

（6）在页面底部编写 JavaScript 代码，具体代码如下。

```
1  <script>
2    main.ajaxForm('.j-form', function() {
3      main.contentRefresh();
4    });
5    $('.j-sort').change(function() {
6      $(this).attr('name', $(this).attr('data-name'));
7    });
8    $('.j-del').click(function() {
9      if (confirm('您确定要删除此项？')) {
10       main.ajaxPost($(this).attr('href'), function () {
11         main.contentRefresh();
12       });
13     }
14     return false;
15   });
16   $('.j-toggle').click(function() {
17     var id=$(this).attr('data-id');
18     $(this).find('i').toggleClass('fa-plus-square-o');
19     $('.j-pid-' + id).toggle();
20     return false;
21   });
22 </script>
```

在上述代码中，第 16~21 行用于实现子分类的折叠和展开。

（7）在 Category 控制器中编写 sort()方法，实现排序功能，具体代码如下。

```
1  public function sort()
2  {
3      $sort = $this->request->post('sort/a', []);
4      $data = [];
5      foreach ($sort as $k => $v) {
6          $data[] = ['id' => (int)$k, 'sort' => (int)$v];
7      }
8      $menu = new CategoryModel;
9      $menu->saveAll($data);
10     $this->success('改变排序成功。');
11 }
```

（8）通过浏览器访问测试，观察分类列表和更改排序功能是否可以正确执行。

7.1.4　分类添加和修改

（1）在 Category 控制器中编写 edit()方法，具体代码如下。

```
1  public function edit()
2  {
```

```
3     $id = $this->request->param('id/d', 0);
4     $data = ['pid' => 0, 'name' => '', 'image' => '', 'sort' => 0];
5     if ($id) {
6         if (!$data = CategoryModel::get($id)) {
7             $this->error('记录不存在。');
8         }
9     }
10    $category = CategoryModel::tree()->getTreeList();
11    $this->assign('category', $category);
12    $this->assign('data', $data);
13    $this->assign('album_id', 2);
14    $this->assign('id', $id);
15    return $this->fetch();
16 }
```

（2）编写 application/admin/view/goods/category/edit.html 文件，具体代码如下。

```
1  <div>
2    <div class="main-title"><h2>{if $id}编辑{else}新增{/if}分类</h2></div>
3    <div class="main-section">
4      <form method="post" action="{:url('save')}" class="j-form">
5        <ul class="form-group form-inline">
6          <li>
7            <input type="text" class="form-control" maxlength="5" name="sort"
8             value="{$data.sort}" style="width:50px;"> <label>序号</label>
9          </li>
10         <li>
11           <select name="pid" class="form-control" style="min-width:196px;">
12             <option value="0">---</option>
13             {foreach $category as $v}
14               {if $v.level===0 && $v.id!==$id}
15                 <option value="{$v.id}" {if $v.id===$data.pid}selected{/if}>
16                 {$v.name}</option>
17               {/if}
18             {/foreach}
19           </select>
20           <label>上级分类</label>
21         </li>
22         <li>
23           <input type="text" class="form-control" name="name"
24            value="{$data.name}" required> <label>名称</label>
25         </li>
26         <!-- 此处用于编写上传图片按钮，具体在 7.2.8 节中实现 -->
27         <li>
28           <input type="hidden" name="id" value="{$id}">
29           <input type="submit" value="提交表单" class="btn btn-primary">
30           <a href="{:url('index')}" class="btn btn-default">返回列表</a>
31         </li>
32       </ul>
33     </form>
34   </div>
35 </div>
```

```
36 <script>
37   main.ajaxForm('.j-form', function() {
38     main.content("{:url('index')}");
39   });
40 </script>
```

（3）通过浏览器访问测试，新增分类页面的显示效果如图 7-3 所示。

图 7-3　新增分类页面

（4）在 Category 控制器中编写 save()方法，具体代码如下。

```
1  public function save()
2  {
3      $id = $this->request->post('id/d', 0);
4      $data = [
5          'sort' => $this->request->post('sort/d', 0),
6          'pid' => $this->request->post('pid/d', 0),
7          'name' => $this->request->post('name/s', '', 'trim'),
8          'image' => $this->request->post('image/s', '', 'trim')
9      ];
10     $validate = new CategoryValidate();
11     if ($id) {
12         if (!$validate->scene('update')->check(array_merge($data, ['id' => $id]))) {
13             $this->error('修改失败，' . $validate->getError() . '。');
14         }
15         if (!$menu = CategoryModel::get($id)) {
16             $this->error('修改失败，记录不存在。');
17         }
18         $menu->save($data);
19         $this->success('修改成功。');
20     }
21     if (!$validate->scene('insert')->check($data)) {
22         $this->error('添加失败，' . $validate->getError() . '。');
23     }
24     CategoryModel::create($data);
25     $this->success('添加成功。');
26 }
```

在上述代码中，第 10 行用到了验证器，需要导入命名空间，如下所示。

```
1 use app\admin\validate\GoodsCategory as CategoryValidate;
```

（5）创建 application/admin/validate/GoodsCategory.php 文件，具体代码如下。

```
1  <?php
2  namespace app\admin\validate;
3
4  use app\admin\model\GoodsCategory as CategoryModel;
5  use think\Validate;
6
7  class GoodsCategory extends Validate
8  {
9      protected $rule = [
10         'name' => 'require|max:32',
11         'image' => 'max:255'
12     ];
13     protected $message = [
14         'name.require' => '名称不能为空',
15         'name.max' => '名称不能超过 32 个字符',
16         'image.max' => '图片路径不能超过 255 个字符',
17         'pid.different' => '不能选择自己作为上级分类'
18     ];
19     public function sceneInsert()
20     {
21         return $this->append('pid', 'checkPidIsTop');
22     }
23     public function sceneUpdate()
24     {
25         return $this->append('pid', 'checkPidIsTop')->append('pid', 'different:id');
26     }
27     public function checkIdIsLeaf($value, $rule)
28     {
29         $data = CategoryModel::field('id')->where('pid', $value)->find();
30         return $data ? '存在子项' : true;
31     }
32     public function checkPidIsTop($value, $rule)
33     {
34         if ($value !== 0) {
35             if (!$data = CategoryModel::field('pid')->get($value)) {
36                 return '上级分类不存在';
37             }
38             if ($data->pid) {
39                 return '上级分类不能使用子项';
40             }
41         }
42         return true;
43     }
44 }
```

（6）通过浏览器访问测试，观察分类添加和修改功能是否可以正确执行。

7.1.5　分类删除

（1）在 application/admin/validate/GoodsCategory.php 文件中添加 sceneDelete()方法，具体代码如下。

```
1  public function sceneDelete()
2  {
3      return $this->only(['id'])->append('id', 'checkIdIsLeaf');
4  }
```

（2）在 Category 控制器中编写 delete()方法，具体代码如下。

```
1  public function delete()
2  {
3      $id = $this->request->param('id/d', 0);
4      $validate = new CategoryValidate();
5      if (!$validate->scene('delete')->check(['id' => $id])) {
6          $this->error('删除失败，' . $validate->getError() . '。');
7      }
8      if (!$category = CategoryModel::get($id)) {
9          $this->error('删除失败，记录不存在。');
10     }
11     $category->delete();
12     $this->success('删除成功。');
13 }
```

（3）通过浏览器访问测试，观察分类删除功能是否可以正确执行。

7.2　图 片 管 理

在项目开发中，经常会遇到图片上传的需求，如分类图、商品图，商品图又分为商品列表图、商品预览图和商品详情图，它们用来在前台页面的不同位置展示。为了提高开发效率，减少重复的代码编写，本节将会开发一个通用的图片管理功能，用来以相册的形式管理项目中所有的图片，提供图片的上传和删除功能。在项目的前端部分，将会用到 WebUploader 文件上传组件以及 Bootstrap 模态框插件。

7.2.1　创建数据表

开发图片管理功能需要创建两个数据表，分别是 album 和 album_image。album 表用来保存相册的目录结构，album_image 表用来保存图片路径，两者是一对多的关系，即一个相册中包含多张图片。下面通过表 7-2 和表 7-3 来演示 album 表和 album_image 表的结构和数据。

表 7-2　album 表

Id	pid	路　径	名　称	排　序
1	0	goods	商品图库	1
2	1	goods/category_image	分类列表图	1
3	1	goods/goods_image	商品列表图	2
4	1	goods/goods_album	商品预览图	3
5	1	goods/goods_editor	商品详情图	4

表 7-3　album_image 表

Id	相册 id	用户 id	保 存 路 径
1	2	1	2019/05/15/f2efb0888bef8fd157f2f1c8755e6f80.png
2	2	1	2019/05/15/953cfabd3bf5c3a482bbe9ac66c8fa21.jpg

在表 7-2 中，路径是指相册的保存目录，在项目中，用户上传的文件保存在 public/static/uploads 目录中，在该目录下会使用相册的路径来创建子目录。例如，分类列表图的完整保存路径如下。

```
public/static/uploads/goods/category_image
```

考虑到项目的路径将来有可能发生调整，为了尽可能降低影响，推荐在数据库保存的路径中不要包含基础路径 public/static/uploads，在使用图片时，在图片路径前面加上模板变量 __UPLOAD__即可。

在表 7-3 中演示了图片的保存路径的格式，路径是按照文件上传日期创建的子目录，在图片数量非常多时可以更好地管理图片，图片的文件名是程序自动生成的字符串。

在分析了数据表的结构和数据后，下面开始将数据表创建出来，具体步骤如下。

（1）在终端中执行如下命令，创建数据表迁移文件。

```
php think migrate:create Album
```

（2）在新创建的迁移文件中编写 change()方法，具体代码如下。

```
1  public function change()
2  {
3      $table = $this->table('album',
4          ['engine' => 'InnoDB', 'collation' => 'utf8mb4_general_ci']);
5      $table->addColumn('pid', 'integer',
6          ['null' => false, 'default' => 0, 'comment' => '上级 id'])
7        ->addColumn('path', 'string',
8          ['limit' => 32, 'null' => false, 'default' => '', 'comment' => '路径'])
9        ->addColumn('name', 'string',
10         ['limit' => 32, 'null' => false, 'default' => '', 'comment' => '名称'])
11       ->addColumn('sort', 'integer',
12         ['null' => false, 'default' => 0, 'comment' => '排序值'])
13       ->addTimestamps()
14       ->create();
15 }
```

（3）执行如下命令，进行数据库迁移。

```
php think migrate:run
```

（4）执行如下命令，创建数据填充文件。

```
php think seed:create Album
```

（5）在新创建的数据填充文件中编写 run()方法，具体代码如下。

```
1  public function run()
2  {
3      $this->table('album')->insert([
4        ['id' => 1, 'pid' => 0, 'path' => 'goods',
5         'name' => '商品图库', 'sort' => 1],
6        ['id' => 2, 'pid' => 1, 'path' => 'goods/category_image',
7         'name' => '分类列表图', 'sort' => 1],
8        ['id' => 3, 'pid' => 1, 'path' => 'goods/goods_image',
```

```
9         'name' => '商品列表图', 'sort' => 2],
10       ['id' => 4, 'pid' => 1, 'path' => 'goods/goods_album',
11         'name' => '商品预览图', 'sort' => 3],
12       ['id' => 5, 'pid' => 1, 'path' => 'goods/goods_editor',
13         'name' => '商品详情图', 'sort' => 4]
14     ])->save();
15 }
```

（6）执行如下命令，进行数据填充。

```
php think seed:run -s Album
```

（7）执行如下命令，创建数据迁移文件。

```
php think migrate:create AlbumImage
```

（8）在新创建的迁移文件中编写 change()方法，具体代码如下。

```
1  public function change()
2  {
3      $table = $this->table('album_image',
4          ['engine' => 'InnoDB', 'collation' => 'utf8mb4_general_ci']);
5      $table->addColumn('album_id', 'integer',
6          ['null' => false, 'default' => 0,  'comment' => '相册 id'])
7        ->addColumn('admin_user_id', 'integer',
8          ['null' => false, 'default' => 0,  'comment' => '用户 id'])
9        ->addColumn('path', 'string',
10         ['limit' => 255, 'null' => false, 'default' => '', 'comment' => '保存路径'])
11       ->addTimestamps()
12       ->create();
13 }
```

（9）执行如下命令，进行数据库迁移。

```
php think migrate:run
```

（10）执行如下命令，创建数据填充文件。

```
php think seed:create AlbumImage
```

（11）在新创建的数据填充文件中编写 run()方法，具体代码如下。

```
1  public function run()
2  {
3      $this->table('album_image')->insert([
4          ['id' => 1, 'album_id' => 2, 'admin_user_id' => 1, 'path' => ''],
5          ……（请通过本书配套源代码获取完整测试数据）
6      ]);
7  }
```

（12）执行如下命令，进行数据填充。

```
php think seed:run -s AlbumImage
```

7.2.2　相册列表

（1）创建 application/admin/controller/Album.php 文件，具体代码如下。

```
1  <?php
2  namespace app\admin\controller;
3
4  use app\admin\controller\Common;
```

```
5  use app\admin\model\Album as AlbumModel;
6
7  class Album extends Common
8  {
9      public function index()
10     {
11         $album = AlbumModel::tree()->getTreeList();
12         $this->assign('album', $album);
13         return $this->fetch();
14     }
15 }
```

（2）创建 application/admin/model/Album.php 文件，具体代码如下。

```
1  <?php
2  namespace app\admin\model;
3
4  use app\common\library\Tree;
5  use think\Model;
6
7  class Album extends Model
8  {
9      public static function tree()
10     {
11         $data = self::order('sort', 'asc')->select()->toArray();
12         return new Tree($data);
13     }
14 }
```

（3）创建 application/admin/view/album/index.html 文件，具体代码如下。

```
1  <div>
2    <div class="main-title"><h2>图库管理</h2></div>
3    <div class="main-section">
4      <form method="post" action="{:url('sort')}" class="j-form">
5        <table class="table table-striped table-bordered table-hover">
6          <thead>
7            <tr>
8              <th width="55">序号</th><th>名称</th><th>路径</th><th width="100">
             操作</th>
9            </tr>
10         </thead>
11         <tbody>
12           {foreach $album as $v}
13             <!-- 此处代码在下一步中编写 -->
14           {/foreach}
15           {if empty($album)}
16             <tr><td colspan="4" class="text-center">还没有添加项目</td></tr>
17           {/if}
18         </tbody>
19       </table>
20     </form>
21   </div>
```

```
22 </div>
```

（4）在 foreach 中输出相册列表，具体代码如下。

```
1  <tr>
2    <td><small>{$v.sort}</small></td>
3    <td><small class = "text-muted">{if $v.level}├──{/if}</small>
4     <a href = "{:url('show', ['album_id' => $v.id])}">{$v.name}</a></td>
5    <td>{$v.path}</td>
6    <td><a href = "{:url('show', ['album_id' => $v.id])}">查看</a></td>
7  </tr>
```

（5）通过浏览器访问测试，页面效果如图 7-4 所示。

图 7-4　相册列表页面

7.2.3　查看相册

在一个相册中可能会有大量的图片，在开发查看相册功能时，应避免一次性将所有的图片全部显示出来，因为这样不仅浪费系统资源，在查找图片时也非常不便。ThinkPHP 提供了分页查询的功能，可以控制每次查询返回的记录数，并且还能自动生成分页导航链接。下面进行详细讲解。

（1）在 application/admin/config/tpadmin.php 配置文件中添加相册相关的配置，具体代码如下。

```
1  'album' => [
2      'save_path' => './static/uploads',
3      'image_ext' => 'gif,jpg,jpeg,bmp,png',
4  ],
```

在上述配置中，save_path 表示上传文件的保存路径，image_ext 表示允许的文件扩展名。

（2）在 Album 控制器中导入 Config 类的静态代理类的命名空间，如下所示。

```
1  use think\facade\Config;
```

（3）在 Album 控制器中编写 initialize()方法，在控制器初始化时加载配置，具体代码如下。

```
1  protected $savePath = '';
2  protected $imageExt = '';
3  protected function initialize()
4  {
5      parent::initialize();
6      $this->savePath = Config::get('tpadmin.album.save_path');
7      $this->imageExt = Config::get('tpadmin.album.image_ext');
8  }
```

在上述代码中，initialize()方法会在控制器初始化时自动调用，由于子类的 initialize()方法重写了父类的 initialize()方法，需要通过第 5 行代码调用父类的 initialize()方法，让父类的 initialize()方法先执行。

（4）在 Album 控制器中编写 show()方法，具体代码如下。

```
1  public function show()
2  {
3      $album_id = $this->request->param('album_id/d', 0);
4      if (!$album = AlbumModel::get($album_id)) {
5          $this->error('相册不存在。');
6      }
7      $image = ImageModel::where('album_id', $album_id)->order('id', 'desc');
8      $image = $image->paginate(12, false, ['type' => 'bootstrap',
9        'var_page' => 'page']);
10     $this->assign('album', $album);
11     $this->assign('image', $image);
12     $this->assign('upload_ext', $this->imageExt);
13     return $this->fetch();
14 }
```

在上述代码中，第 8 行调用了 paginate()方法用于实现分页查询，第 1 个参数表示返回的记录数，第 2 个参数表示是否使用简洁模式，第 3 个参数表示配置参数。在配置参数中，type 表示用于生成分页导航链接的类名，此处传入 bootstrap 表示使用 thinkphp/library/think/paginator/driver/Bootstrap.php 文件中定义的 Bootstrap 类。参数 var_page 用于在生成分页导航链接时将通过 URL 参数的方式传递。

在开启简洁模式时，生成的导航链接只有上一页和下一页的链接，而关闭简洁模式时，生成的分页导航链接包含页码链接。由于生成页码链接需要查询表中的总记录数，根据总记录数计算总页数，因此效率相比简洁模式要低一些。两种模式的导航链接生成效果对比如图 7-5 所示。

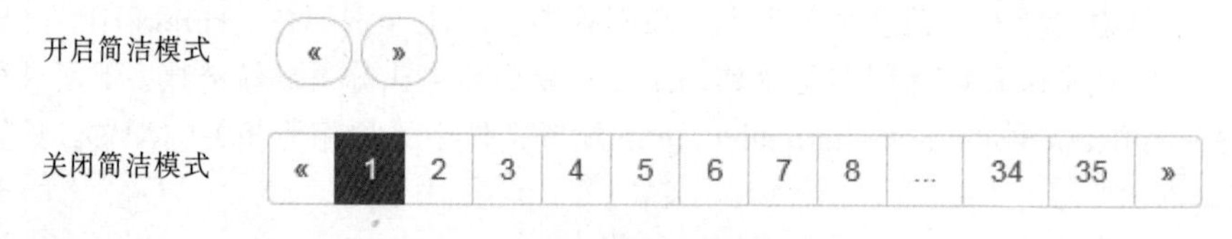

图 7-5　导航链接生成效果

（1）导入 AlbumImage 模型的命名空间，具体代码如下。

```
1  use app\admin\model\AlbumImage as ImageModel;
```

（2）创建 application/admin/model/AlbumImage.php 文件，具体代码如下。

```
1  <?php
2  namespace app\admin\model;
3
4  use think\Model;
5
6  class AlbumImage extends Model
7  {
8  }
```

（3）创建 application/admin/view/album/show.html 文件，具体代码如下。

```
1  <div class="j-album">
```

```
2    <div class="main-title">
3      <h2>{$album.name}<small> ({$album.path}) </small></h2>
4    </div>
5    <div class="main-section">
6      <div class="j-upload">
7        <div class="clearfix">
8          <div class="webuploader-file-picker pull-left"
9           style="margin-right:10px;">+ 上传</div>
10         <a href="{:url('deleteImage')}" class="btn btn-danger j-del">
11         <i class="fa fa-trash-o fa-w"></i> 删除</a>
12       </div>
13       <div class="webuploader-status"></div>
14     </div>
15   </div>
16   <div class="main-section" style="max-width:852px">
17     <ul class="main-imglist">
18     {foreach $image as $v}
19       <li>
20         <div class="main-imglist-item j-img" data-id="{$v.id}">
21           <img src="__UPLOAD__/{$album.path}/{$v.path}"
22            data-path="{$album.path}/{$v.path}">
23           <div class="main-imglist-item-mask"><i class="fa fa-check fa-fw"></i></div>
24         </div>
25         <div class="main-imglist-item-opt">
26           <small><a href="__UPLOAD__/{$album.path}/{$v.path}"
27            target="_blank">查看原图</a></small>
28         </div>
29       </li>
30     {/foreach}
31     </ul>
32     {if $image->isEmpty()}
33     <div class="panel panel-default">
34       <div class="panel-body">当前列表暂无图片。</div>
35     </div>
36     {/if}
37     <div class="text-center">{$image|raw}</div>
38   </div>
39   <script>
40     // 在此处编写图片上传功能的 JavaScript 代码
41   </script>
42 </div>
```

在上述代码中，第 8~9 行是上传按钮，第 10~11 行是删除按钮，第 13 行的<div>标签用来显示多文件上传队列和每个文件的上传进度，具体在后面的小节中实现。第 12 行的<div>标签用于在用户单击某一张图片后，将图片显示为选中的效果，具体在后面的小节中实现。

7.2.4　整合 WebUploader

WebUploader 是由百度开发的一个上传组件，用来在浏览器端进行文件上传，相比浏览器自带的表单文件上传方式，WebUploader 的功能更加强大，它通过 Ajax 进行上传，支持上传进度显示。在官方网站 https://fex.baidu.com/webuploader 可以获取 WebUploader 的下载地址。

本书在配套源代码中将 WebUploader 放在了 public/static/admin/goods/uploader/webuploader/0.1.5 目录中，其中 0.1.5 表示版本号。由于不是所有的页面都需要加载 WebUploader，因此不需要将 WebUploader 的代码通过<script>标签引入，而是通过 JavaScript 手动加载。具体实现步骤如下。

（1）打开 public/static/admin/js/mian.js 文件，在 main 对象中添加如下代码。

```
1  loaded: {css: [], js: []},
2  loadCSS: function(arr) {
3    arr = (typeof arr === 'string') ? [arr] : arr;
4    for(var i in arr) {
5      if (this.loaded.css[arr[i]]) {
6        return;
7      }
8      $('<link>').attr({rel: 'stylesheet', href: arr[i]}).appendTo('head');
9      this.loaded.css[arr[i]] = true;
10   }
11 },
12 loadJS: function(arr) {
13   arr = (typeof arr === 'string') ? [arr] : arr;
14   for(var i in arr) {
15     if (this.loaded.js[arr[i]]) {
16       return;
17     }
18     $('<script></script>').attr('src', arr[i]).appendTo('head');
19     this.loaded.js[arr[i]] = true;
20   }
21 },
```

在上述代码中，loadCSS()和 loadJS()方法用于加载 CSS 和 JS 文件，参数 arr 是文件列表数组，如果传入的是字符串，则会自动转换为数组。第 5~7 行和第 15~17 行代码用于避免重复加载。

（2）修改 application/admin/view/album/show.html 文件中的 JavaScript 代码，如下所示。

```
1  <script>
2    main.loadCSS('__STATIC__/goods/uploader/webuploader.css');
3    main.loadJS('__STATIC__/goods/uploader/webuploader/0.1.5/' +
4     'webuploader.html5only.min.js');
5    main.loadJS('__STATIC__/goods/uploader/main.uploader.js');
6    ……（此处代码在后面的步骤中实现）
7  </script>
```

在上述代码中，第 2 行加载的 webuploader.css 文件保存了一些自定义的样式，读者可以从配套源代码中获取该文件。第 5 行加载的 main.uploader.js 文件用于为 main 对象增加 uploader()方法，通过 uploader()方法可以自动创建 WebUploader 实例，具体代码在下一步中实现。

（3）创建 public/static/admin/goods/uploader/main.uploader.js 文件，具体代码如下。

```
1  (function($, main) {
2    var instances = {};
3    main.uploader = function(obj, id, opt) {
4      opt = $.extend({
5        url: '',                    // 图片上传地址
6        name: '',                   // 上传文件的 name 值
7        success: function() {},     // 成功是执行的函数
```

```
8        error: function() {},       // 失败时执行的函数
9        finish: function() {},      // 完成时执行的函数（成功或失败都执行）
10       accept: {},                 // 允许的文件类型
11       formData: {}                // 附加数据
12     }, opt);
13     if (instances[id]) {
14       instances[id].destroy();
15       $('#'+id).removeAttr('id');
16     }
17     return instances[id] = Uploader.create(obj, id, opt);
18   };
19   function Uploader(obj, id, opt) {// 创建 WebUploader 实例，在后面的步骤中实现
20   }
21   Uploader.create = function(obj, id, opt) {
22     return new Uploader(obj, id, opt);
23   };
24   function Status(obj) {                   // 创建进度条实例，在后面的步骤中实现
25   }
26   Status.create = function(obj) {
27     return new Status(obj);
28   };
29 })(jQuery, main);
```

在上述代码中，第 3 行的 main.uploader()方法的参数 obj 表示页面中的元素，id 表示唯一标识，opt 表示可选参数。在创建 WebUploader 实例时，会通过第 2 行的 instances 对象保存已经创建过的实例，然后在第 13~16 行判断指定 id 的实例是否已经创建过，如果创建过则调用 destroy()方法销毁实例，然后执行第 17 行代码创建实例，将新创建的实例返回。

（4）编写 Uploader()构造函数，完成 WebUploader 实例的创建，具体代码如下。

```
1  function Uploader(obj, id, opt) {
2    $.extend(this, opt);
3    obj.find('.webuploader-file-picker').attr('id', id);
4    uploader = WebUploader.create({
5      auto: true,              // 选完文件后，是否自动上传
6      server: this.url,        // 文件上传地址
7      pick: '#'+id,            // 选择文件的按钮
8      fileVal: this.name,      // 上传文件 name 值
9      duplicate: true,         // 允许重复上传同一张图片
10     accept: this.accept,     // 允许的文件类型
11     formData: this.formData // 附加数据
12   });
13   ……（此处代码在后面的步骤中编写）
14   return uploader;
15 }
```

（5）修改 Status()构造函数，完成进度条实例的创建，具体代码如下。

```
1  function Status(obj) {
2    this.obj = $('<div class = "webuploader-status-item"></div>').appendTo(obj);
3    this.name = $('<span class = "webuploader-status-name"></span>').appendTo(this.obj);
4    this.progress = $('<span class="webuploader-status-progress"></span>')
5      .appendTo(this.obj);
```

```
6   this.progressBar = $('<i></i>').appendTo(this.progress);
7   this.progressPer = $('<span class="webuploader-status-per">0%</span>')
8    .appendTo(this.obj);
9 }
```

（6）在 Uploader()构造函数中编写代码，在上传文件前添加进度条，并将令牌放入请求头中。

```
1  var that = this;
2  var status = obj.find('.webuploader-status');
3  var statusItems = {};
4  uploader.on('uploadBeforeSend', function(obj, data, headers) {
5    statusItems[obj.file.id] = Status.create(status);
6    statusItems[obj.file.id].name.text(obj.file.name);
7    headers['X-CSRF-TOKEN'] = main.token;
8  });
```

（7）继续编写代码，在上传过程中更新进度条显示的进度，如下所示。

```
1  uploader.on('uploadProgress', function (file, percentage) {
2    per = parseInt(percentage*100)+'%';
3    statusItems[file.id].progressBar.css('width', per);
4    statusItems[file.id].progressPer.html(per);
5  });
```

（8）继续编写代码，分别针对上传完成（uploadComplete）、上传结束（uploadFinished）、上传成功（uploadSuccess）、上传失败（uploadError）这 4 种情况进行不同的处理。具体代码如下。

```
1  uploader.on('uploadComplete', function(file) {
2    statusItems[file.id].obj.fadeOut('fast', function() {
3      $(this).remove();
4    })
5  });
6  uploader.on('uploadFinished', function() {
7    that.finish();
8  });
9  uploader.on('uploadSuccess', function(file, response) {
10   if (response.code === 0) {
11     main.toastr.error(file.name+' '+response.msg);
12   }
13   that.success(file, response);
14 });
15 uploader.on('uploadError', function(file, reason) {
16   main.toastr.error(file.name+' 上传失败，服务器异常。');
17     that.error(file, reason);
18 });
```

在上述代码中，第 1 行的 uploadComplete 表示无论上传成功或者失败，只要每个文件上传完成就会触发事件；第 6 行的 uploadFinished 表示当所有的文件全部上传完成时触发事件；第 9 行的 uploadSuccess 表示在每个文件上传成功时触发事件，第 15 行的 uploadError 表示在每个文件上传失败时触发事件。

7.2.5　上传图片

在上一节中已经在 JavaScript 脚本中封装好了一个 main.uploader()方法，使用这个方法可以快速创建 WebUploader 实例。接下来，继续编写页面和控制器的代码，完成图片上传功能。

（1）在 application/admin/view/album/show.html 文件中编写如下 JavaScript 代码。

```
1  (function() {
2   var album = $('.j-album:not(.j-album-enable)').addClass('j-album-enable');
3   main.uploader(album.find('.j-upload'), 'goods_uploader', {
4     url: "{:url('upload', ['album_id' => $album.id, '_ajax' => 1])}",
5     name: 'image',
6     accept: {
7       title: 'Images',
8       extensions: '{$upload_ext}',
9       mimeTypes: 'image/*'
10    },
11    finish: function() {
12      main.ajax("{:url('', ['album_id' => $album.id])}", function(data) {
13        album.replaceWith(data);
14      });
15    }
16  });
17  album.find('.pagination a').click(function() {
18    var url = $(this).attr('href');
19    main.ajax(url, function(data) {
20      album.replaceWith(data);
21      if($('.modal-open').length === 0) {
22        window.history.pushState(null, null, url);
23      }
24    });
25    return false;
26  });
27  ……（此处代码在后面的步骤中编写）
28 })();
```

在上述代码中，第 2 行用于获取当前页面中的“.j-album”元素，由于相册页面将来会在其他页面中调用，通过添加 class 值 j-album-enable 可以区分哪些页面已经加载过，避免重复加载。第 2~16 行用于创建 WebUploader 实例，第 5 行指定了上传文件的 name 值，第 6~10 行用于指定上传的文件类型，第 11~15 行用于在所有的文件上传完成后刷新相册页面。第 17~26 行用于为分页导航链接绑定单击事件，在单击链接后通过 Ajax 来加载指定页面。第 22 行用于更新页面的 URL 地址，在更新前，通过第 21 行代码判断当前页面是否在模态框中，如果在模态框中则不要更新 URL 地址。

（2）在 Album 控制器中编写 upload()方法，具体代码如下。

```
1 public function upload()
2 {
3     $album_id = $this->request->param('album_id/d', 0);
4     if (!$album = AlbumModel::get($album_id)) {
```

```
5          $this->error('上传失败，相册不存在。');
6      }
7      $albumPath = $album->path;
8      $savePath = $this->savePath . '/' . $albumPath;
9      $file = $this->request->file('image');
10     $info = $file->validate(['ext' => $this->imageExt])->rule(function () {
11         return date('Y/m/d/') . md5(microtime(true));
12     })->move($savePath);
13     if(!$info) {
14         $this->error('上传失败，' . $file->getError());
15     }
16     // 在此处编写创建缩略图的代码（在下一步中实现）
17     ImageModel::create([
18         'album_id' => $album_id,
19         'admin_user_id' => $this->auth->getLoginUser('id'),
20         'path' => $info->getSaveName()
21     ]);
22 }
```

在上述代码中，第 9 行的 file()方法用于获取上传文件，其返回值$file 是一个 think\File 类的对象，通过这个对象可以进行验证、保存等操作。第 10 行调用了 validate()方法，该方法以数组形式传入可选参数，在数组中，size 表示上传文件的最大字节，ext 表示允许的文件扩展名，type 表示允许的文件 MIME 类型。在验证图像类型的扩展名时，程序会自动验证文件是否为一个合法的图像文件。第 10 行的 rule()方法用于配置文件的命名规则，该方法的参数可以传入规则字符串或函数，此处传入的规则表示根据当前日期自动生成子目录，并自动生成文件名。第 12 行的 move()方法用于将上传文件移动到指定的目录中，并以 rule()方法传入的规则自动创建子目录和生成文件名。第 17~21 行用于将图片的文件路径保存到数据库中。

（3）通过浏览器访问测试。随意进入一个相册后，单击上传按钮，选择一张或多张图片进行上传。由于图片文件的体积通常都比较小，上传速度很快，为了更好地看到上传进度的变化，在浏览器的开发者工具中切换到 Network 面板，将网速设为 Slow 3G，如图 7-6 所示。

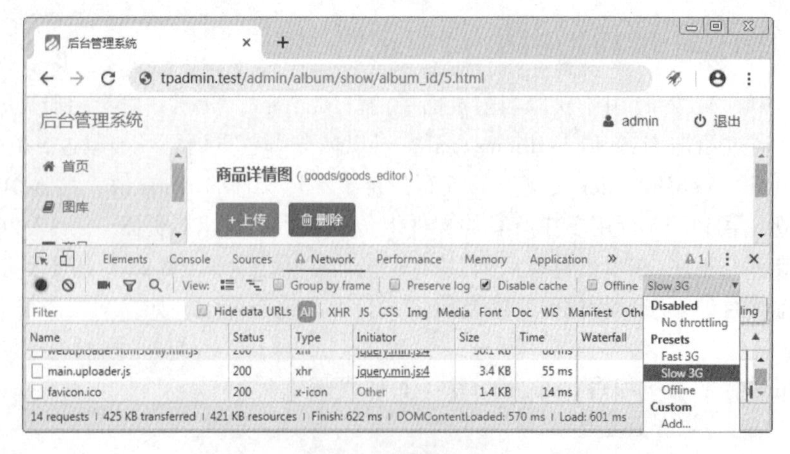

图 7-6 限制网速

（4）更改网速后，选择多张图片进行上传，就可以看到图片的上传进度，如图 7-7 所示。

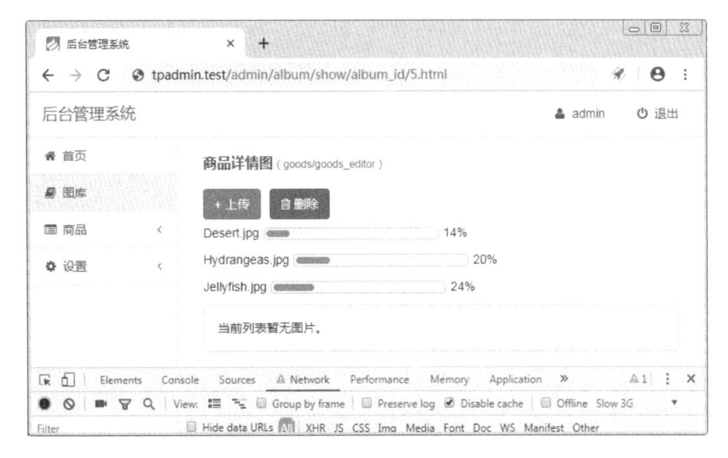

图 7-7　显示上传进度

（5）当图片全部上传完成后，就会显示已经上传的图片，如图 7-8 所示。

图 7-8　显示已经上传的图片

7.2.6　创建缩略图

为了方便开发人员对图像进行处理，ThinkPHP 提供了图像处理扩展库，用来对图片进行裁剪、缩略、添加水印等处理。由于不同相册的图片需要进行不同的处理，为了使代码的可扩展性强，下面将专门编写一个 AlbumImage 类，用于根据相册的路径自动寻找相应的类来进行图像处理，具体步骤如下。

（1）在终端中执行如下命令，安装 ThinkPHP 图像处理扩展。

```
composer require topthink/think-image
```

（2）创建 application\admin\library\goods\AlbumImage.php 文件，具体代码如下。

```
1  <?php
2  namespace app\admin\library\goods;
3
4  use think\Image;
5
6  class AlbumImage
7  {
8      public function thumbCategoryImage($filePath, $savePath)
9      {
```

```
10         $image = Image::open($filePath);
11         return $image->thumb(140, 140, Image::THUMB_FILLED)->save($savePath);
12     }
13     public function thumbGoodsImage($filePath, $savePath)
14     {
15         $image = Image::open($filePath);
16         return $image->thumb(200, 200, Image::THUMB_FILLED)->save($savePath);
17     }
18     public function thumbGoodsAlbum($filePath, $savePath)
19     {
20         $image = Image::open($filePath);
21         return $image->thumb(800, 800, Image::THUMB_FILLED)->save($savePath);
22     }
23 }
```

在上述代码中，第 10 行的 Image::open()方法用来创建图像处理实例，参数$filePath 表示图片路径；第 11 行的 thumb()方法用来创建缩略图，第 1 个参数表示宽度，第 2 个参数表示高度，单位为像素，第 3 个参数表示缩略图的缩略方式，有 6 个可选值，如表 7-4 所示。

表 7-4　缩略方式

常 量 名	常 量 值	说　明
Image::THUMB_SCALING	1	等比例缩放
Image::THUMB_FILLED	2	缩放后填充
Image::THUMB_CENTER	3	居中裁剪
Image::THUMB_NORTHWEST	4	左上角裁剪
Image::THUMB_SOUTHEAST	5	右下角裁剪
Image::THUMB_FIXED	6	固定尺寸缩放

当设置缩放方式为 Image::THUMB_FILLED 时，会将图片缩放后填入目标宽高的画布中，原图的宽高比保持不变，不足的部分自动填补空白。

（3）在 application/admin/config/tpadmin.php 配置文件中添加缩略图配置，具体代码如下。

```
1 'album_thumb' => [
2     // 配置格式为“相册路径=>[类名，方法名]”
3     'goods/category_image' => [\app\admin\library\goods\AlbumImage::class,
4      'thumbCategoryImage'],
5     'goods/goods_image' => [\app\admin\library\goods\AlbumImage::class,
6      'thumbGoodsImage'],
7     'goods/goods_album' => [\app\admin\library\goods\AlbumImage::class,
8      'thumbGoodsAlbum']
9 ],
```

（4）在 Album 控制器的 initialize()方法中加载配置，具体代码如下。

```
1 protected $thumb = [];
2 protected function initialize()
3 {
4     ……（原有代码）
5     $this->thumb = Config::get('tpadmin.album_thumb');
6 }
```

（5）在 Album 控制器的 upload()方法中找到创建缩略图的代码位置，编写如下代码。

```
1 if (isset($this->thumb[$albumPath])) {
```

```
2     $filePath = $savePath . '/' . $info->getSaveName();
3     list($class, $method) = $this->thumb[$albumPath];
4     (new $class)->$method($filePath, $filePath);
5   }
```

在上述代码中，第 1 行用于判断配置文件中是否有针对当前相册的缩略图配置，如果有，则取出配置文件中指定的类名和方法名，调用类的方法来完成创建缩略图的任务。

（6）通过浏览器访问测试，观察创建缩略图功能是否可以正确执行。

7.2.7 删除图片

在图片列表中，当用户单击了某张图片后，就会将图片设为选中状态，然后单击“删除”按钮，就表示删除所有选中的图片。具体实现步骤如下。

（1）在 application/admin/view/album/show.html 文件中继续编写 JavaScript 代码，如下所示。

```
1  album.find('.j-img').click(function() {
2    $(this).toggleClass('j-img-selected active');
3  });
4  album.find('.j-del').click(function() {
5    var ids = [];
6    album.find('.j-img-selected').each(function() {
7      ids.push($(this).attr('data-id'));
8    });
9    if (ids.length<1) {
10     main.toastr.error('您没有选择任何图片。');
11     return false;
12     }
13   if (!confirm('您确定要删除选中的'+ids.length+'张图片？')) {
14     return false;
15   }
16   main.ajaxPost({'url': $(this).attr('href'), data: {ids: ids}}, function() {
17     main.ajax("{:url('', ['album_id' => $album.id])}", function(data) {
18       album.replaceWith(data);
19     });
20   });
21   return false;
22 });
```

（2）通过浏览器访问测试，随意选中一些图片，页面显示效果如图 7-9 所示。

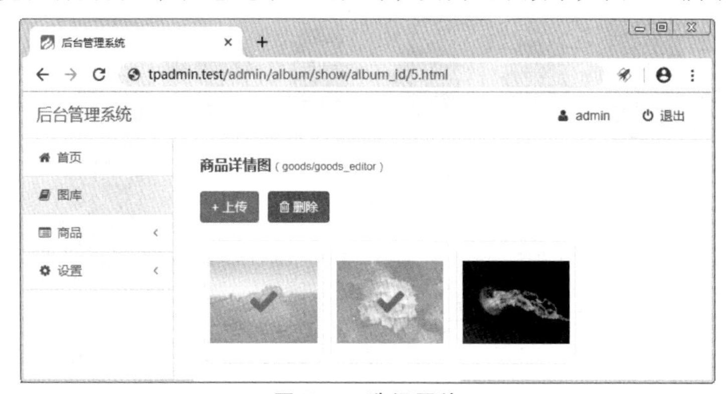

图 7-9　选择图片

（3）在 Album 控制器中增加 deleteImage()方法，具体代码如下。

```
1  public function deleteImage()
2  {
3      $ids = $this->request->post('ids/a', [], 'intval');
4      $path = ImageModel::where('id', 'in', $ids)->select();
5      foreach ($path as $v) {
6          $savePath = $this->savePath . '/' . $v->album->path . '/' . $v->path;
7          if (is_file($savePath)) {
8              unlink($savePath);
9          }
10     }
11     ImageModel::where('id', 'in', $ids)->delete();
12     $this->success('删除成功。');
13 }
```

在上述代码中，第 5~10 行用于将图片对应的文件删除。

（4）在 AlbumImage 模型中增加 album()方法，建立模型关联，具体代码如下。

```
1  public function album()
2  {
3      return $this->belongsTo('album');
4  }
```

（5）通过浏览器访问测试，观察删除图片功能是否可以正确执行。

7.2.8 将相册放入模态框

模态框是 Bootstrap 中的一个插件，用来显示覆盖在父窗体上的子窗体，在本项目中，模态框将用来在其他页面中调用相册页面，从而方便地进行图片的上传和使用。例如，在新增分类页面中，当用户单击“上传图片”按钮后，就会弹出一个模态框，显示分类列表相册中的图片，如图 7-10 所示。

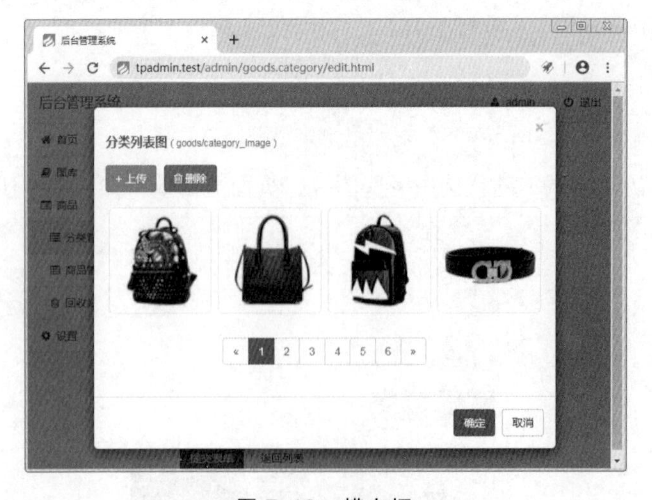

图 7-10　模态框

在图 7-10 中，用户除了可以进行图片的上传和删除操作外，可以在选择一张图片后，单击“确定”按钮，就表示使用选中的图片作为当前编辑的分类的图片。

在分析了将相册放入模态框的实现效果后，下面开始讲解具体的代码实现，具体步骤如下。

（1）在 application/admin/view/goods/category/edit.html 文件中增加上传图片的代码，如下所示。

```
1  <li>
2    <input type="button" class="btn btn-success j-upload-category" value="上传图片">
3  </li>
4  <li>
5    <ul class="main-imglist j-category-image">
6      <li>
7        <div class="main-imglist-item">
8          <img class="j-upload-category" src="{if $data.image}__UPLOAD__/{$data.image}
9           {else /}__STATIC__/goods/img/noimg.png{/if}">
10         <div class="main-imglist-item-opt" {if !$data.image}style="display:none"{/if}>
11           <input type="hidden" name="image" value="{$data.image}">
12           <small><a class="j-category-image-del" href="#">删除</a></small>
13         </div>
14       </div>
15     </li>
16   </ul>
17 </li>
```

在上述代码中，第 7~14 行用于显示当前分类已有的图片，并在图片下面放一个删除链接。

（2）在 application/admin/view/common/layout.html 文件中编写模态框的页面结构，将如下代码写在 main.init()所在的<script>标签之前。

```
1  <div class="modal fade" tabindex="-1" role="dialog">
2    <div class="modal-dialog" role="document">
3      <div class="modal-content">
4        <div class="modal-body">
5          <button type="button" class="close" data-dismiss="modal"
6           aria-label="Close"><span aria-hidden="true">&times;</span></button>
7          <div class="j-modal-content"></div>
8          <div class="main-loading" style="display:none">
9            <div class="dot-carousel"></div>
10         </div>
11       </div>
12       <div class="modal-footer">
13         <button type="button" class="btn btn-primary j-modal-submit">确定</button>
14         <button type="button" class="btn btn-default j-modal-cancel"
15          data-dismiss="modal">取消</button>
16       </div>
17     </div>
18   </div>
19 </div>
```

在上述代码中，第 5~6 行用于显示模态框的“×”关闭按钮，第 7 行用于显示模态框的内容，第 8~10 行用于在模态框中显示加载提示。

（3）在 main.js 文件中编写 modal()方法，具体代码如下。

```
1  modal: function(url, submit) {
2    var that = this;
```

```
3    var modal = $('.modal');
4    that.ajax(url, function(data) {
5      modal.find('.j-modal-content').html(data);
6    });
7    modal.find('.j-modal-submit').off('click').click(function() {
8      if (submit(modal)!== false) {
9        modal.modal('hide');
10     }
11   });
12   modal.modal('show');
13 }
```

在上述代码中，modal()方法的参数 url 表示请求的页面路径，submit 表示当用户单击模态框的“确定”按钮时执行的函数。第 4 行用于请求指定的 url，将返回的结果保存到变量 html 中，第 7~11 行用于为“确定”按钮绑定单击事件，第 9 行用于隐藏模态框，第 12 行用于显示模态框。

（4）在 application/admin/view/goods/category/edit.html 文件中为上传图片按钮绑定事件，如下所示。

```
1  $('.j-upload-category').click(function() {
2    main.modal("{:url('album/show', ['album_id' => $album_id])}", function(modal) {
3      var obj = modal.find('.j-img-selected');
4      if (obj.length>1) {
5        main.toastr.error('最多只能选择一个。');
6        return false;
7      }
8      if (obj.length<1) {
9        main.toastr.error('最少选择一个。');
10       return false;
11     }
12     var img = obj.find('img');
13     $('.j-category-image img').attr('src', img.attr('src'));
14     $('.j-category-image input[name = image]').val(img.attr('data-path'));
15     $('.j-category-image .main-imglist-item-opt').show();
16   });
17   return false;
18 });
```

在上述代码中，第 13 行用于将当前显示的分类图片设为选中的图片，第 14 行用于在当前页面的表单中将 name 为 image 的隐藏域的值设为图片的路径，第 15 行用于显示图片下方的删除链接。

（5）为图片的删除链接绑定事件，具体代码如下。

```
1  $('.j-category-image-del').click(function() {
2    $('.j-category-image img').attr('src', '__STATIC__/goods/img/noimg.png');
3    $('.j-category-image input[name=image]').val('');
4    $('.j-category-image .main-imglist-item-opt').hide();
5    return false;
6  });
```

（6）通过浏览器访问测试，选择分类图片后，页面效果如图 7-11 所示。

图 7-11　选择分类图片

7.3　商品管理

在商品管理功能中，除了实现商品的增、删、改、查操作外，还需要实现商品的软删除功能、快捷上下架功能、筛选功能、搜索功能、上传图片功能，以及将 UEditor 编辑器整合到项目中。其中，上传图片功能通过调用相册模态框来完成，在页面中共有 3 个上传按钮，分别是“上传列表图”按钮、“上传预览图”按钮和 UEditor 编辑器中的“上传商品详情图”按钮。本节将针对商品管理功能进行详细讲解。

7.3.1　创建数据表

（1）在终端中执行如下命令，创建数据表迁移文件。

```
php think migrate:create GoodsGoods
```

（2）在新创建的迁移文件中编写 change()方法，具体代码如下。

```
1  public function change()
2  {
3      $table = $this->table('goods_goods',
4          ['engine' => 'InnoDB', 'collation' => 'utf8mb4_general_ci']);
5      $table->addColumn('goods_category_id', 'integer',
6          ['null' => false, 'default' => 0,  'comment' => '分类 id'])
7        ->addColumn('name', 'string',
8          ['limit' => 100, 'null' => false, 'default' => '', 'comment' => '名称'])
9        ->addColumn('sell_point', 'string',
10         ['limit' => 255, 'null' => false, 'default' => '', 'comment' => '卖点'])
11       ->addColumn('price', 'decimal', [,'precision' => 10,
12         'scale' => 2, 'null' => false, 'default' => 0, 'comment' => '价格'])
13       ->addColumn('num', 'integer',
14         ['null' => false, 'default' => 0, 'comment' => '库存量'])
15       ->addColumn('image', 'string',
16         ['null' => false, 'default' => '', 'comment' => '图片'])
17       ->addColumn('status', 'boolean',
18         ['null' => false, 'default' => 0, 'comment' => '状态'])
19       ->addColumn('content', 'text', ['null' => false, 'comment' => '详情'])
20       ->addColumn('album', 'text', ['null' => false, 'comment' => '相册'])
```

```
21        ->addColumn('delete_time', 'timestamp', ['null' => true, 'comment' => '删除时间'])
22        ->addTimestamps()
23        ->create();
24 }
```

在上述代码中，第 17~18 行的“状态”字段表示商品是否上架，值为 0 表示下架，值为 1 表示上架。第 21 行的“删除时间”字段用来开发商品软删除功能，如果默认值为 NULL 表示未被删除。

（3）执行如下命令，进行数据库迁移。

```
php think migrate:run
```

（4）执行如下命令，创建数据库填充文件。

```
php think seed:create GoodsGoods
```

（5）在新创建的数据填充文件中编写 run()方法，具体代码如下。

```
1  public function run()
2  {
3      $data = [];
4      for($i = 1; $i <= 100; ++$i) {
5          $data[] = ['id'=>$i, 'name' => '商品' . $i, 'goods_category_id' => 2,
6           'content' => '', 'album' => '','status' => '];
7      }
8      $this->table('goods_goods')->insert($data)->save();
9  }
```

上述代码用于自动生成 100 条测试数据。

（6）执行如下命令，进行数据填充。

```
php think seed:run -s GoodsGoods
```

7.3.2 商品列表

（1）创建 application/admin/controller/goods/Goods.php 文件，具体代码如下。

```
1  <?php
2  namespace app\admin\controller\goods;
3
4  use app\admin\model\GoodsGoods as GoodsModel;
5  use app\admin\model\GoodsCategory as CategoryModel;
6  use app\admin\controller\Common;
7
8  class Goods extends Common
9  {
10 }
```

（2）创建 application/admin/model/GoodsGoods.php 文件，具体代码如下。

```
1  <?php
2  namespace app\admin\model;
3
4  use think\Model;
5
6  class GoodsGoods extends Model
7  {
8      public function goodsCategory()
```

```
9      {
10         return $this->belongsTo('GoodsCategory');
11     }
12 }
```

在上述代码中，第 8 行的 goodsCategory()用于建立商品表和分类表的模型关联。

（3）在 Goods 控制器中编写 index()方法，具体代码如下。

```
1  public function index()
2  {
3      $category_id = $this->request->param('category_id/d', 0);
4      $search = $this->request->get('search/s', '');
5      $pagesize = $this->request->get('pagesize/d', 15);
6      $goods = GoodsModel::with('goodsCategory')->field('content,album',
7       true)->order('id', 'desc');
8      if ($category_id) {
9          $goods->where('goods_category_id', $category_id);
10     }
11     if ($search !== '') {
12         $sql_search = strtr($search, ['%' => '\%', '_' => '\_', '\\' => '\\\\']);
13         $goods->whereLike('name', '%' . $sql_search . '%');
14     }
15     $params = ['search' => $search, 'pagesize' => $pagesize];
16     $goods = $goods->paginate($pagesize, false, ['type' => 'bootstrap',
17      'var_page' => 'page', 'query' => $params]);
18     $category = CategoryModel::tree()->getTree();
19     $this->assign('goods', $goods);
20     $this->assign('category', $category);
21     $this->assign('category_id', $category_id);
22     $this->assign('search', $search);
23     return $this->fetch();
24 }
```

在上述代码中，第 3~5 行用于接收查询参数，其中，category_id 表示查询指定分类下的商品，如果值为 0 表示查询所有分类下的商品；search 表示需要搜索的商品名称关键字；pagesize 表示每页显示的记录数。第 6 行在查询商品表时，通过 with()方法关联预查询，然后调用了 field()方法，该方法的第 2 个参数设为 ture，表示在查询结果中排除第 1 个参数传入的字段。这里排除的 content 和 album 字段是 TEXT 类型的字段，它们不需要在页面中显示，排除这两个字段可以提高查询效率。第 11~14 行用于实现搜索功能，第 12 行对用户提交的关键词进行了转义处理。

（4）创建 application/admin/view/goods/goods/index.html 文件，具体代码如下。

```
1  <div>
2    <div class="main-title"><h2>商品管理</h2></div>
3    <div class="main-section form-inline">
4      <a href="{:url('edit', ['category_id' => $category_id])}"
5       class="btn btn-success">+ 新增</a>
6      <!-- 此处编写分类下拉菜单、搜索框 -->
7    </div>
8    <div class="main-section">
9      <table class="table table-striped table-bordered table-hover">
10       <thead>
```

```
11        <tr>
12          <th width="80">分类</th><th width="60">图片</th><th>名称</th>
13          <th width="80">库存量</th><th width="70">状态</th>
14          <th width="155">创建时间</th><th width="100">操作</th>
15        </tr>
16      </thead>
17      <tbody>
18        {foreach $goods as $v}
19          <!-- 此处编写商品列表代码 -->
20        {/foreach}
21        {if $goods->isEmpty()}
22          <tr><td colspan="7" class="text-center">列表为空</td></tr>
23        {/if}
24      </tbody>
25    </table>
26    <div class="text-center">{$goods|raw}</div>
27  </div>
28 </div>
```

（5）在 foreach 中输出商品列表，具体代码如下。

```
1  <tr>
2    <td>{$v.goods_category.name ?: '---'}</td>
3    <td>
4      <a href="{:url('edit', ['id'=>$v.id])}"><img src="{if $v.image}
5       __UPLOAD__/{$v.image}{else /}__STATIC__/goods/img/noimg.png{/if}" width="50"
6       height="50"></a>
7    </td>
8    <td><a href="{:url('edit', ['id' => $v.id])}">{$v.name}</a></td>
9    <td>{$v.num}</td>
10   <td>
11     {if $v.status}<span class="text-success">上架</span>{else /}
12      <span class="text-warning">下架</span>{/if}
13   </td>
14   <td>{$v.create_time}</td>
15   <td>
16     <a href="{:url('edit', ['id'=>$v.id])}" style="margin-right:5px;">编辑</a>
17     <a href="{:url('delete', ['id'=>$v.id])}" class="j-del text-danger">删除</a>
18   </td>
19 </tr>
```

（6）编写分类下拉菜单页面结构，具体代码如下。

```
1  <select class="j-select form-control" style="min-width:120px;margin-left:2px">
2    <option value="{:url('', ['category_id' => 0])}">所有分类</option>
3    {foreach $category as $v}
4      <optgroup label="{$v.name}">
5        {foreach $v.sub as $vv}
6          <option value="{:url('', ['category_id'=>$vv.id])}"
7           {if $category_id==$vv.id}selected{/if}>{$vv.name}</option>
8        {/foreach}
9      </optgroup>
10   {/foreach}
11 </select>
```

在上述代码中，第 4 行的<optgroup>标签用来在下拉菜单中进行分组，实现二级菜单的效果。

（7）在页面底部编写 JavaScript 代码，实现下拉菜单的切换，具体代码如下。

```
1  <script>
2    $('.j-select').change(function() {
3      main.content($(this).val());
4    });
5  </script>
```

（8）编写搜索框页面结构，具体代码如下。

```
1  <form class="input-group j-search" style="width:200px;margin:0 2px;">
2    <input type="text" class="form-control" name="search" value="{$search}"
3     placeholder="输入商品名" required>
4    <span class="input-group-btn">
5      <input type="submit" class="btn btn-default" value="搜索">
6    </span>
7  </form>
8  {if $search!==''}
9    <a href="{:url('', ['category_id'=>$category_id])}">清除条件</a>
10 {/if}
```

（9）编写 JavaScript 代码，实现单击搜索按钮时发送 Ajax 请求，具体代码如下。

```
1  <script>
2    ……（原有代码）
3    $('.j-search').submit(function() {
4      var val=$(this).find('input[name=search]').val();
5      main.content('?search='+encodeURIComponent(val));
6      return false;
7    });
8  </script>
```

（10）通过浏览器访问测试，页面效果如图 7-12 所示。

图 7-12　商品列表页面

7.3.3　商品软删除

软删除就是在数据库中将某一条记录的状态设置成删除状态，并没有真正删除该条记录，这样可以防止项目中重要的数据丢失，方便做数据统计和数据恢复。下面开始讲解如何实现商品的软删除功能，在删除商品时将商品放入回收站，然后在回收站中可以执行恢复或彻底删除的操作。具体步骤如下。

（1）在 application/admin/view/goods/goods/index.html 文件中编写 JavaScript 代码，具体代码如下。

```
1  <script>
2    ……（原有代码）
3    $('.j-del').click(function() {
4      if (confirm('您确定将此项放入回收站？')) {
5        main.ajaxPost($(this).attr('href'), function () {
6          main.contentRefresh();
7        });
8      }
9      return false;
10   });
11 </script>
```

（2）修改 GoodsGoods 模型，为模型添加软删除功能，具体代码如下。

```
1  <?php
2  namespace app\admin\model;
3
4  use think\Model;
5  use think\model\concern\SoftDelete;        // 导入软删除命名空间
6
7  class GoodsGoods extends Model
8  {
9      use SoftDelete;                            // 引入软删除 trait
10     protected $deleteTime = 'delete_time'; // 删除时间字段（值为 NULL 表示未删除）
11     ……（原有代码）
12 }
```

在上述代码中，软删除的代码被单独定义在一个 trait 文件中，需要在第 9 行使用 use 语法来引入。

（3）编写 Goods 控制器的 delete()方法，具体代码如下。

```
1  public function delete()
2  {
3      $id = $this->request->param('id/d', 0);
4      if (!$goods = GoodsModel::get($id)) {
5          $this->error('删除失败，记录不存在。');
6      }
7      $goods->delete();
8      $this->success('删除成功。');
9  }
```

在上述代码中，当执行模型的 delete()方法时，就会进行软删除操作。

（4）创建 application/admin/controller/goods/Recycle.php 文件，用来实现回收站功能，具体代码如下。

```
1  <?php
2  namespace app\admin\controller\goods;
3
4  use app\admin\model\GoodsGoods as GoodsModel;
```

```
5  use app\admin\controller\Common;
6
7  class Recycle extends Common
8  {
9      public function index()
10     {
11         $goods = GoodsModel::onlyTrashed()->with('goodsCategory')
12          ->field('content,album', true)->order('id', 'desc');
13         $params = [];
14         $goods = $goods->paginate(15, false, ['type' => 'bootstrap',
15          'var_page' => 'page', 'query' => $params]);
16         $this->assign('goods', $goods);
17         return $this->fetch();
18     }
19 }
```

在上述代码中，第 11 行的 onlyTrashed()方法表示只查询已被软删除的记录。

（5）创建 application/admin/view/goods/recycle/index.html 文件，具体代码如下。

```
1  <div>
2    <div class="main-title"><h2>商品管理</h2></div>
3    <div class="main-section">
4      <table class="table table-striped table-bordered table-hover">
5        <thead>
6          <tr>
7            <th width="80">分类</th><th width="100">图片</th><th>名称</th>
8            <th width="80">库存量</th><th width="70">状态</th>
9            <th width="155">删除时间</th><th width="160">操作</th>
10         </tr>
11       </thead>
12       <tbody>
13         {foreach $goods as $v}
14           <!-- 在下一步中实现 -->
15         {/foreach}
16         {if $goods->isEmpty()}
17           <tr><td colspan="7" class="text-center">列表为空</td></tr>
18         {/if}
19       </tbody>
20     </table>
21     <div class="text-center">{$goods|raw}</div>
22   </div>
23 </div>
```

（6）在 foreach 中输出回收站的商品列表，具体代码如下。

```
1  <tr>
2    <td>{$v.goods_category.name ?: '---'}</td>
3    <td>
4      <img src="{if $v.image}__UPLOAD__/{$v.image}{else /}
5        __STATIC__/goods/img/noimg.png{/if}" width="50" height="50">
6    </td>
7    <td>{$v.name}</td>
8    <td>{$v.num}</td>
```

```
9    <td>
10     {if $v.status}<span class="text-success">上架</span>{else /}
11     <span class="text-warning">下架</span>{/if}
12   </td>
13   <td>{$v.delete_time}</td>
14   <td>
15     <a href="{:url('restore', ['id'=>$v.id])}" class="j-recycle text-success"
16      style="margin-right:8px;">恢复</a>
17     <a href="{:url('delete', ['id' => $v.id])}" class="j-del text-danger">
18      彻底删除</a>
19   </td>
20 </tr>
```

（7）在页面底部编写 JavaScript 代码，为页面中的元素绑定事件，具体代码如下。

```
1  <script>
2    $('.j-del').click(function() {
3      if(confirm('您确定将此项从回收站中删除？')) {
4        main.ajaxPost($(this).attr('href'), function() {
5          main.contentRefresh();
6        });
7      }
8      return false;
9    });
10   $('.j-recycle').click(function() {
11     if(confirm('您确定恢复此项？')) {
12       main.ajaxPost($(this).attr('href'), function() {
13         main.contentRefresh();
14       });
15     }
16     return false;
17   });
18 </script>
```

（8）在 Recycle 控制器中编写 restore()方法，用来将回收站中的商品恢复，具体代码如下。

```
1  public function restore()
2  {
3      $id = $this->request->param('id/d', 0);
4      if (!$goods = GoodsModel::onlyTrashed()->find($id)) {
5          $this->error('记录不存在。');
6      }
7      $goods->restore();
8      $this->success('恢复成功。');
9  }
```

在上述代码中，第 7 行的 restore()方法用于恢复已被软删除的记录。

（9）在 Recycle 控制器中编写 delete()方法，用来将商品从回收站中删除，具体代码如下。

```
1  public function delete()
2  {
3      $id = $this->request->param('id/d', 0);
4      if (!$goods = GoodsModel::onlyTrashed()->get($id)) {
5          $this->error('删除失败，记录不存在。');
```

```
6     }
7     $goods->delete(true);
8     $this->success('删除成功。');
9 }
```

（10）修改 Category 控制器，在删除分类时，将该分类下的商品的分类 id 设为 0，具体代码如下。

```
1 public function delete()
2 {
3     ……（原有代码）
4     GoodsModel::withTrashed()->where('goods_category_id', $id)
5      ->update(['goods_category_id'=>0]);
6     $category->delete();
7     $this->success('删除成功。');
8 }
```

在上述代码中，第 4 行的 withTrashed()方法表示在操作的记录中包含已被软删除的记录。

（11）在 Category 控制器文件中导入命名空间，具体代码如下。

```
1 use app\admin\model\GoodsGoods as GoodsModel;
```

（12）通过浏览器访问测试，页面效果如图 7-13 所示。

图 7-13　查看回收站中的商品

7.3.4　快捷上下架

在商品列表页面中，用户可以单击商品的“上架”和“下架”链接来快速切换上下架状态。下面开始实现快捷上下架功能，具体步骤如下。

（1）修改 application/admin/view/goods/goods/index.html 文件中的上下架的代码，具体代码如下。

```
1 {if $v.status}
2   <a href="{:url('changestatus', ['id'=>$v.id, 'status'=>0])}"
3    class="j-status text-success">上架</a>
4 {else /}
5   <a href="{:url('changestatus',  ['id'=>$v.id, 'status'=>1])}"
6    class="j-status text-warning">下架</a>
7 {/if}
```

（2）编写 JavaScript 代码，为上架、下架链接绑定事件，具体代码如下。

```
1 <script>
```

```
2    ……（原有代码）
3    $('.j-status').click(function () {
4      main.ajaxPost($(this).attr('href'), function () {
5        main.contentRefresh();
6      });
7      return false;
8    });
9  </script>
```

（3）在 Goods 控制器中编写 changeStatus()方法，具体代码如下。

```
1  public function changeStatus()
2  {
3      $id = $this->request->param('id/d', 0);
4      $status = $this->request->param('status/d', 0);
5      $validate = new GoodsValidate();
6      if (!$validate->scene('changeStatus')->check(['status' => $status])) {
7          $this->error('操作失败，' . $validate->getError() . '。');
8      }
9      if (!$goods = GoodsModel::get($id)) {
10         $this->error('记录不存在。');
11     }
12     $goods->save(['status' => $status]);
13     $this->success(($status ? '上架' : '下架' ). '成功。');
14 }
```

（4）在 Goods 控制器文件中导入验证器的命名空间，如下所示。

```
1  use app\admin\validate\GoodsGoods as GoodsValidate;
```

（5）创建 application/admin/validate/GoodsGoods.php 文件，具体代码如下。

```
1  <?php
2  namespace app\admin\validate;
3
4  use think\Validate;
5
6  class GoodsGoods extends Validate
7  {
8      protected $rule = [
9          'status' => 'between:0,1',
10     ];
11     public function sceneChangeStatus()
12     {
13         return $this->only(['status']);
14     }
15 }
```

在上述代码中，第 9 行用于验证商品的上下架状态值只能是 0 或 1，分别表示下架或上架。

（6）通过浏览器访问商品列表页面，单击上架或下架链接，测试操作是否成功。

7.3.5　商品添加与修改

（1）在 Goods 控制器中编写 edit()方法，具体代码如下。

```
1  public function edit()
```

```
2  {
3      $id = $this->request->param('id/d', 0);
4      $category_id = $this->request->param('category_id/d', 0);
5      $data = ['goods_category_id' => $category_id, 'name' => '', 'sell_point' => '',
6       'price' => 0, 'num' => 0, 'image' => '', 'status' => 1,
7       'content' => '', 'album' => ''];
8      if ($id) {
9          if (!$data = GoodsModel::get($id)) {
10             $this->error('记录不存在。');
11         }
12     }
13     $data['album'] = $data['album'] ? explode('|', $data['album']) : [];
14     $category = CategoryModel::tree()->getTree();
15     $this->assign('category', $category);
16     $this->assign('data', $data);
17     $this->assign('id', $id);
18     return $this->fetch();
19 }
```

（2）创建 application/admin/view/goods/goods/edit.html 文件，具体代码如下。

```
1  <div>
2    <div class="main-title"><h2>{if $id}编辑{else}新增{/if}商品</h2></div>
3    <div class="main-section">
4      <form method="post" action="{:url('save')}" class="j-form">
5        <ul class="form-group">
6          <li>
7            <label>所属分类</label>
8            <!-- 分类下拉菜单代码在后面的步骤中实现 -->
9          </li>
10         <li>
11           <label>商品名称</label>
12           <input type="text" class="form-control" name="name" value="{$data.name}"
13            placeholder="100 个字符以内" required>
14         </li>
15         <li>
16           <label>卖点</label>
17           <textarea class="form-control" name="sell_point"
18            placeholder="255 个字符以内">{$data.sell_point}</textarea>
19         </li>
20         <li>
21           <label>价格</label>
22           <input type="text" class="form-control" name="price" value="{$data.price}"
23            required>
24         </li>
25         <li>
26           <label>库存量</label>
27           <input type="text" class="form-control" name="num" value="{$data.num}"
28            required>
29         </li>
30         <li>
```

```
31          <input type="button" class="btn btn-success j-upload-image" value="上传
32                列表图">
33        </li>
34        <li>
35          <!-- 列表图代码在后面的步骤中实现 -->
36        </li>
37        <li>
38           <input type="button" class="btn btn-success j-upload-album" value="
39                上传预览图">
40        </li>
41        <li>
42          <!-- 预览图代码在后面的步骤中实现 -->
43        </li>
44        <li>
45          <label>商品详情</label>
46          <div><textarea class="j-goods-content" name="content"
47           style="height:500px">{$data.content}</textarea></div>
48        </li>
49        <li>
50          <label><input type="checkbox" name="status" value="1"
51           {if $data.status}checked{/if}>上架</label>
52        </li>
53        <li>
54          <input type="hidden" name="id" value="{$id}">
55          <input type="submit" value="提交表单" class="btn btn-primary">
56          <a href="{:url('index')}" class="btn btn-default">返回列表</a>
57        </li>
58      </ul>
59    </form>
60  </div>
61 </div>
62 <script>
63   main.ajaxForm('.j-form', function() {
64     main.content("{:url('index')}");
65   });
66 </script>
```

（3）编写分类下拉菜单的页面结构，具体代码如下。

```
1  <select name="goods_category_id" class="form-control" style="min-width:196px;">
2    <option value="0">---</option>
3    {foreach $category as $v}
4      <optgroup label="{$v.name}">
5        {foreach $v.sub as $vv}
6          <option value="{$vv.id}" {if $data.goods_category_id==$vv.id}
7           selected{/if}>{$vv.name}</option>
8        {/foreach}
9      </optgroup>
10   {/foreach}
11 </select>
```

（4）通过浏览器访问测试，页面效果如图 7-14 所示。

图 7-14　编辑商品页面

（5）在 Goods 控制器中编写 save()方法，具体代码如下。

```
public function save()
{
    $id = $this->request->post('id/d', 0);
    $data = [
        'goods_category_id' => $this->request->post('goods_category_id/d', 0),
        'name' => $this->request->post('name/s', '', 'trim'),
        'sell_point' => $this->request->post('sell_point/s', '', 'trim'),
        'price' => $this->request->post('price/f', 0),
        'num' => $this->request->post('num/d', 0),
        'image' => $this->request->post('image/s', '', 'trim'),
        'status' => $this->request->post('status/d', 0),
        'content' => $this->request->post('content/s', ''),
        'album' => implode('|', $this->request->post('album/a', [], 'trim')),
    ];
    $validate = new GoodsValidate();
    if ($id) {
        if (!$validate->scene('update')->check($data)) {
            $this->error('修改失败，' . $validate->getError() . '。');
        }
        if (!$goods = GoodsModel::get($id)) {
            $this->error('修改失败，记录不存在。');
        }
        $goods->save($data);
        $this->success('修改成功。');
    }
    if (!$validate->scene('insert')->check($data)) {
        $this->error('添加失败，' . $validate->getError() . '。');
    }
     GoodsModel::create($data);
    $this->success('添加成功。');
}
```

(6) 修改 application/admin/validate/GoodsGoods.php 文件，添加表单验证代码，具体代码如下。

```
1  protected $rule = [
2      'name' => 'require|max:100',
3      'sell_point' => 'max:255',
4      'price' => 'regex:/^\d{1,8}(\.\d{1,2})?$/',
5      'num' => 'number',
6      'image' => 'max:255',
7      'status' => 'between:0,1',
8      'content' => 'max:65535',
9      'album' => 'max:65535',
10     'goods_category_id' => 'checkCategoryId'
11 ];
12 protected $message = [
13     'name.require' => '名称不能为空',
14     'name.max' => '名称不能超过 100 个字符',
15     'sell_point.max' => '卖点不能超过 255 个字符',
16     'price.regex' => '价格金额格式不合法，最多两位小数，最大 99999999.99',
17     'num.number' => '库存量不合法',
18     'image.max' => '图片路径不能超过 255 个字符',
19     'status.between' => '状态值不合法',
20     'content.max' => '内容长度不能超过 65535 字节',
21     'album.max' => '相册路径不能超过 65535 字节'
22 ];
23 public function checkCategoryId($value, $rule)
24 {
25     if ($value) {
26         if (!$data = CategoryModel::field('pid')->get($value)) {
27             return '所属分类不存在';
28         }
29         if ($data->pid === 0) {
30             return '所属分类必须是二级分类';
31         }
32     }
33     return true;
34 }
```

在上述代码中，第 4 行使用正则表达式对价格进行验证，要求价格不能为负数，且最多只能包含两个小数点。第 23 行的 checkCategoryId()方法用来验证分类是否存在，且必须是二级分类。

(7) 在验证器文件中上述导入命名空间，如下所示。

```
1  use app\admin\model\GoodsCategory as CategoryModel;
```

(8) 通过浏览器访问测试，观察商品添加与修改功能是否可以正确执行。

7.3.6 上传图片

在商品添加与修改页面中，商品的列表图和预览图都是通过调用相册模态框上传的，两者的区别在于，一个商品只能有一张列表图，而预览图可以有多张，并且可以改变图片的顺序，如图 7-15 所示。

图 7-15　上传列表图和预览图

下面开始编写代码实现上传列表图和上传预览图功能，具体步骤如下。

（1）在 application/admin/config/tpadmin.php 配置文件中配置与商品相关的相册 id，如下所示。

```
1  'goods' => [
2      'album_image_id' => 3,
3      'album_album_id' => 4,
4      'album_editor_id' => 5
5  ],
```

（2）修改 Goods 控制器的 edit()方法，在执行 return 之前，将相册 id 传给页面，如下所示。

```
1  public function edit()
2  {
3      ……（原有代码）
4      $config = Config::get('tpadmin.goods');
5      $this->assign('album_image_id', $config['album_image_id']);
6      $this->assign('album_album_id', $config['album_album_id']);
7      $this->assign('album_editor_id', $config['album_editor_id']);
8      return $this->fetch();
9  }
```

（3）在 Goods 控制器中导入 Config 类的静态代理类的命名空间，如下所示。

```
1  use think\facade\Config;
```

（4）在 application/admin/view/goods/goods/edit.html 文件中编写列表图的页面结构。

```
1  <ul class="main-imglist j-goods-image">
2    <li>
3      <div class="main-imglist-item">
4        <img class="j-upload-image" src="{if $data.image}__UPLOAD__/{$data.image}
5         {else /}__STATIC__/goods/img/noimg.png{/if}">
6        <div class="main-imglist-item-opt" {if !$data.image}style="display:none"{/if}>
7          <input type="hidden" name="image" value="{$data.image}">
8          <small><a class="j-goods-image-del" href="#">删除</a></small>
9        </div>
10     </div>
11   </li>
12 </ul>
```

（5）编写 JavaScript 代码，为“上传”按钮和“删除”链接绑定事件，具体代码如下。

```
1  $('.j-upload-image').click(function() {
2    main.modal("{:url('album/show', ['album_id'=>$album_image_id])}", function(modal) {
3      var obj = modal.find('.j-img-selected');
4      if (obj.length>1) {
5        main.toastr.error('最多只能选择一个。');
6        return false;
7      }
8      if (obj.length<1) {
9        main.toastr.error('最少选择一个。');
10       return false;
11     }
12     var img = obj.find('img');
13     $('.j-goods-image img').attr('src', img.attr('src'));
14     $('.j-goods-image input[name = image]').val(img.attr('data-path'));
15     $('.j-goods-image .main-imglist-item-opt').show();
16   });
17    return false;
18 });
19 $('.j-goods-image-del').click(function() {
20   $('.j-goods-image img').attr('src', '__STATIC__/goods/img/noimg.png');
21   $('.j-goods-image input[name=image]').val('');
22   $('.j-goods-image .main-imglist-item-opt').hide();
23   return false;
24 });
```

（6）通过浏览器访问测试，单击“上传列表图”按钮，就会弹出相册模态框。在相册中可以进行图片上传操作。将图片上传后，单击图片进行选中，然后单击“确定”按钮即可。

（7）编写预览图代码的页面结构，具体代码如下。

```
1  {foreach $data.album as $v}
2    <input class="j-goods-album-data" type="hidden" value="{$v}">
3  {/foreach}
4  <ul class="main-imglist j-goods-album">
5    <li style="display:none">
6      <div class="main-imglist-item">
7        <img class="j-upload-album" src="__STATIC__/goods/img/noimg.png">
8        <div class="main-imglist-item-opt" style="display:none">
9          <input type="hidden">
10         <small><a class="j-goods-album-left" href="#">前移</a></small>
11         <small><a class="j-goods-album-right" href="#">后移</a></small>
12         <small><a class="j-goods-album-del" href="#">删除</a></small>
13       </div>
14     </div>
15   </li>
16 </ul>
```

在上述代码中，第 5~15 行将<li>元素的样式设为隐藏，是因为这部分内容不是用来显示的，而是用来在 JavaScript 中将这部分代码当成模板，通过复制模板的方式向页面中添加元素。

（8）编写 JavaScript 代码，实现预览图的显示和上传功能，具体代码如下。

```
1  (function() {
2    var album = {
3      obj: $('.j-goods-album'),       // 图片列表的外层容器对象
```

```
4      tmp: null,                        // 模板对象
5      createItem: function() {},        // 基于模板创建一个图片项（在后面的步骤中编写）
6      append: function(data) {},        // 为图片列表追加图片（在后面的步骤中编写）
7      setEmpty: function() {}           // 设置图片列表为空列表（在后面的步骤中编写）
8    };
9    var data = $('.j-goods-album-data');
10   if (data.length === 0) {
11     album.setEmpty();
12   } else {
13     var arr = [];
14     data.each(function() {
15       arr.push($(this).val());
16     });
17     album.append(arr);         // 将原有的图片添加到图片列表中
18   }
19   $('.j-form').on('click', '.j-upload-album', function() {
20     main.modal("{:url('album/show',['album_id' => $album_album_id])}",function
21    (modal){
22       var obj = modal.find('.j-img-selected');
23       if (obj.length<1) {
24         main.toastr.error('最少选择一个。');
25         return false;
26       }
27       var img = obj.find('img');
28       var arr = [];
29       img.each(function() {
30         arr.push($(this).attr('data-path'));
31       });
32       album.append(arr);         // 将用户在相册中选择的图片添加到图片列表中
33     });
34     return false;
35   });
36 })();
```

在上述代码中，第 2~8 行创建了一个 album 对象，该对象用来控制预览图容器，可以向容器中增加图片，或者将容器设为空容器。第 9~18 行用于从页面中读取当前编辑的商品原有的图片，这些图片原本是保存在隐藏域中的，从隐藏域中获取图片后，在第 17 行通过调用 album.append()方法将图片放在容器中显示出来。第 19~35 行用于为“上传预览图”按钮绑定事件，弹出模态框。其中，第 27~32 行用于将用户在模态框中选择的多张图片添加到预览图容器中。

（9）编写 createItem()方法，用来基于模板创建一个图片项，具体代码如下。

```
1  createItem: function() {
2    if (this.tmp === null) {
3      var that = this;
4      var tmp = this.obj.find('li').remove().show();
5      tmp.find('input[type=hidden]').attr('name', 'album[]');
6      tmp.find('.j-goods-album-del').click(function() {
7        $(this).parents('li:eq(0)').remove();
8        if (that.obj.find('li:visible').length === 0) {
9          that.setEmpty();
10       }
11       return false;
```

```
12     });
13     tmp.find('.j-goods-album-left').click(function() {
14       var obj = $(this).parents('li:eq(0)');
15       obj.prev('li').before(obj);
16       return false;
17     });
18     tmp.find('.j-goods-album-right').click(function() {
19       var obj = $(this).parents('li:eq(0)');
20       obj.next('li').after(obj);
21       return false;
22     });
23     this.tmp = tmp;
24   }
25   return this.tmp.clone(true);
26 },
```

在上述代码中，第 2~24 行用于读取模板，为模板中的元素绑定事件，读取后保存到 this.tmp 中。第 25 行用于克隆模板，返回克隆出来的元素。

（10）编写 append()方法，用来为图片列表追加图片，具体代码如下。

```
1  append: function(data) {
2    var that = this;
3    $('.j-goods-album-empty').remove();
4    data = (typeof data === 'object') ? data : [data];
5    $.each(data, function() {
6      var item = that.createItem();
7      item.find('img').attr('src', '__UPLOAD__/' + this);
8      item.find('input[type=hidden]').val(this);
9      item.find('.main-imglist-item-opt').show();
10     item.appendTo(that.obj);
11   });
12 },
```

在上述代码中，第 3 行用于将图片列表设为非空状态，第 4 行用于使参数 data 支持字符串、数组和对象，从而使 append()方法支持添加一张或多张图片。

（11）编写 setEmpty()方法，用来设置图片列表为空列表，具体代码如下。

```
1  setEmpty: function() {
2    this.createItem().addClass('j-goods-album-empty').appendTo(this.obj);
3  }
```

（12）通过浏览器访问测试，观察上传列表图功能和上传预览图功能是否正确执行。

7.3.7 整合 UEditor

UEditor 是百度的一个所见即所得的在线编辑器，具有轻量、可定制、注重用户体验等特点，基于 MIT 协议开源，允许用户自由使用和修改代码。在官方网站 https://ueditor.baidu.com 可以获取 UEditor 的下载地址。本书在配套源代码中将 UEditor 放在了 public/static/admin/goods/editor/ueditor 1.4.3.3 目录中，其中 1.4.3.3 表示版本号。下面开始讲解如何在项目中整合 UEditor 编辑器，具体步骤如下。

（1）创建 public/static/admin/goods/editor/main.editor.js 文件，具体代码如下。

```
1  (function($, main) {
2    var def = {
```

```
3      UEDITOR_HOME_URL: '',                          // UEditor URL
4      serverUrl: '',                                 // UEditor 内置上传地址设为空
5      autoHeightEnabled: false,                      // 关闭自动调整高度
6      wordCount: false,                              // 关闭字数统计
7      toolbars: [['fullscreen', 'source', '|',   // 自定义工具栏按钮
8       'undo', 'redo', '|', 'bold', 'italic', 'underline', 'strikethrough',
9       'forecolor', 'backcolor', 'fontfamily', 'fontsize', 'paragraph', 'link',
10      'blockquote', 'insertorderedlist', 'insertunorderedlist', '|',
11      'inserttable', 'insertrow', 'insertcol' , '|', 'drafts']]
12    };
13    var instances = {};
14    main.editor = function(obj, id, before, ready) {
15      var opt = $.extend(true, {}, def);
16      before(opt);
17      if (instances[id]) {
18        instances[id].destroy();
19        $('#'+id).removeAttr('id');
20      }
21      return instances[id] = createEditor(obj, id, opt, ready);
22    };
23    function createEditor(obj, id, opt, ready) {
24      obj.attr('id', id);
25      var editor = UE.getEditor(id, opt);
26      editor.ready(function() {
27        ready(editor);
28      });
29      return editor;
30    }
31  }(jQuery, main));
```

在上述代码中，第 14 行的 main.editor()方法的参数 obj 表示页面中的元素，id 表示唯一标识，before 表示在创建编辑器前用来修改可选参数的函数，ready 表示在编辑器创建完成后执行的函数。

（2）在 application/admin/view/goods/goods/edit.html 文件中引入编辑器相关的文件，具体代码如下。

```
1  <script>
2    main.loadJS('__STATIC__/goods/editor/ueditor1.4.3.3/ueditor.config.js');
3    main.loadJS('__STATIC__/goods/editor/ueditor1.4.3.3/ueditor.all.min.js');
4    main.loadJS('__STATIC__/goods/editor/main.editor.js');
5    ……（原有代码）
6  </script>
```

（3）在引入编辑器后，编写代码实现“自定义图片上传”按钮，具体代码如下。

```
1  (function() {
2    var name = 'imageupload';
3    UE.ui[name] = function(editor) {
4      editor.registerCommand(name, {
5        execCommand: function() {
6          var that = this;
7          main.modal("{:url('album/show', ['album_id'=>$album_editor_id])}",
8          function(modal) {
9            var obj = modal.find('.j-img-selected');
10           if (obj.length < 1) {
```

```
11            main.toastr.error('最少选择一个。');
12            return false;
13          }
14          var img = obj.find('img');
15          var arr = [];
16          img.each(function() {
17            arr.push('<img src="' + $(this).attr('src') + '">');
18          });
19          that.execCommand('insertHtml', arr.join('')); // 将图片添加到编辑器
20        });
21      }
22    });
23    return new UE.ui.Button({
24      name: name,                                        // 按钮名称
25      title: '上传图片',                                  // 按钮提示文本
26      cssRules: 'background-position: -726px -77px;',    // 按钮的图标样式
27      onclick: function() {
28        editor.execCommand(name);                        // 单击按钮时执行的命令
29      }
30    });
31  };
32 })();
```

在上述代码中，第 2 行的 imageupload 表示图片按钮的名称，第 3 行用于为 UEditor 编辑器添加自定义按钮，第 4~13 行用于为编辑器注册命令，第 23~30 行用于创建按钮实例并返回。

（4）完成"自定义图片上传"按钮后，继续编写代码，创建编辑器实例，具体代码如下。

```
1 main.editor($('.j-goods-content'), 'goods_edit', function(opt) {
2   opt.UEDITOR_HOME_URL = '__STATIC__/goods/editor/ueditor1.4.3.3/';
3   opt.toolbars[0].push('imageupload');
4 }, function(editor) {
5   $('.j-form').submit(function() {
6     editor.sync();
7   });
8 });
```

在上述代码中，第 2 行用于指定 UEditor 的保存目录，第 3 行用于在编辑器中添加 imageupload 按钮，第 6 行用于在表单提交时确保编辑器的内容已经同步到表单中。

（5）通过浏览器访问测试，页面效果如图 7-16 所示。

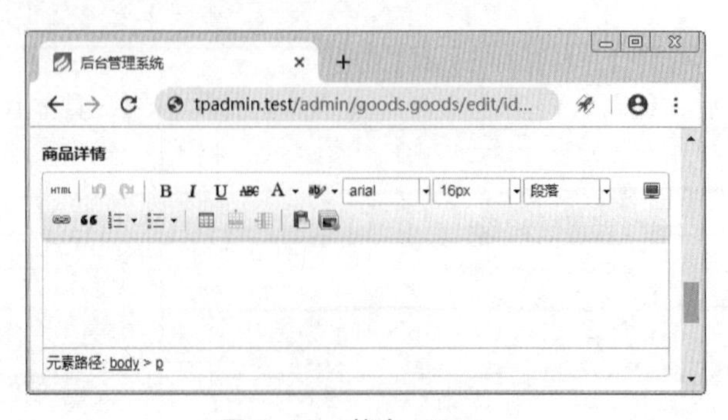

图 7-16　整合 UEditor

多学一招：UEditor图片选框的位置更正

在关闭 UEditor 自动调整高度功能的情况下，编辑器中的图片选框的位置会出现偏离，为了修正这个问题，需要修改 UEditor 的源代码，具体如下。

（1）打开 public/static/admin/goods/editor/ueditor1.4.3.3/ueditor.all.js 文件，找到第 17097 行代码。

```
'top': iframePos.y + imgPos.y - me.editor.document.body.scrollTop - editorPos.y -
parseInt(resizer.style.borderTopWidth) + 'px'
```

上述代码用于计算图片的 top 值，将 me.editor.document.body.scrollTop 修改为如下代码。

```
me.editor.document.documentElement.scrollTop
```

（2）打开 public/static/admin/goods/editor/ueditor1.4.3.3/ueditor.all.min.js 文件，在编辑器中按【Ctrl+F】快捷键搜索关键字“b.editor.document.body.scrollTop”，将其修改为如下代码。

```
b.editor.document.documentElement.scrollTop
```

完成以上操作后，即可解决图片选框的位置偏离问题。

本 章 小 结

本章重点讲解了商城项目的后台功能开发，通过对分类管理、图片管理和商品管理的学习，帮助读者掌握使用 ThinkPHP 开发项目的整体流程，掌握在项目中如何与 WebUploader 上传组件和 UEditor 编辑器进行前后端交互，掌握 ThinkPHP 分页查询、上传文件、创建缩略图、软删除功能的实现，能够在满足业务需求的情况下开发出稳定、高效的应用程序。

课 后 练 习

一、填空题

1. 在 WebUploader 中，当所有文件上传结束时会触发________事件。
2. 软删除只是修改了数据的________，不是真正意义的删除。
3. 实现分页查询的功能，需要调用的方法是________。
4. 实现缩略图等比缩放需要设置缩放方式为________。
5. 实现软删除功能需要先引入软删除 trait，即________。

二、判断题

1. 软删除的意义是逻辑删除，防止数据丢失。（　）
2. 简洁模式的分页比普通模式的分页效率高。（　）
3. WebUploader 采用大文件分片并发上传，极大地提高了文件上传效率。（　）
4. 软删除是为了保证数据的完整性采用的一种处理方式。（　）
5. UEditor 的主要功能是上传图片。（　）

三、选择题

1. WebUploader 类提供的（　）方法供文件上传后调用。

A. uploadFinished ()　　B. uploadSuccess ()

C. uploadComplete () D. uploadProgress

2. 下列选项中，关于软删除说法正确的是（ ）。
   A. 真正从磁盘上删除表及记录
   B. 软删除是在记录旁做删除标记，不可以恢复记录
   C. 真正从表中删除记录
   D. 软删除只是在记录旁做删除标记，必要时可以恢复记录
3. 以下关于 WebUploader 说法正确的是（ ）。
   A. 采用分片并发上传，减少上传等待时间
   B. 支持文件多选，拖曳等功能
   C. 支持常用图片格式（jpg，jpeg，gif，bmp，png）预览与压缩
   D. 以上说法都正确
4. UEditor 的作用是（ ）。
   A. 实现文件上传功能 B. 所见即所得富文本 Web 编辑器
   C. 检测输入内容规范性 D. 以上答案都正确
5. 关于分页的描述正确的选项是（ ）。
   A. 可以使页面更加美观简洁
   B. 节省资源，不需要一次性读取所有数据
   C. 减少用户的等待时间，页面加载更快
   D. 以上说法都正确

四、简答题

1. 请简述软删除在项目中的意义。
2. 请简要说明在线商城项目中图片管理功能的设计思路。

五、程序题

1. 设计一张订单表，并填充数据，在后台读取并展示，实现软删除功能。
2. 在订单页面实现根据商品名称搜索的功能。

第8章 Linux环境

学习目标

- ◎ 掌握 LNMP 环境的搭建。
- ◎ 掌握 NoSQL 的使用，如 Memcached、Redis、MongoDB。
- ◎ 熟悉 Elasticsearch 和 Swoole 的应用。
- ◎ 了解 Docker 镜像与容器常见的操作。

在实际开发中，除了掌握编程语言（如 PHP）和框架（如 ThinkPHP）的必备知识外，还要掌握不同开发环境的部署和使用，并能够针对开发需求，采用合适的技术优化和提升项目的性能，提高产品的质量。本章将会围绕 LNMP 环境部署、Memcached 缓存、Redis 缓存和消息队列、MongoDB 高性能数据库、Elasticsearch 数据分析与搜索、Swoole 即时通信和异步编程、Docker 轻量级容器的应用进行详细讲解。

8.1　LNMP 环境搭建

LNMP 是 Linux、Nginx、MySQL、PHP 的简称，即 PHP 开发的运行环境。由于都是开源软件，并且在项目开发中软件投资成本较低，因此在 Web 开发中被广泛应用。本节将针对 Windows 中 LNMP 的搭建进行详细讲解。

8.1.1　安装 Linux

目前，Linux 有许多发行版本，其中 Ubuntu、Fedora 等比较适合个人计算机使用，而 Red Hat Enterprise Linux、CentOS 比较适合服务器使用。对于初次接触 Linux 的新手来说，开源免费的 CentOS 是最好的选择，所以本书将以 CentOS 7.6 版本为例，讲解 Linux 环境的搭建。

1. 准备工作

到 CentOS 官网下载迷你版镜像（Minimal ISO），选择 CentOS 7.6 版本 CentOS-7-x86_64-Minimal-1810.iso 下载。接着下载一款虚拟机软件，在当前的 Windows 操作系统中，模拟出一个具有完整硬件系统功能、可以安装操作系统的完全隔离的运行环境。本书选择以 VMware 虚拟机为例进行讲解。下面通过图 8-1 演示虚拟机和物理机的关系。

在图 8-1 中，虚拟机是通过 VMware 软件模拟出的具有硬件系统的功能、运行在一个隔离环境中的计算机系统。在虚拟机中安装 CentOS 后，就可以实现在物理机 Windows 操作系统中使用 CentOS 操作系统。

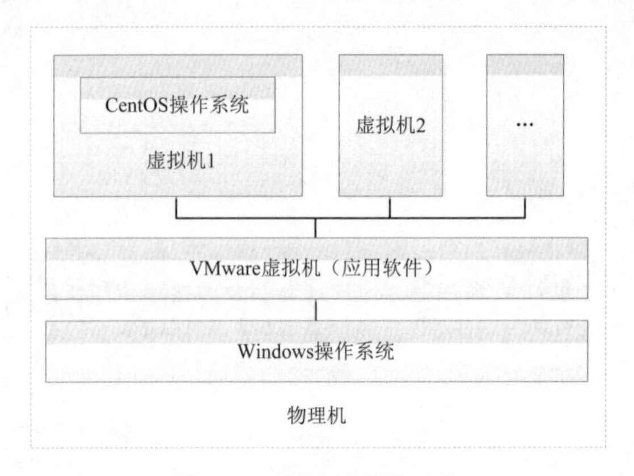

图 8-1　虚拟机和物理机

2. 创建虚拟机

在 VMware 主页单击“创建新的虚拟机”或执行“文件”-“新建虚拟机”，然后根据新建虚拟机向导操作即可。其中，“安装程序光盘映像文件(iso)”选择 CentOS-7-x86_64-Minimal-1810.iso 文件，VMware 会提示“已检测到 CentOS7 64 位”。在新建虚拟机时需要对虚拟机的硬件进行配置，下面通过表 8-1 列举具体硬件参数。

表 8-1　虚拟机的硬件参数

硬　件	说　　明
硬盘	至少需要 20 GB 的存储空间
内存	根据物理机的可用内存来设定，至少 1GB
处理器	根据物理机的核心数设置虚拟机的总核心数，数量越多速度越快
新 CD/DVD（IDE）	选择 ISO 镜像文件 CentOS-7-x86_64-Minimal-1810.iso
网络适配器	使用 NAT 模式
USB 控制器	不需要此虚拟设备，可移除
声卡	不需要此虚拟设备，可移除
打印机	不需要此虚拟设备，可移除
显示器	使用默认值即可

3. 安装 CentOS

创建虚拟机后，开启此虚拟机安装 CentOS 操作系统。刚开机时，单击虚拟机画面，会出现一个开机菜单，如图 8-2 所示。

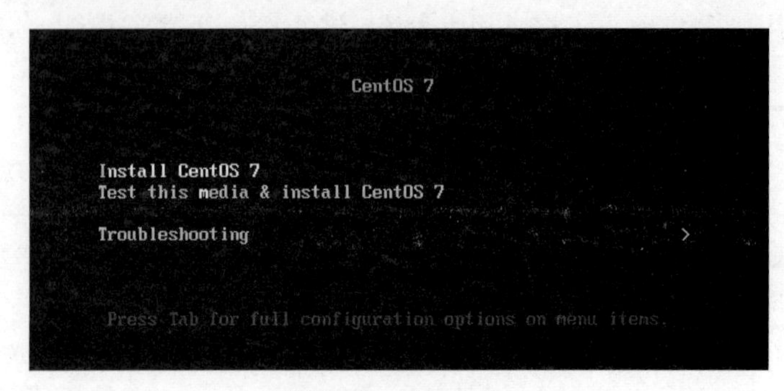

图 8-2　开机菜单

按键盘的【↑】方向键，选择第一项“Install CentOS 7”，然后等待欢迎界面出现。在欢迎界面中，会提示用户选择语言，选择简体中文即可。接着会出现“安装信息摘要”界面，此时“开始安装”按钮是禁用状态，需要按照如下步骤进行操作。

（1）单击系统栏目下的“安装位置”，进入“安装目标位置”界面，无须其他操作，直接单击“完成”按钮，返回“安装信息摘要”界面。

（2）单击系统栏目下的“网络和主机名”按钮，会显示当前已经安装的网卡“以太网(ens32)”，将网卡打开，就会看到 IP 地址、子网掩码等信息，如图 8-3 所示。

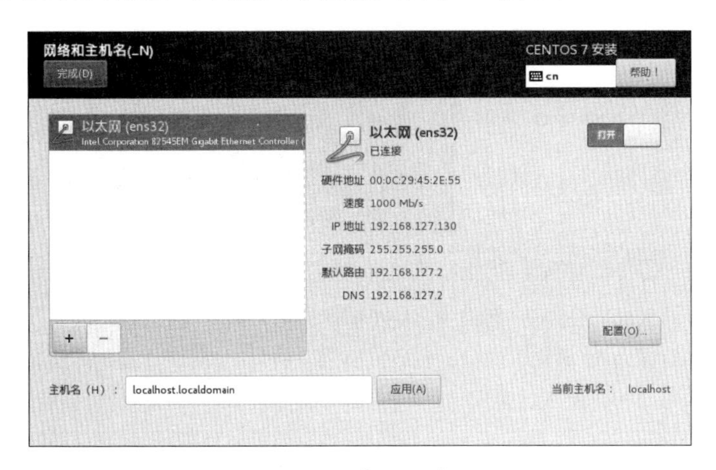

图 8-3　打开网卡

虚拟机的网络连接是通过 VMware 虚拟网络功能来实现的，其 IP 地址 192.168.127.130 是 VMware 的 DHCP（动态主机配置协议）服务分配的动态 IP 地址。由于不同计算机的网络环境不同，读者实际获取到的 IP 地址也会不同。为了方便本章的学习，推荐为服务器配置一个静态的 IP 地址，单击“配置”按钮，参考图 8-3 中获取到的信息进行配置，将 IP 地址的最后一位改为 128，如图 8-4 所示。

图 8-4　配置静态 IP 地址

（3）将网卡配置完成后，单击“完成”按钮返回“安装信息摘要”界面。然后单击“开始安装”按钮开始安装。在安装过程中，需要设置 root 用户的密码，为了方便使用，可将密码设置为 123456。

（4）当 CentOS 安装成功后，单击“重启”按钮，然后等待 CentOS 系统启动。启动成功后，会看到图 8-5 所示的登录界面。

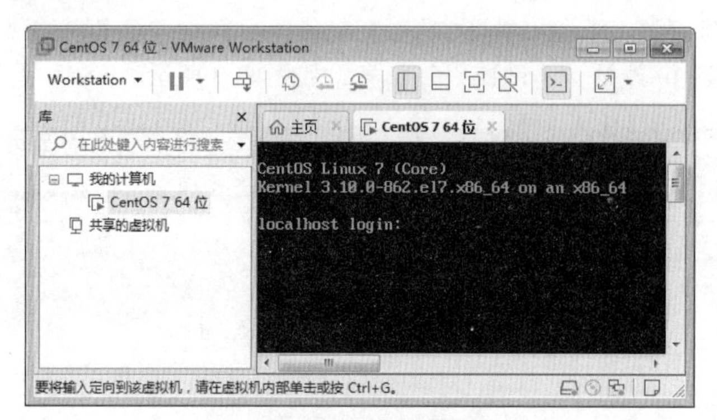

图 8-5　CentOS 登录界面

单击虚拟机画面，输入登录用户名 root 按回车键，再输入密码 123456 按回车键，即可登录到 CentOS 系统中。

小提示：

① VMware 在安装成功后，会自动在当前 Windows 操作系统中创建两块网卡，分别为 VMware Network Adapter VMnet1（简称 VMnet1）和 VMware Network Adapter VMnet8（简称 VMnet8）。前者用于“仅主机网络模式”通信，后者用于“NAT 网络模式”通信。

② 若要更改 VMware 虚拟网络配置，可以执行“编辑” -“虚拟网络配置”，选择 NAT 模式 VMnet8 网卡，然后就可以更改子网 IP、子网掩码，网关 IP、DHCP 地址池。

③ CentOS 7 中默认不再使用“ifconfig”查看当前的 IP 地址，而使用“ip addr show”命令查询。

④ 物理机和虚拟机在互相访问时，要注意防火墙可能会阻挡访问请求。一般情况下，物理机可以 ping 通虚拟机，但虚拟机无法 ping 通物理机，这是因为 Windows 防火墙默认禁止了 ICMP 回显请求。

⑤ 由于在 VMware 中操作 CentOS 不太方便，读者可以通过一些远程终端软件来操作，如 Xshell、WinSCP 等，可以方便地进行命令复制粘贴。在连接时，选择 SSH 协议、22 端口号，输入 IP 地址（192.168.127.128）、用户名（root）和密码（123456）即可。

⑥ VMware 提供的快照功能可以方便地进行系统备份还原。因此，推荐读者执行“虚拟机” -“快照” -“拍摄快照”操作，在执行每个操作前拍摄一个快照。例如，在安装 Nginx、PHP 和 MySQL 的过程中发生错误，就可以利用快照还原到拍摄时的状态。

⑦ VMware 虚拟机提供了方便的快照功能，但是在还原到以前的快照时，系统时间并不会自动更新成当前时间，因此推荐读者在还原快照后通过 NTP 服务器联网同步最新时间。

```
[root@localhost ~]# yum -y install ntpdate # 通过 yum 安装 ntpdate 工具
[root@localhost ~]# ntpdate cn.pool.ntp.org # 以 ntp.org 提供的中国节点的服务器为例
[root@localhost ~]# date                    # 查看当前时间
```

8.1.2　安装 Nginx

Nginx 是一款高性能的 Web 服务器，可以搭配 FastCGI 程序（如 PHP）处理动态请求，还可以作为反向代理、负载均衡与缓存服务器使用。因其高性能、稳定性、模块化的结构，简单的配置以及非常低的资源消耗而备受关注。下面讲解 Nginx 的编译安装步骤。

1. 安装依赖包

要想通过编译的方式安装 Nginx，需要 gcc 编译器。Nginx 中的功能是模块化，而模块又需要 zlib-devel、pcre-devel 和 openssl-devel 依赖包。因此，在安装 Nginx 前，需要安装 Nginx 模块依赖的软件包。使用 yum 下载并安装即可，具体命令如下。

```
[root@localhost ~]# yum -y install gcc zlib-devel pcre-devel openssl-devel
```

在上述命令中，yum 是 CentOS 中提供的软件包管理器，它可以从指定的服务器下载软件包，并自动处理依赖关系。“install” 表示安装软件；“-y” 表示在整个操作过程中全部执行默认的 “yes” 操作，如果省略该选项，则每一步都会提示用户选择 “yes” 或 “no”。

2. 获取 Nginx 安装包

在 Nginx 官方网站获取 Nginx 的安装包，如图 8-6 所示。

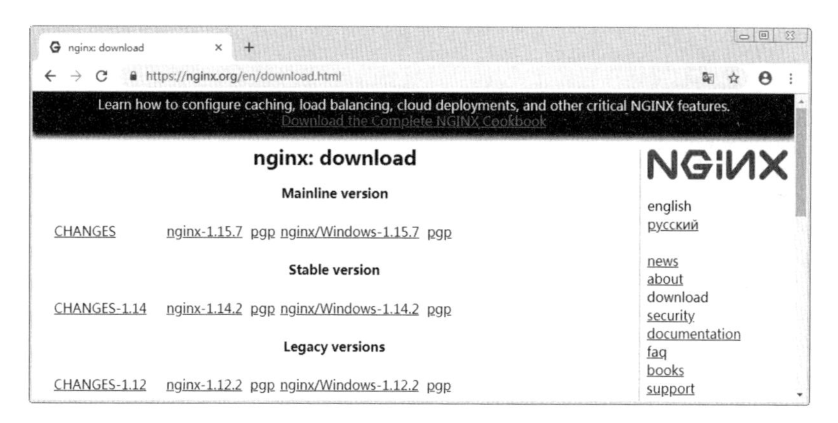

图 8-6　获取 Nginx 安装包

在图 8-6 中，Nginx 发布了 3 种类型的版本，分别为 Mainline version（开发版）、Stable version（稳定版）和 Legacy versions（早期版本），每种类型的版本中又提供了 Linux 版本和 Windows 版本。本书基于稳定版 “1.14.2” 进行讲解。

在获取 Nginx 源码包时，读者可单击图 8-6 所示的 “Stable version” 标题下第 2 列的 nginx-1.14.2，在下载后上传到 Linux 服务器。也可以从浏览器上复制下载文件的 URL 地址后，利用 wget 命令进行下载。本书推荐使用 wget 方式。具体操作如下。

```
# ① 安装 wget
[root@localhost ~]# yum -y install wget
# ② 使用 wget 下载 Nginx 源码包
[root@localhost ~]# wget http://nginx.org/download/nginx-1.14.2.tar.gz
# ③ 解压文件
[root@localhost ~]# tar -zxvf nginx-1.14.2.tar.gz
```

3. Nginx 的编译安装

Nginx 安装的准备工作完成后，接下来使用源码编译方式完成 Nginx 的安装，具体步骤如下。

```
# ① 切换到Nginx解压目录
[root@localhost ~]# cd nginx-1.14.2
# ② 配置Nginx的编译选项，指定Nginx的安装目录
[root@localhost nginx-1.14.2]# ./configure --prefix=/usr/local/nginx \
--with-http_ssl_module
# ③ 通过make命令编译和安装Nginx
[root@localhost nginx-1.14.2]# make && make install
```

在上述命令中，“./configure”用于对即将安装的软件进行配置，检查当前的环境是否满足安装软件（Nginx）的依赖关系。其中，“--prefix”选项用于设置 Nginx 的安装目录，默认值是“/usr/local/nginx”，因此也可以省略此选项或指定到其他位置；“--with-http_ssl_module”选项用于设置在 Nginx 中允许使用 http_ssl_module 模块的相关功能。“&&”用于连接两个命令，只有 make 命令执行成功才会执行 make install 命令，读者也可根据个人喜好单独执行 make 和 make install 命令。

4．Nginx 的服务管理

将 Nginx 安装完成后，管理 Nginx 服务的具体命令如下。

```
# ① 切换到Nginx安装目录中的sbin目录
[root@localhost nginx-1.14.2]# cd /usr/local/nginx/sbin
# ② 启动Nginx
[root@localhost sbin]# ./nginx
```

Nginx 在启动后，并没有任何提示，读者可通过“ps aux | grep nginx”命令查看 Nginx 的运行状态。

为了更方便地使用 Nginx，可以将 Nginx 链接到/usr/local/sbin 目录中，这样不论当前处于什么目录下，都可以直接使用命令的方式操作 Nginx。具体命令如下。

```
[root@localhost ~]# ln -s /usr/local/nginx/sbin/nginx /usr/local/sbin/nginx
```

上述命令中，ln 用于创建链接，选项“-s”表示创建软链接，类似 Windows 中的快捷方式，后面跟两个路径，第 1 个路径是源文件路径，第 2 个路径是目标文件路径。

创建软链接后，就可以在任意目录下直接使用 nginx 命令来控制 Nginx 服务。例如，在启动 Nginx 服务后，执行停止、平滑重启、检测配置文件是否正确等相关操作，具体命令如下所示。

```
[root@localhost ~]# nginx -s quit    # 完成当前工作任务后，再停止Nginx服务
[root@localhost ~]# nginx -s reload # 在Nginx已经启动的情况下重新加载配置（平滑重启）
[root@localhost ~]# nginx -s stop    # 立即停止Nginx服务
[root@localhost ~]# nginx -t         # 检测当前配置文件是否正确
```

在将 Nginx 启动后，可以使用“ss -tlnp | grep nginx”命令查看 80 端口是否已经被 Nginx 监听。

5．访问测试

将 Nginx 的 Web 服务器部署完成后，就可以在客户端通过浏览器进行访问。在默认情况下 CentOS 系统开启了 firewall 防火墙，Nginx 为提供 HTTP 访问所监听的 80 端口是被阻止访问的，读者可以使用如下命令来对防火墙进行操作。

```
# 查看防火墙是否正在工作
[root@localhost ~]# firewall-cmd --state
# 始终开放80端口
[root@localhost ~]# firewall-cmd --zone=public --add-port=80/tcp --permanent
# 使防火墙配置立即生效
[root@localhost ~]# systemctl reload firewalld
```

```
# 查看 80 端口是否已经开放
[root@localhost ~]# firewall-cmd --zone=public --query-port=80/tcp
```

开启 80 端口后，在物理机（Windows 系统）中通过浏览器进行访问，访问的 URL 地址为“http://服务器的 IP 地址”。如果看到图 8-7 所示的效果，则表示访问成功。

图 8-7　访问测试

6. 设置 Nginx 开机启动

对于一个要经常使用的服务器而言，每次开机后，都需要手动开启一些服务较为麻烦。接下来，将通过 systemctl 来管理 Nginx 服务，具体步骤如下。

（1）执行如下命令，创建服务脚本。

```
[root@localhost ~]# vi /usr/lib/systemd/system/nginx.service
```

（2）在服务脚本中编写如下代码。

```
1  [Unit]
2  Description=nginx - high performance web server
3  Documentation=http://nginx.org/en/docs/
4  After=network.target remote-fs.target nss-lookup.target
5
6  [Service]
7  Type=forking
8  WorkingDirectory=/usr/local/nginx
9  ExecStart=/usr/local/nginx/sbin/nginx
10 ExecReload=/usr/local/nginx/sbin/nginx -s reload
11 ExecStop=/usr/local/nginx/sbin/nginx -s quit
12 PrivateTmp=true
13
14 [Install]
15 WantedBy=multi-user.target
```

在上述代码中，Unit 区块表示对服务的说明，Service 区块表示服务的一些具体运行参数，Install 区块表示服务的安装方式。Description 表示服务的简短描述，Documentation 表示文档地址，After 表示在启动服务前需要先启动哪些服务，Type 表示启动时的进程行为，WorkingDirectory 表示服务的工作目录，ExecStart、ExecReload、ExecStop 分别表示表示启动、重启、停止当前服务的命令，PrivateTmp 设为 true 表示启用临时文件私有目录，WantedBy 设为 multi-user.target 表示当系统以多用户方式（默认运行级别）启动时，这个服务需要被自动运行。

（3）保存服务脚本文件后，就可以通过如下命令管理 Nginx 服务。

```
[root@localhost ~]# systemctl start nginx
[root@localhost ~]# systemctl reload nginx
```

```
[root@localhost ~]# systemctl stop nginx
```

（4）使用如下命令设置 Nginx 服务开机自启动。

```
[root@localhost ~]# systemctl enable nginx
```

（5）按照以上步骤设置完成后，执行如下命令，查看 Nginx 服务是否已经开机启动。

```
[root@localhost ~]# systemctl list-unit-files | grep nginx
nginx.service                          enabled
```

在上述结果中，如果可以看到 nginx.service 显示为 enabled 状态，说明 Nginx 服务已经开机启动。

小提示：

① 使用如下命令可以查看服务的启动状态。

```
[root@localhost ~]# systemctl status nginx.service
```

② 如果修改了服务脚本，需要执行如下命令重新加载服务脚本，修改才会生效。

```
[root@localhost ~]# systemctl daemon-reload
```

8.1.3 安装 PHP

PHP 有两种常见的安装方式：一种是直接使用 yum 安装，一种是下载源代码编译安装。由于 yum 安装的 PHP 版本比较低，本书选择讲解编译安装的方式，具体步骤如下。

1. 安装依赖包

在安装 PHP 前，先安装 PHP 所需的依赖包，具体命令如下。

```
[root@localhost ~]# yum -y install libxml2-devel openssl-devel \
curl-devel libjpeg-devel libpng-devel freetype-devel
```

在上述命令中，除 libxml2-devel 的依赖包，其余的是 PHP 各种扩展的依赖包。这里选取的是学习阶段典型的扩展所需的依赖包。读者在实际开发时可根据具体的需求进行安装。

2. 获取 PHP 源代码

在 PHP 官方网站获取 PHP 的源代码，如图 8-8 所示。

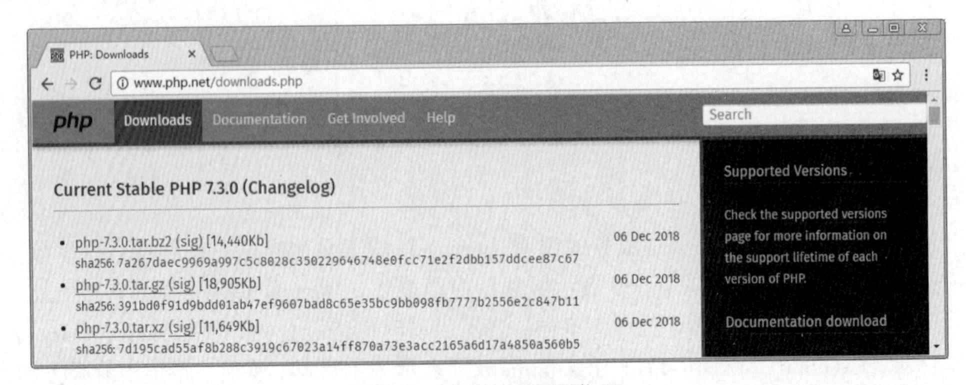

图 8-8 获取 PHP 源代码

本书选择以 PHP 7.2.15 版本进行讲解，在网站中找到“php-7.2.15.tar.gz”压缩包的下载地址，通过 wget 下载到 Linux 服务器中，并使用“tar -zxvf”命令进行解压。

```
[root@localhost ~]# wget https://www.php.net/distributions/php-7.2.15.tar.gz
[root@localhost ~]# tar -zxvf php-7.2.15.tar.gz
```

3. PHP的编译安装

PHP提供了configure程序用于编译安装，使用“./configure --help”命令可以查看详细的编译选项。接下来开始编译安装PHP。具体命令如下。

```
# ① 进入PHP的解压目录
[root@localhost ~]# cd php-7.2.15
# ② 配置PHP的编译选项
[root@localhost php-7.2.15]# ./configure --prefix=/usr/local/php --enable-zip \
--enable-mbstring --enable-fpm --enable-bcmath --enable-opcache \
--with-zlib --with-mysqli --with-pdo-mysql --with-openssl --with-mhash \
--with-gd --with-jpeg-dir --with-png-dir --with-freetype-dir --with-curl
# ③ 通过make命令编译和安装PHP
[root@localhost php-7.2.15]# make && make install
```

在上述编译选项中，有些选项的前缀是enable，有些是with，其区别在于enable选项用于开启PHP的一些内置的功能，而with选项依赖于系统中的共享库，如果系统中没有则需要安装依赖包。

4. 简单使用PHP

在Linux系统中安装PHP后，就可以利用“/usr/local/php/bin”目录的php执行PHP文件或代码。以输出8*40的结果为例进行演示，具体如下。

```
[root@localhost ~]# cd /usr/local/php/bin
[root@localhost bin]# ./php -r 'echo 8*40, "\n";'
320
```

为了方便使用php命令，将php程序链接到/usr/local/bin目录中，如下所示。

```
[root@localhost bin]# ln -s /usr/local/php/bin/php /usr/local/bin/php
```

5. 创建配置文件

对于Nginx服务器而言，PHP是一个外部程序，若想要Nginx能够解析PHP，则离不开FastCGI。FastCGI是Web服务器与外部程序之间的接口标准。PHP提供的PHP-FPM（FastCGI Process Manager）就是一个FastCGI进程管理器，在使用PHP-FPM管理PHP之前，需要先创建配置文件。具体操作如下。

```
# ① 创建PHP-FPM的配置文件
[root@localhost bin]# cd /usr/local/php/etc/
[root@localhost etc]# cp php-fpm.conf.default php-fpm.conf
[root@localhost etc]# cp php-fpm.d/www.conf.default php-fpm.d/www.conf
# ② 创建PHP的配置文件
[root@localhost etc]# cd ~/php-7.2.15
[root@localhost php-7.2.15]# cp php.ini-development /usr/local/php/lib/php.ini
```

上述操作中，php-fpm.d/www.conf.default文件保存了PHP-FPM默认配置文件php-fpm.conf.default的信息。在创建PHP-FPM的配置文件php-fpm.conf的同时，也要将创建www.conf文件，否则在启动PHP-FPM时，程序将因找不到php-fpm.conf中引入的“/usr/local/php/etc/php-fpm.d/*.conf”文件而报错。

6. 管理PHP-FPM服务

PHP-FPM的可执行文件位于PHP安装目录下的sbin目录中，虽然执行sbin目录下的php-fpm可以启动PHP-FPM，但这种方式比较麻烦。PHP解压后的源码包中提供了service方式管理PHP-FPM的shell脚本，下面将脚本文件复制到系统目录中，并通过实现开机启动，具体命令如下。

```
[root@localhost php-7.2.15]# cp sapi/fpm/php-fpm.service /usr/lib/systemd/system
[root@localhost php-7.2.15]# systemctl enable php-fpm
```

接下来，就可以通过 systemctl 方式管理 PHP-FPM，实现启动、重启或停止服务。

```
[root@localhost ~]# systemctl start php-fpm
[root@localhost ~]# systemctl reload php-fpm
[root@localhost ~]# systemctl restart php-fpm
[root@localhost ~]# systemctl stop php-fpm
```

在启动 PHP-FPM 后，利用“ps aux | grep php”可查看程序的主进程用户是 root，子进程工作于 nobody 用户；利用“ss -tlnp | grep php”可查看 PHP-FPM 监听的端口，默认端口号为 9000。

7. 在 Nginx 配置文件中添加对 PHP 的支持

在 Nginx 的配置文件中添加对 PHP 的支持，具体操作步骤如下，

（1）执行如下命令打开配置文件。

```
[root@localhost ~]# cd /usr/local/nginx/conf
[root@localhost conf]# vi nginx.conf
```

（2）打开配置文件后，在 http 块的结束位置大括号“}”之前，添加一行配置，如下所示。

```
http {
    ……（原有代码）
    include vhost/*.conf;  # 用于加载 vhost 目录下的所有配置文件
}
```

（3）执行如下命令创建 vhost 目录，并在 vhost 目录中配置一个虚拟主机，如下所示。

```
[root@localhost conf]# mkdir vhost
[root@localhost conf]# vi vhost/192.168.127.128.conf
```

（4）修改 http 块下的 server 块，通过 location 匹配“.php”请求，如下所示。

```
1  server {
2      listen 80;
3      server_name 192.168.127.128;
4      root html;
5      index index.html index.php;
6      location ~ \.php$ {
7          try_files $uri =404;
8          fastcgi_pass 127.0.0.1:9000;
9          include fastcgi.conf;
10     }
11 }
```

在上述配置中，listen 指定 Nginx 服务器监听的端口号，server_name 用于设置主机域名，root 用于设置主机站点根目录地址，index 指定默认索引文件，location 用于匹配路径以“.php”结尾的请求，将这些请求发送给监听本机（127.0.0.1）9000 端口的 FastCGI 程序（即 PHP）。

try_files 指令用来检测文件是否存在，若不存在则 Nginx 会优先返回 404 页面，并且不会发送给 PHP 执行。include fastcgi.conf 用于引入 FastCGI 的环境变量配置。

（5）完成以上操作后，执行 systemctl reload nginx 命令使配置生效。

8. 访问测试

在 Nginx 的站点根目录中创建一个 test.php 文件，用于输出 phpinfo 信息，具体命令如下。

```
[root@localhost conf]# cd /usr/local/nginx/html
[root@localhost html]# echo '<?php phpinfo();' > test.php
```

通过浏览器访问 http://192.168.127.128/test.php，如果看到图 8-9 所示的 PHP 配置信息，说明上述配置成功。

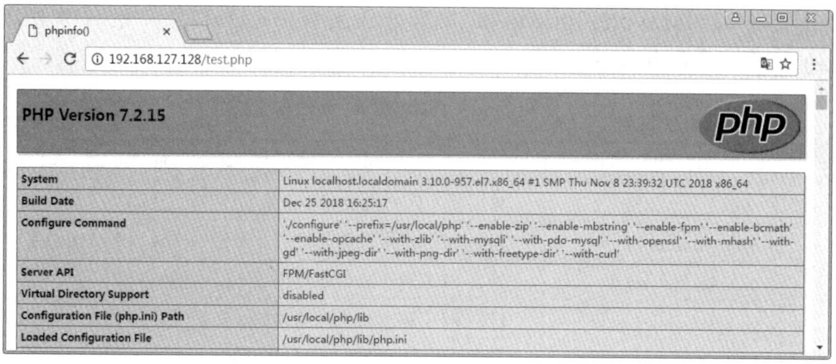

phpinfo()

192.168.127.128/test.php

PHP Version 7.2.15

System	Linux localhost.localdomain 3.10.0-957.el7.x86_64 #1 SMP Thu Nov 8 23:39:32 UTC 2018 x86_64
Build Date	Dec 25 2018 16:25:17
Configure Command	'./configure' '--prefix=/usr/local/php' '--enable-zip' '--enable-mbstring' '--enable-fpm' '--enable-bcmath' '--enable-opcache' '--with-zlib' '--with-mysqli' '--with-pdo-mysql' '--with-openssl' '--with-mhash' '--with-gd' '--with-jpeg-dir' '--with-png-dir' '--with-freetype-dir' '--with-curl'
Server API	FPM/FastCGI
Virtual Directory Support	disabled
Configuration File (php.ini) Path	/usr/local/php/lib
Loaded Configuration File	/usr/local/php/lib/php.ini

图 8-9　访问测试

在图 8-9 的浏览器中按【Ctrl+F】组合键，搜索“$_SERVER”，可以从 phpinfo()中找到 PHP 接收到的环境变量信息，如图 8-10 所示。

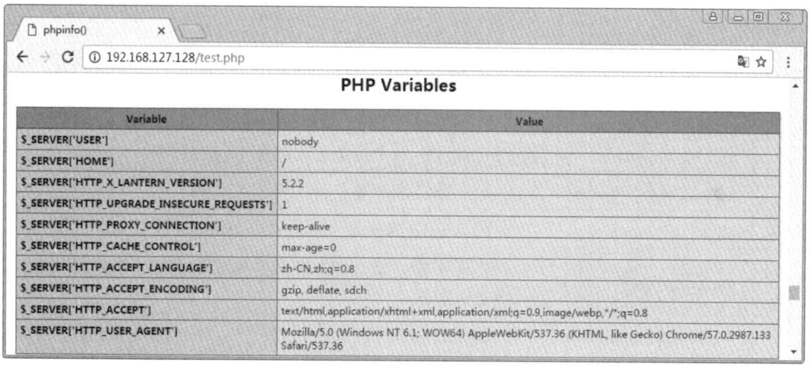

phpinfo()

192.168.127.128/test.php

PHP Variables

Variable	Value
$_SERVER['USER']	nobody
$_SERVER['HOME']	/
$_SERVER['HTTP_X_LANTERN_VERSION']	5.2.2
$_SERVER['HTTP_UPGRADE_INSECURE_REQUESTS']	1
$_SERVER['HTTP_PROXY_CONNECTION']	keep-alive
$_SERVER['HTTP_CACHE_CONTROL']	max-age=0
$_SERVER['HTTP_ACCEPT_LANGUAGE']	zh-CN,zh;q=0.8
$_SERVER['HTTP_ACCEPT_ENCODING']	gzip, deflate, sdch
$_SERVER['HTTP_ACCEPT']	text/html,application/xhtml+xml,application/xml;q=0.9,image/webp,*/*;q=0.8
$_SERVER['HTTP_USER_AGENT']	Mozilla/5.0 (Windows NT 6.1; WOW64) AppleWebKit/537.36 (KHTML, like Gecko) Chrome/57.0.2987.133 Safari/537.36

图 8-10　环境变量

小提示：

正如浏览器与服务器之间通过 HTTP 协议交互时，双方会传递各自的环境信息，Nginx 与 PHP 之间通过 FastCGI 交互时也需要传递一些信息，这些信息就是环境变量。在 Nginx 的 conf 目录中有一个 fastcgi.conf 文件，该文件中通过 fastcgi_param 数组型指令保存了一些环境变量，如下所示。

```
[root@localhost ~]# cd /usr/local/nginx/conf
[root@localhost conf]# cat fastcgi.conf
fastcgi_param  SCRIPT_FILENAME  $document_root$fastcgi_script_name;
fastcgi_param  QUERY_STRING     $query_string;
fastcgi_param  REQUEST_METHOD   $request_method;
fastcgi_param  CONTENT_TYPE     $content_type;
fastcgi_param  CONTENT_LENGTH   $content_length;
……
```

在上述内容中，fastcgi_param 指令的第 1 个参数是环境变量名称，第 2 个参数是对应的值。环境变量的“名称”和“值的格式”是由 FastCGI 接口规定的，主要包含客户端和 Web 服务器的环境信息。

多学一招：PHP的常用配置

PHP 的配置文件/usr/local/php/lib/php.ini 中有许多复杂的配置，主要包括 PHP 的核心配置及各种扩展模块的配置。具体如表 8-2 所示。

表 8-2 php.ini 的常用配置

配置分类	配置项	说明
PHP 核心配置	output_buffering	输出缓冲区的大小（字节数）
	open_basedir	限制 PHP 脚本只能访问指定路径的文件，默认无限制
	disable_functions	禁止 PHP 脚本使用哪些函数
	max_execution_time	限制 PHP 脚本最长时间限制（秒数）
	memory_limit	限制 PHP 脚本最大内存使用限制（如 128 MB）
	display_errors	是否输出错误信息
	log_errors	是否开启错误日志
	error_log	错误日志保存路径
	post_max_size	限制 PHP 接收来自客户端 POST 方式提交的最大数据量
	default_mimetype	输出时使用的默认 MIME 类型
	default_charset	输出时使用的默认字符集
	file_uploads	是否接收来自客户端的文件上传
	upload_tmp_dir	接收客户端上传文件时的临时保存目录
	upload_max_filesize	限制来自客户端上传文件的最大数据量
	allow_url_fopen	限制 PHP 脚本是否可以打开远程文件
时间和日期配置	date.timezone	时区配置，如 UTC（协调世界时）、PRC（中国时区）、Asia/Shanghai（亚洲上海时区）
Session 会话配置	session.save_handler	设置会话以文件形式保存
	session.save_path	设置会话的保存目录

8.1.4 安装 MySQL

MySQL 有两种常见的安装方式：一种方式是从 MySQL 提供的 yum 仓库中安装 MySQL，一种是下载源代码编译安装。本书选择讲解编译安装的方式，具体步骤如下。

1．安装编译工具和依赖包

MySQL 是使用 C 和 C++语言编写的，为了编译 MySQL，需要安装 gcc-c++和 cmake 工具。且 MySQL 依赖于 ncurses 字符终端处理库，需要先安装 ncurses-devel 依赖包才能够正确编译。使用 yum 下载这些工具和包即可，具体命令如下。

```
[root@localhost ~]# yum -y install gcc-c++ cmake ncurses-devel
```

2．获取 MySQL 的源代码

在 MySQL 官方网站找到 MySQL 的源代码下载地址，这里以 5.7.24 版本讲解。

在图 8-11 中，MySQL 提供了两种版本的源代码，文件名分别为 mysql-5.7.24.tar.gz 和 mysql-boost-5.7.24.tar.gz，区别是后者的版本包含了 Boost 头文件，而前者不包含。为了方便安装，这里选择 mysql-boost-5.7.24.tar.gz。

将 mysql-boost-5.7.24.tar.gz 文件下载到服务器，然后使用“tar -zxvf”命令进行解压。

```
[root@localhost ~]# wget \
https://dev.mysql.com/get/Downloads/MySQL-5.7/mysql-boost-5.7.24.tar.gz
[root@localhost ~]# tar -zxvf mysql-boost-5.7.24.tar.gz
```

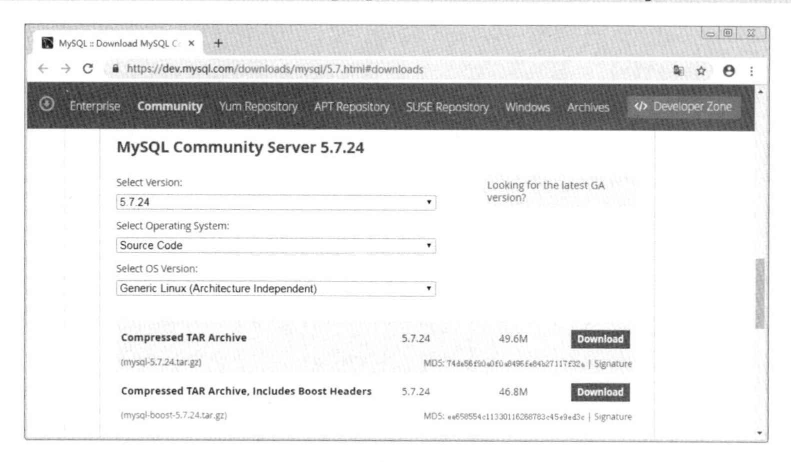

图 8-11　下载 MySQL 源代码

3. 编译安装 MySQL

编译 MySQL 共分为两步：第 1 步是执行 cmake 生成 Makefile 文件，第 2 步是执行 make 命令编译。在具体操作如下。

```
# ① 进入 MySQL 的解压目录
[root@localhost ~]# cd mysql-5.7.24
# ② 执行 cmake 生成 Makefile 文件
[root@localhost mysql-5.7.24]# cmake -DWITH_BOOST=boost -DWITH_SYSTEMD=1 \
-DMYSQL_DATADIR=/var/lib/mysql \
-DMYSQLX_UNIX_ADDR=/tmp/mysql.sock \
-DSYSTEMD_PID_DIR=/var/lib/mysql
# ③ 编译并安装 MySQL
[root@localhost mysql-5.7.24]# make && make install
```

在上述命令中，cmake 的选项“-D”用于指定编译选项，紧跟其后的 WITH_BOOST 是选项名，其值 boost 表示使用当前目录下的 boost，即/root/mysql-5.7.24/boost。由于 CentOS 7 支持 systemd，因此在编译选项中增加了对 systemd 的支持。“-DMYSQL_DATADIR”指定数据目录，“-DMYSQLX_UNIX_ADDR”指定 sock 文件路径（用于 socket 连接），“-DSYSTEMD_PID_DIR”指定进程 id 保存路径。

> 小提示：
>
> 在使用 cmake 生成 Makefile 时，需要指定编译选项，读者可通过“cmake .”命令查看，也可通过“ccmake .”命令进行查看或编辑。

4. 创建配置文件

将 MySQL 安装完成后，还需要创建配置文件，具体操作如下。

```
# ① 先备份 CentOS 系统自带的配置文件（重命名 my.cnf 为 my.cnf.bak）
[root@localhost mysql]# mv /etc/my.cnf /etc/my.cnf.bak
# ② 创建一个新的配置文件
[root@localhost mysql]# vi /etc/my.cnf
```

在新创建的配置文件/etc/my.cnf 中，输入以下内容完成 MySQL 的配置。

```
[mysqld]
port=3306
log-error=/var/lib/mysql/mysqld.log
symbolic-links=0
user=mysql
```

在上述配置中，port 表示端口号，log-error 表示错误日志路径，symbolic-links 设为 0 表示禁用符号链接，user 表示 MySQL 的工作用户。

在 Linux 系统中，禁用符号链接，为 MySQL 指定一个专门的用户（而不是使用 root 用户），都是为了提高安全性，降低被黑客攻击的风险。下面创建 mysql 用户，具体操作如下。

```
# 创建 mysql 用户组和用户，并禁止登录
[root@localhost mysql]# groupadd mysql
[root@localhost mysql]# useradd -r -M -g mysql -s /bin/false mysql
```

在上述命令中，groupadd 用于创建用户组，useradd 用于创建用户，用户名和组名都是 mysql。useradd 的选项“-r”表示创建系统用户，“-M”表示不创建用户目录，“-g mysql”表示加入 mysql 用户组，“-s /bin/false”表示禁止登录。

5. 初始化数据库

将配置文件准备好后，就可以开始初始化数据库，具体操作如下。

```
# ① 初始化数据库，并忽略安全性（MySQL 中的 root 用户初始密码为空）
[root@localhost ~]# cd /usr/local/mysql
[root@localhost mysql]# ./bin/mysqld --initialize-insecure
# ② 切换到数据目录，查看初始化数据库后数据目录中的文件
[root@localhost mysql]# cd /var/lib/mysql
[root@localhost mysql]# ls
auto.cnf  ib_buffer_pool  ibdata1  ib_logfile0  ib_logfile1  mysql  mysqld.log
performance_schema  sys
```

从上述结果可以看出，MySQL 初始化数据库后，就会在数据目录中自动生成一些文件，这些文件包括数据库中的数据、日志等。

6. 管理 MySQL 服务

将 MySQL 提供的 mysqld.service 服务脚本复制到 CentOS 的 systemd 目录中，就可以使用 systemctl 命令管理 MySQL 服务，具体操作如下。

```
# ① 复制 mysqld.service 脚本
[root@localhost ~]# cp ~/mysql-5.7.24/scripts/mysqld.service \
/usr/lib/systemd/system/
# ② 设置 MySQL 服务的开机启动
[root@localhost ~]# systemctl enable mysqld
```

设置完成后，就可以通过以下命令查看和管理 MySQL 服务。具体如下。

```
[root@localhost ~]# systemctl start mysqld        # 启动 MySQL 服务
[root@localhost ~]# systemctl stop mysqld         # 停止 MySQL 服务
[root@localhost ~]# systemctl restart mysqld      # 重新启动 MySQL 服务
[root@localhost ~]# ss -tnlp | grep mysql         # 查看 MySQL 服务监听端口
```

7. 登录 MySQL 设置 root 用户密码

在 MySQL 服务启动成功后，使用客户端工具登录 MySQL，具体操作如下。

```
# ① 切换到客户端工具所在的目录
```

```
[root@localhost ~]# cd /usr/local/mysql/bin
# ② 运行客户端程序，登录 MySQL
[root@localhost bin]# ./mysql -uroot
# ③ 设置密码为 123456
mysql> ALTER USER 'root'@'localhost' IDENTIFIED BY '123456';
mysql> exit
```

由于在使用客户端工具时，需要先切换目录，比较麻烦。可以在/usr/local/bin 目录中创建一个软链接，实现在任意目录中直接通过 mysql 命令启动客户端，具体操作如下。

```
[root@localhost bin]# ln -s `pwd`/mysql /usr/local/bin/mysql
```

在上述命令中，ln 的选项-s 表示创建软连接，第 1 个参数是源文件地址（`pwd`用于获取当前目录的路径），第 2 个参数是目标地址。

在创建软链接后，就可以在任意目录下，使用 mysql 命令方便地启动 MySQL 客户端工具。示例如下。

```
[root@localhost bin]# mysql -uroot -p123456
```

8.1.5 安装 Composer 和 ThinkPHP

在 LNMP 环境中安装 Composer，具体步骤如下。

```
# ① 安装 composer 用到的 unzip 命令
[root@localhost ~]# yum -y install unzip
# ② 下载并执行 composer 安装文件
[root@localhost ~]# curl -sS https://getcomposer.org/installer | php
# ③ 全局安装 composer
[root@localhost ~]# mv composer.phar /usr/local/bin/composer
```

在安装 Composer 后，为了安全性，不建议使用 root 用户运行 Composer。下面专门创建一个 www 用户，并将其家目录作为 ThinkPHP 项目目录。

```
# ① 添加 www 用户，添加后切换为该用户
[root@localhost ~]# useradd www
[root@localhost ~]# su - www
# ② 使用 Composer 的国内镜像（此步可选）
[www@localhost ~]$ composer config -g repo.packagist composer \
https://packagist.phpcomposer.com
# ③ 创建项目
[www@localhost ~]$ composer create-project topthink/think=5.1.36 tp5.1
# ④ 返回 root 用户
[www@localhost ~]$ exit
[root@localhost ~]#
```

执行“vi /usr/local/nginx/conf/vhost/tpserver.test.conf”命令创建虚拟主机，如下所示。

```
1  server {
2      listen 80;
3      server_name tpserver.test;
4      root /home/www/tp5.1/public;
5      index index.html index.php;
6      rewrite ^/index.php/(.*) /index.php?s=$1 break;
7      location ~ \.php$ {
8          try_files $uri =404;
9          fastcgi_pass 127.0.0.1:9000;
```

```
10          include fastcgi.conf;
11      }
12      location ~ .*\.(gif|jpg|jpeg|png|bmp|swf|flv|mp4|ico)$ {
13          expires 30d;
14          access_log off;
15      }
16      location ~ .*\.(js|css)?$ {
17          expires 7d;
18          access_log off;
19      }
20      location / {
21          try_files $uri $uri/ /index.php?s=$uri;
22      }
23  }
```

上述第 6 行配置表示针对 PATHINFO 方式配置重写规则，第 20~22 行配置表示将文件不存在的请求内部重定向到 index.php。

为了避免遇到文件权限问题，将 Nginx 和 PHP-FPM 的用户都改为 www，如下所示。

```
# ① 打开 Nginx 配置文件
[root@localhost ~]# vi /usr/local/nginx/conf/nginx.conf
# ② 找到"#user  nobody;"，取消注释并改为如下结果（第 1 个 www 表示用户，第 2 个 www 表示用户组）
user www www;
# ③ 打开 php-fpm 配置文件
[root@localhost ~]# vi /usr/local/php/etc/php-fpm.d/www.conf
# ④ 找到"user=nobody"和"group=nobody"，将用户和用户组改为 www
user=www
group=www
# ⑤ 载入新的配置
[root@localhost ~]# systemctl reload php-fpm
[root@localhost ~]# systemctl reload nginx
```

编辑物理机的 hosts 文件，添加域名解析记录。

```
192.168.127.128 tpserver.test
```

完成以上操作后，使用以下 4 种 URL 来测试 ThinkPHP 项目是否可以正确访问。

```
http://tpserver.test
http://tpserver.test/index.php
http://tpserver.test/index.php/index/index/index
http://tpserver.test/index/index/index
```

8.2 Memcached

8.2.1 初识 Memcached

Memcached 是 NoSQL（Not Only SQL，不仅仅是 SQL）非关系型数据库中的一种，是一个高性能的分布式内存对象缓存系统，通过减轻数据库负载来加速动态 Web 应用程序。使用 Memcached 可以利用内存来缓存一些被频繁访问的数据（不论数据是何种类型，都统一将其序列化为字符串保存），从而减少数据库的查询次数。相对于基于磁盘的缓存，内存缓存具有非常高的读写性能，但无法持久保存数据，因此 Memcached 适合保存一些经常访问但不重要的数据，即使数据丢失也不会对业务造成影响。

为了读者更好地理解，下面通过图 8-12 演示 Memcached 的使用。

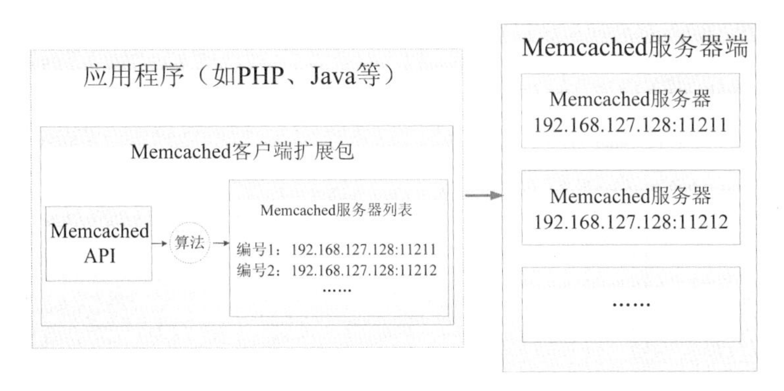

图 8-12　Memcached 的使用

从图 8-12 可知，Memcached 分为服务器端和客户端，数据的缓存是根据算法从服务器列表中获取服务器的编号，得到对应服务器 IP 和端口号后存储数据或获取数据。

另外，Memcached 本身不具备分布式的功能，各服务器之间相互独立，它是依赖客户端应用程序实现的，当服务器列表中的某个服务器宕机时，系统就会自动从可用的服务器中获取数据，当没有获取到对应的数据时，它会先从数据库中获取数据后，再将其存储到可用的 Memcached 服务器中，下次请求时就可以利用缓存中的数据，当然，这样做的缺点就是消耗的成本比较大。

8.2.2　安装 Memcached

在了解什么是 Memcached 后，接下来通过编译的方式安装 Memcached 服务器。从 Memcached 官方网站获取下载地址，如图 8-13 所示。

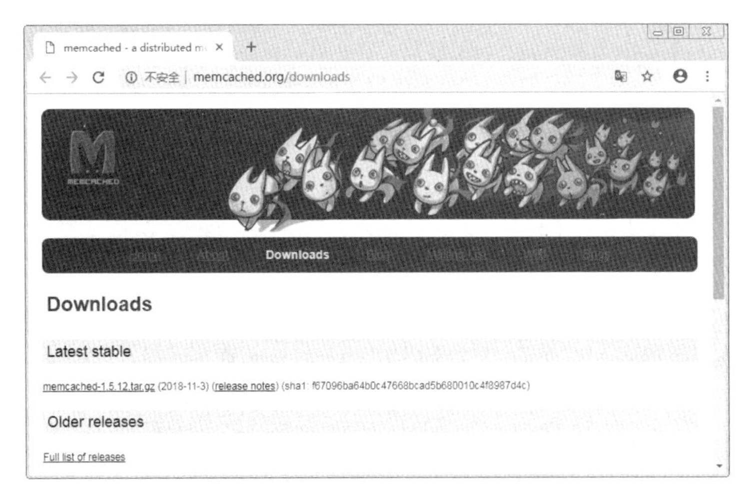

图 8-13　Memcached 的下载

从图 8-13 可以获取 Memcached 的最新稳定版本，并可知 Memcached 的依赖包为 libevent-devel。

1. 编译安装 Memcached

编译安装 Memcached 的具体步骤如下。

```
# ① 安装依赖包
[root@localhost ~]# yum -y install libevent-devel
# ② 获取并解压 Memcached
[root@localhost ~]# wget http://memcached.org/files/memcached-1.5.12.tar.gz
[root@localhost ~]# tar -zxvf memcached-1.5.12.tar.gz
# ③ 编译安装 Memcached
[root@localhost ~]# cd memcached-1.5.12
[root@localhost memcached-1.5.12]# ./configure --prefix=/usr/local/memcached
[root@localhost memcached-1.5.12]# make && make install
# ④ 为 Memcached 指定运行的用户
[root@localhost memcached-1.5.12]# groupadd memcached
[root@localhost memcached-1.5.12]# useradd -r -M -g memcached -s /bin/false
memcached
# ⑤ 添加 memcached 命令
[root@localhost memcached-1.5.12]# ln -s /usr/local/memcached/bin/memcached \
/usr/local/sbin/memcached
# ⑥ 启动 Memcached 服务器
[root@localhost ~]# memcached -u memcached -p 11211 -m 64 -c 1024 -d \
-P /tmp/memcached.pid
```

在以上开启的 memcached 服务中，“-u”指定工作用户为 memcached，“-p”指定端口号是 11211（默认端口号），“-m”指定为服务分配的内存大小，单位是 MB，默认 64 MB，“-c”指定最高并发连接数，默认值为 1024，“-P”指定 pid 文件的保存目录。对于服务的配置项，读者可通过“memcached -h”命令查看详细说明，根据服务器的硬件能力合理配置即可。

完成以上操作后，即可通过“ps aux | grep memcached”查看启动的 memcached 服务。

```
[root@localhost ~]# ps aux | grep memcached
memcach+  8919  0.0  0.3 413848  3124 ?       Ssl  10:45   0:00 memcached -u memcached
-p 11211 -m 64 -c 1024 -d
root      8930  0.0  0.0 112724   984 pts/1   R+   10:45   0:00 grep --color=auto
memcached
```

使用如下命令可以关闭 memcached 服务。

```
[root@localhost ~]# kill `cat /tmp/memcached.pid`
```

小提示：

如果需要 Memcached 服务提供对访问，则需要在防火墙中开放 11211 端口。

2. 设置 Memcached 开机启动

对于一个要经常使用的服务器而言，每次开机后，都需要手动开启一些服务较为麻烦。接下来，将完成 Memcached 服务的开机自启动的功能。具体步骤如下。

（1）执行如下命令，创建 Memcached 服务管理文件。

```
[root@localhost ~]# vi /usr/lib/systemd/system/memcached.service
```

（2）编写 Memcached 服务管理文件，具体代码如下。

```
1  [Unit]
2  Description=Memcached
3  After=network.target remote-fs.target nss-lookup.target
4
5  [Service]
```

```
6  Type=forking
7  ExecStart=/usr/local/memcached/bin/memcached -d -u memcached -p 11211 -m 64 -c 1024
8  ExecStop=/bin/kill $MAINPID
9  PrivateTmp=true
10
11 [Install]
12 WantedBy=multi-user.target
```

（3）完成上述脚本编写并保存后，可以使用如下命令管理 Memcached 服务。

```
[root@localhost ~]# systemctl start memcached  # 启动 memcached 服务
[root@localhost ~]# systemctl stop memcached   # 停止 memcached 服务
```

（4）添加 Memcached 服务自启动操作。

```
[root@localhost ~]# systemctl enable memcached
```

多学一招：使用telnet客户端连接Memcached服务器

在 CentOS 中可通过安装 telnet 客户端连接 Memcached 服务器，向 Memcached 服务器中存储、获取或查看所有的数据信息。具体操作如下。

```
# ① yum 安装 telnet
[root@localhost ~]# yum -y install telnet
# ② 利用 telnet 连接 Memcached 服务器
[root@localhost ~]# telnet 127.0.0.1 11211
Trying 127.0.0.1...
Connected to 127.0.0.1.
Escape character is '^]'.
```

按照以上的操作完成后，就可以输入 Memcached 的命令进行操作，常用的命令如表 8-3 所示。

表 8-3　Memcached 的常见操作命令

命　令	说　　明
stats items	返回 Memcached 中存储的数据项信息
stats cachedump	按 stats items 返回的 itemsID 获取数据的 key 值，基本语法为"stats cachedump itemsID 0"，0 表示获取所有项
set	设置数据，基本语法为"set key 名　标识　有效期　字节数　value 值"，有效期设置为 0 表示永久有效，单位为秒
get	获取数据，基本语法为"get key 名"
Delete	删除数据，基本语法为"delete key 名"

若要退出 telnet，先按【Ctrl+]】组合键退出 Memcached 服务器，然后输入 q 命令退出 telnet。

8.2.3　PHP 操作 Memcached

从前面的分析可知，若要在 PHP 中操作 Memcached 服务器，需要在 PHP 中安装相应的客户端扩展包。PHP 的 Memcached 扩展可以在 PECL（The PHP Extension Community Library，PHP 社区扩展库）网站中获取。另外，从手册可知，PHP 的 memcached 扩展包依赖于 libmemcached，同时在连接 Memcached 服务器时需要使用 SASL 认证。

1. 安装 PHP 的 Memcached 扩展

（1）安装 Memcached 扩展所需的依赖包，具体步骤如下。

```
# ① yum 方式安装 cyrus-sasl-devel 依赖包，用以提供 SASL 认证
[root@localhost ~]# yum -y install gcc-c++ cyrus-sasl-devel
# ② 编译安装 libmemcached 依赖包
[root@localhost ~]# wget \
https://launchpad.net/libmemcached/1.0/1.0.18/+download/libmemcached-1.0.18.tar.gz
[root@localhost ~]# tar -zxvf libmemcached-1.0.18.tar.gz
[root@localhost ~]# cd libmemcached-1.0.18
[root@localhost libmemcached-1.0.18]# ./configure && make && make install && cd ..
```

（2）为 PHP 的 Memcached 扩展生成 configure 文件，具体步骤如下。

```
# ① 下载 PHP 的 Memcached 扩展包
[root@localhost ~]# wget http://pecl.php.net/get/memcached-3.0.4.tgz
# ② 为 PHP 的 Memcached 扩展生成 configure 文件
[root@localhost ~]# tar -zxvf memcached-3.0.4.tgz
[root@localhost ~]# cd memcached-3.0.4
[root@localhost memcached-3.0.4]# yum -y install autoconf
[root@localhost memcached-3.0.4]# /usr/local/php/bin/phpize
```

在上述操作中，编译 PHP 扩展需要在扩展目录中执行“/usr/local/php/bin/phpize”程序，它会生成扩展的 configure 文件，用来编译扩展。autoconf 是“/usr/local/php/bin/phpize”程序所需的依赖包。

（3）编译安装 PHP 的 Memcached 扩展，具体步骤如下。

```
# ① 动态编译 PHP 的配置项
[root@localhost memcached-3.0.4]# ./configure \
--with-php-config=/usr/local/php/bin/php-config
# ② 编译安装插件
[root@localhost memcached-3.0.4]# make && make install && cd ..
```

按照以上操作完成插件的编译安装后，就可以看到以下安装的扩展信息。

```
Installing shared extensions:
/usr/local/php/lib/php/extensions/no-debug-non-zts-20170718/
```

（4）修改 PHP 的配置文件，如下所示。

```
# ① 在 PHP 的配置文件 php.ini 中加载 Memcached 扩展
[root@localhost ~]# vi /usr/local/php/lib/php.ini
# 添加如下配置:
extension=/usr/local/php/lib/php/extensions/no-debug-non-zts-20170718/memcached.so
# ② PHP-FPM 重新加载配置
[root@localhost ~]# systemctl reload php-fpm
```

完成上述操作后，执行“php -m | grep memcached”命令查看扩展是否已经正确安装。

2. 使用 PHP 操作 Memcached

创建“/usr/local/nginx/html/memcached.php”文件，具体代码如下。

```
1  <?php
2  // 连接 Memcached 服务器
```

```
3  $mem = new Memcached();
4  $mem->addServer('192.168.127.128', 11211);
5  // 保存数据（Key/Value 形式，Key=UserName，Value=Tom）
6  $mem->set('UserName', 'Tom');
7  // 获取数据（根据 Key=UserName，获得 Value）输出结果：Tom
8  echo $mem->get('UserName');
```

上述第 3 行代码用于创建一个 Memcached 实例。第 4 行用于向服务器池中增加一个服务器，第 1 个参数表示服务器主机名，第 2 个参数表示端口号。第 6 行用于向 Memcached 服务器存储一个元素，第 8 行用于从 Memcached 服务器获取一个元素。

除了以上演示的方法外，PHP 还提供了很多其他方法，用于完成 Memcached 的操作。其中常见的如表 8-4 所示。

表 8-4　常见 PHP 操作 Memcached 的方法

方　法	说　　明
delete($key)	删除一个$key 元素
add($key, $value)	增加一个元素，若元素$key 已存在则不执行此添加操作
decrement($key, $offset=1)	减小数值元素的值，减小多少由参数$offset 决定
increment($key, $offset=1)	增加数值元素的值，增加多少由参数$offset 决定
flush()	作废缓存中的所有元素
replace($key, $value)	替换已存在$key 元素的值，若元素$key 不存在则不执行此替换操作

多学一招：PHP将session存储到Memcached中

利用 PHP 将 session 存储到 Memcached 中，只需设置 session 的处理方式（session.save_handler）和 session 的保存路径（session.save_path）即可。读者在修改时，既可以直接修改 PHP 的配置文件，也可以使用 ini_set()函数临时设置。下面为了读者更好地理解，以 ini_set()为例进行演示。

（1）创建 set_sess.php 文件设置 session 的配置项，具体代码如下。

```
1  <?php
2  ini_set('session.save_handler', 'memcached');
3  ini_set('session.save_path', '192.168.127.128:11211');
4  // 开启 session
5  session_start();
6  $_SESSION['UserName'] = 'Tom';
```

（2）创建 get_sess.php 文件获取存储到 Memcached 中的 session，具体代码如下。

```
1  <?php
2  session_start();
3  $key = 'memc.sess.' . session_id();
4  $mem = new Memcached();
5  $mem->addServer('192.168.127.128', 11211);
6  var_dump($mem->get($key)); // 输出结果：string(19) "UserName|s:3:"Tom";"
```

从以上代码可知，session 在 Memcached 中存储的 key 是以“memc.sess.”为前缀的 session 的 ID，value 值是序列化后的数据，如“UserName|s:3:"Tom";”。

8.2.4 ThinkPHP 操作 Memcached

ThinkPHP 框架中也支持使用 Memcached 进行数据缓存，常用的两种操作分别为 Memcached 缓存 Session 会话数据和 Memcached 缓存普通数据。下面为了读者更好地理解，分别演示这两种方式的使用。

1. 在 ThinkPHP 中使用 Memcached 缓存 Session

在 ThinkPHP 中默认开启 Session 会话，因此将 Session 缓存到 Memcached 中，只需要修改 Session 的配置文件 config/session.php，将 type 值修改为 memcached 即可。

在 ThinkPHP 中使用时，可以导入 think\facade\Session 类的命名空间，然后使用 Session::set() 保存数据、Session::get()获取数据。例如，在 index 模块的 Index 控制器中添加以下方法，当 Memcached 中没有此 Session 时，则向 Memcached 中存储，否则直接从 Memcached 服务器中获取。

```
1  public function sess()
2  {
3      if (!Session::has('name') || !Session::has('pwd')) {
4          Session::set('name', 'mingming');
5          Session::set('pwd', '555222');
6      }
7      dump(Session::get('name'));     // 输出结果: string(8) "mingming"
8      dump(Session::get('pwd'));      // 输出结果: string(6) "555222"
9  }
```

在上述代码中，Session::has()用于判断指定名称的 session 是否存在，存在时返回 true，不存在时返回 false。在浏览器中请求 http://tpserver.test/index/index/sess 后，读者也可登录到 Memcached 的服务器中查看验证，这里不再演示。

其他 ThinkPHP 中 Memcached 存储 Session 的常用配置与方法如表 8-5 所示。

表 8-5 ThinkPHP 中 Memcached 存储 Session 的常用配置与方法

配置项	说明	方法	说明
expire	session 过期时间	delete()	删除 Memcached 的 session 数据
prefix	Memcached 中存储 session 的前缀，默认值为 think	clear()	清空 Memcached 的 session 数据
auto_start	是否自动开启 session，默认开启	pull()	获取并删除 Memcached 的数据

2. 在 ThinkPHP 中使用 Memcached 缓存普通数据

在 ThinkPHP 中将普通数据缓存到 Memcached 中，只需要修改 config/cache.php 文件，将缓存的驱动方式 type 值 File 修改为 memcached 即可。

在 ThinkPHP 中使用时，可以导入 think\facade\Cache 类的命名空间，然后使用 Cache::set() 保存数据、Cache::get()获取数据。例如，在 Index 控制器中添加以下方法，设置并获取对应数据的缓存。

```
1  public function data()
2  {
3      Cache::set('id', 9, 3600);
4      dump(Cache::get('id'));          // 输出结果: int(9)
5  }
```

在上述代码中，Cache::set()方法的第 1 个参数表示缓存数据的名称，第 2 个参数表示缓存数据的值，第 3 个参数表示缓存的有效期，单位为秒。

在浏览器中请求 http://tpserver.test/index/index/data 后，读者也可到 Memcached 的服务器中查看验证，这里不再演示。

其他 ThinkPHP 中 Memcached 存储普通数据的常用配置与方法如表 8-6 所示。

表 8-6　ThinkPHP 中 Memcached 存储普通数据的常用配置与方法

配置项	说明	方法	说明
expire	缓存有效期，默认为 0，表示永久缓存	rm()	删除 Memcached 的缓存数据
prefix	Memcached 中缓存的前缀，默认为空	clear()	清空 Memcached 的缓存数据
–	–	pull()	获取并删除 Memcached 缓存数据

8.3　Redis

8.3.1　初识 Redis

Redis 也是 NoSQL 非关系型数据库，最初是 Salvatore Sanfilippo 为其推出的一个网站设计的数据库，并于 2009 年进行开源发布。直到目前为止，Redis 作为一款高性能的、非关系型的数据库产品，已经被很多知名的网站所使用。

Redis 中的数据采用 key-value 形式存储，与 Memcached 类似。不同的是，Redis 支持的数据类型更加的丰富，不仅支持 string（字符串型），还支持 hash（哈希）、list（链表）、set（集合）、sorted sets（有序集合）、stream（流）、HyperLogLog（基数统计）等。这样数据在 Redis 中的存储形式与其在应用程序中的存储方式非常接近，更便于数据的操作。例如，利用 Redis 的集合操作，可以获取用户 A 和用户 B 的共同好友，实现推荐好友等功能。

Redis 中的所有数据都存储在内存中，而内存的读写速度要远快于磁盘。因此，Redis 的查询速度非常快。在实际开发中，被越来越多的用于内容缓存，在缓存数据达到内存空间限制后，按照一定的规则可自动淘汰不需要的 key-value；从 Redis 3.0 版本后，还可通过集群处理大量数据的高负载访问等。此外，为了解决内存数据因程序退出等情况造成的丢失，Redis 还可通过 RDB 或 AOF 方式将数据进行持久化存储。

8.3.2　安装 Redis

在了解什么是 Redis 后，接下来通过编译的方式安装 Redis，在官网中可以直接获取 Redis 的最新稳定版本。

1. 编译安装 Redis

编译安装 Redis 的具体步骤如下。

```
# ① 获取并解压 Redis 资源包
[root@localhost ~]# wget http://download.redis.io/releases/redis-5.0.2.tar.gz
[root@localhost ~]# tar -zxvf redis-5.0.2.tar.gz
# ② 进入到解压目录
[root@localhost ~]# cd redis-5.0.2
# ③ 编译 Redis，并指定 Redis 的安装目录
```

```
[root@localhost redis-5.0.2]# make PREFIX=/usr/local/redis install
```

在上述操作中，make 后就会在/usr/local/redis/bin 目录中生成 Redis 的可执行文件。查看 Redis 安装后的可执行文件。

```
[root@localhost redis-5.0.2]# cd /usr/local/redis/bin
[root@localhost bin]# ls
redis-benchmark  redis-check-aof  redis-check-rdb  redis-cli  redis-sentinel
redis-server
```

在上述可执行文件中，redis-server 用于启动 Redis 的服务器，redis-cli 用于启动 Redis 的命令行客户端，redis-benchmark 是性能测试工具，redis-check-aof 是文件修复工具，redis-check-rdb 是文件检索工具，redis-sentinel 用于集群操作。

接下来，执行 redis-server 程序启动 Redis 服务器，具体如下。

```
[root@localhost bin]# ./redis-server
```

在启动 Redis 后，可以看到 Redis 服务器的相关信息，如版本号、监听的端口号，使用的配置文件等。默认情况下，Redis 服务器启动后，始终会有一个终端脚本被挂起执行，通过【Ctrl+C】组合键可以关闭 Redis 服务。但当前终端被关闭时，Redis 服务也会被立即停止，因此通常不推荐使用这种方式启动 Redis。

2. 获取并修改 Redis 的配置文件

在 Redis 的资源包中提供了 Redis 的配置文件 redis.conf 和集群的配置文件 sentinel.conf，读者在使用时可根据实际情况进行选择。这里仅将 redis.conf 复制到 Redis 的安装目录。

```
[root@localhost bin]# cp ~/redis-5.0.2/redis.conf /usr/local/redis
```

打开/usr/local/redis/redis.conf 文件，可以看到 Redis 各种常用功能配置及说明。基本配置如表 8-7 所示。

表 8-7 Redis 的常用配置

配　置	说　　明
bind	指定 Redis 接收请求的 IP 地址，不设置时处理所有请求，默认值为 127.0.0.1
port	监听的端口号，默认监听 6379 端口号
daemonize	设置 Redis 服务器是否在后台运行，默认为 no，表示不在后台运行
pidfile	Redis 服务器启动后 pid 的存储位置，默认为/var/run/redis_6379.pid
timeout	设置客户端连接的超时时间，默认值为 0，单位为秒
databases	设置数据库的个数，默认值为 16；通过 SELECT dbid 可切换，默认的 dbid 为 0
requirepass	设置客户端登录的认证密码，默认为 foobared，表示不需要认证
save	设置基于 RDB 方式持久化数据的频率
dbfilename	RDB 方式持久化数据的文件名称
dir	工作目录，数据文件存储的目录，默认为./
logfile	日志保存的路径
appendonly	使用 AOF 方式持久化数据，默认值为 no
appendfilename	AOF 数据文件的名称，默认值为"appendonly.aof"
appendfsync	AOF 持久化数据的频率，默认值为 everysec
maxmemory	设置 Redis 最大占用内存，单位为字节
maxmemory-policy	设置超过 maxmemmory 限制后的处理方式，默认 noeviction，超过就报错

了解 Redis 的基本配置后，为其配置 daemonize 守护进程和 requirepass 认证密码。具体如下。

```
[root@localhost ~]# vi /usr/local/redis/redis.conf
# 将 daemonize 和 requirepass 修改成以下形式
daemonize yes
requirepass c25e7d03fa17b526
```

在上述配置中，读者可以自行修改 requirepass 认证密码。需要注意的是，redis.conf 中认证密码采用明文方式存储，并且因为 Redis 的高性能，可在短时间内接受非常多次的密码尝试，为了防止外部用户恶意尝试密码，该认证密码的设置要足够的复杂，否则很容易被破解。

保存配置文件的修改后，就可以到 Redis 的安装目录中重新开启 Redis 服务器。

```
[root@localhost bin]# ./redis-server /usr/local/redis/redis.conf
```

在开启服务器后，可以通过“ps aux | grep redis”查看当前开启的 Redis 服务，通过“ss -tnlp | grep redis”查看 Redis 监听的端口号。

3. 登录 Redis 服务器

在开启 Redis 服务后，可以使用 redis-cli 可执行文件开启 Redis 客户端，执行相关的操作。登录 Redis 客户端的方式如下。

```
# ① 使用认证方式登录
[root@localhost bin]# ./redis-cli -h 127.0.0.1 -p 6379 -a c25e7d03fa17b526
Warning: Using a password with '-a' or '-u' option on the command line interface may
not be safe.
127.0.0.1:6379> exit
# ② 使用 AUTH 命令
[root@localhost bin]# ./redis-cli -h 127.0.0.1 -p 6379
127.0.0.1:6379> AUTH c25e7d03fa17b526
OK
127.0.0.1:6379> exit
```

在上述操作中，“-h”用于指定连接的 Redis 服务器地址，这里使用 127.0.0.1 表示连接本机的 Redis 服务器。“-p”用于指定 Redis 服务器的端口号，“-a”用于指定认证的密码。其中，在登录时直接指定认证密码，系统会给出安全警告。因此，在开发中推荐使用第 2 种方式登录 Redis 客户端，在执行命令前使用“AUTH 认证密码”进行认证，若没有认证则系统会给出“NOAUTH Authentication required”提示信息。exit 命令用于退出 Redis 客户端。

如果需要关闭 Redis 服务器，可以在 redis-cli 中使用 SHUTDOWN 命令，如下所示。

```
[root@localhost bin]# ./redis-cli -h 127.0.0.1 -p 6379
127.0.0.1:6379> AUTH c25e7d03fa17b526
OK
127.0.0.1:6379> SHUTDOWN
not connected> exit
```

4. 设置 Redis 开机启动

执行如下命令，创建 Redis 服务管理文件。

```
vi /usr/lib/systemd/system/redis.service
```

编写 Memcached 服务管理文件，具体代码如下。

```
1  [Unit]
2  Description=Redis
3  After=network.target remote-fs.target nss-lookup.target
4
```

```
5  [Service]
6  Type=forking
7  ExecStart=/usr/local/redis/bin/redis-server /usr/local/redis/redis.conf
8  ExecStop=/usr/local/redis/bin/redis-cli -h 127.0.0.1 -p 6379 -a c25e7d03fa17b526
    shutdown
9  PrivateTmp=true
10
11 [Install]
12 WantedBy=multi-user.target
```

完成上述脚本编写并保存后，可以使用如下命令管理 Redis 服务。

```
[root@localhost ~]# systemctl start redis  # 启动 redis 服务
[root@localhost ~]# systemctl stop redis   # 停止 redis 服务
```

最后执行如下命令，将 Redis 服务设为开机自动启动。

```
[root@localhost ~]# systemctl enable redis
```

8.3.3 Redis 入门

1. Redis 的常用命令

Redis 中根据不同的数据类型给出了很多命令用于完成相关的操作。下面通过表 8-8 展示 Redis 中常见的命令。

表 8-8 Redis 的常用命令

命令组	命令	说明	示例
Strings	SET	设置 key 的 value 值	SET user:id:1:age 18
	GET	获取 key 的 value	GET user:id:1:age
	INCR	对数值型 key 的 value 加 1	INCR user:id:1:age
	DECR	对数值型 key 的 value 减 1	DECR user:id:1:age
	INCRBY	对数值型 key 的 value 加 n	INCRBY user:id:1:age 10
	DECRBY	对数值型 key 的 value 减 n	DECRBY user:id:1:age 10
Hashes	HSET	为指定 key 同时设置 1 个字段值	HSET user:id:2 name lili
	HGET	获取指定 key 的 1 个字段	HGET user:id:2 name
	HMSET	为指定 key 同时设置多个字段值	HMSET user:id:3 name tom gender m
	HGETALL	获取指定 key 的多个字段值	HGETALL user:id:3
Lists	LPUSH	从链表的左边（头部）添加 1 个或多个元素	LPUSH names lili tom lucy Jim
	RPUSH	从链表的右边（尾部）添加 1 个或多个元素	RPUSH names xixi haha
	LRANGE	从链表中获取指定返回的元素	LRANGE names 0 -1
	LPOP	从链表的左边（头部）获取 1 个元素	LPOP names
	RPOP	从链表的右边（尾部）获取 1 个元素	RPOP names
Sets	SADD	向集合中添加 1 个或多个元素	SADD user:id:4:hobby running swimming
	SMEMBERS	获取集合中的所有元素	SMEMBERS user:id:4:hobby
	SREM	从集合中删除 1 个或多个元素	SREM user:id:4:hobby swimming
	SPOP	随机从集合删除并获取 1 个元素	SPOP user:id:4:hobby
	SINTER	获取集合的交集	SINTER user:id:4:hobby user:id:6:hobby

续表

命令组	命　令	说　明	示　例
Sets	SUNION	获取集合的并集	SUNION user:id:4:hobby user:id:6:hobby
	SDIFF	获取集合的差集	SDIFF user:id:4:hobby user:id:6:hobby
Sorted Sets	ZADD	添加 1 个或多个元素到有序集合	ZADD user:id:5:hobby 5 "one"
	ZRANGE	获取指定区间的有序集合元素，带 WITHSCORES 时返回带权重的元素	① ZRANGE user:id:5:hobby 0 -1 ② ZRANGE user:id:5:hobby 0 -1 WITHSCORES
Keys	KEYS	获取所有符合匹配模式的 key	KEYS *

需要注意的是，Redis 中的 key 在设置时，可由除“\n”和空格外的任意字符组成，且长度没有任何限制。但是在实际开发中，并不推荐设置太长、太短或不易阅读的 key。一般情况下，Redis 的 key 推荐使用“表名:主键字段名:主键值:非主键字段名”形式，更易于阅读和理解。

2. 持久化操作

Redis 的所有数据都是存储到内存中的，为了解决内存数据因程序退出等情况造成的丢失，保证数据的完整性，Redis 可通过 RDB 或 AOF 方式将数据进行持久化存储。

1）RDB 方式持久化

Redis 默认采用 RDB 方式进行数据的持久化操作，按照设置的频率定期的将内存中的数据同步到指定的文件中。其中，在 redis.conf 配置文件中与 RDB 方式持久化相关的常用配置项如下所示。

```
save 900 1            # 表示 900 s 后，Redis 至少有 1 个 key 改变，则将数据同步到磁盘中
save 300 10           # 表示 300 s 后，Redis 至少有 10 个 key 改变，则将数据同步到磁盘中
save 60 10000         # 表示 60 s 后，Redis 至少有 1 万个 key 改变，则将数据同步到磁盘中
dbfilename dump.rdb # RDB 方式持久化保存数据文件的名称，默认为 dump.rdb
dir ./                # 文件保存的目录，默认与 redis-server 服务器启动文件处于同目录
```

读者可通过启动客户端，设置一个 key-value 后，使用 bgsave 命令手动触发 RDB 的保存机制。退出客户端后，就会在 redis-server 服务器启动文件的同目录下看到系统自动生成一个名为 dump.rdb 的文件。再次登录客户端，获取 key 成功，则表示 RDB 持久化操作成功。这里不再演示。

2）AOF 方式持久化

AOF 方式持久化模式采用追加的方式，按照设置的频率定期的将内存中更新的数据追加到指定的文件。其中，redis.conf 配置文件与 AOF 方式持久化相关的常用配置项如下所示。

```
appendonly no                       # 是否开启 AOF，默认不开启
appendfilename "appendonly.aof" # AOF 方式持久化保存数据文件的名称，默认为
                                                  appendonly.aof
appendfsync everysec       # 默认每秒钟对 Redis 进行一次同步，还可以设置为 always 和 no
```

Redis 中允许 RDB 和 AOF 持久化操作同时存在，当同时存在时，系统会选用 AOF 方式进行持久化操作。另外，AOF 的频率在设置为 always 时，表示只要 Redis 数据有更改，就追加到指定文件中，这种方式比较安全，但是速度会比较慢；设置为 no 时表示交给操作系统选择何时对更改的 Redis 数据进行持久化，这种方式速度很快，但是最不可靠。因此，在没有特殊要求的情况下，推荐使用 everysec。

3. 发布与订阅

Redis 中提供的发布与订阅模式，可使发布者（也可称为生产者）只需将信息分配到指定的频道中即可，不需了解将信息发送给谁；同样的订阅者（也可称为消费者）只要根据需求订阅不同的频道，就可以接收不同频道推送的消息，不需知道是哪个发布者发送的，这种解耦的设计方式可以带来更大的扩展性和动态性更强的网络拓扑。

为了读者更好地理解，下面通过 3 个 Redis 客户端来进行模拟演示。其中，一个客户端作为信息的发布者，两个客户端作为信息的订阅者，具体步骤如下。

（1）订阅者 A 订阅 news 和 food 频道，订阅者 B 订阅 news 和 beauty 频道。

```
# 订阅者 A
127.0.0.1:6379> SUBSCRIBE news food
Reading messages... (press Ctrl-C to quit)
1) "subscribe"
2) "news"
3) (integer) 1
1) "subscribe"
2) "food"
3) (integer) 2
```

```
# 订阅者 B
127.0.0.1:6379> SUBSCRIBE news beauty
Reading messages... (press Ctrl-C to quit)
1) "subscribe"
2) "news"
3) (integer) 1
1) "subscribe"
2) "beauty"
3) (integer) 2
```

在以上订阅信息的返回值中，“1）”的 subscribe 表示成功订阅，“2）”表示订阅的哪个频道，如 news、food、beauty。“3）”表示订阅了几个频道，如 1、2。

（2）在发布者客户端中为 news、food 和 beauty 频道发布信息。

```
127.0.0.1:6379> PUBLISH news 'The news comes from the news channel'
(integer) 2
127.0.0.1:6379> PUBLISH food 'The news comes from the food channel'
(integer) 1
127.0.0.1:6379> PUBLISH beauty 'The news comes from beauty channel'
(integer) 1
```

以上发布信息的返回值表示接收到这条消息的订阅者数量，如 news 频道有订阅 A 和订阅者 B，因此返回值为 2。而 food 频道只有订阅者 A，beauty 频道只有订阅者 B，因此它们的返回值都为 1。需要注意的是，当发布信息时，没有订阅者订阅此频道，则返回值为 0，当有客户端订阅此频道时，不会接收订阅前频道发送的信息。

（3）打开订阅者 A 和订阅者 B 的客户端，查看接收到的信息内容。

```
# 订阅者 A
1) "message"
2) "news"
3) "The news comes from the news channel"
1) "message"
2) "food"
3) "The news comes from the food channel"
```

```
# 订阅者 B
1) "message"
2) "news"
3) "The news comes from the news channel"
1) "message"
2) "beauty"
3) "The news comes from beauty channel"
```

从上述结果可以看出，在发布者发布信息后，所有发布前订阅的客户端都会接收到对应频道的信息。其中，“1）"message"”表示接收的信息，“2）频道名”表示接收信息的频道，“3）信息内容”表示从此频道获取的具体信息内容。

8.3.4　PHP 操作 Redis

1. 安装 PHP 的 Redis 扩展

若要在 PHP 中操作 Redis 服务器，需要在 PHP 中安装相应的客户端扩展包，PHP 的 Redis 扩展可以在 PECL 网站中获取。具体安装步骤如下。

```
# ① 获取并解压 Redis 扩展包
[root@localhost ~]# wget http://pecl.php.net/get/redis-4.2.0.tgz
[root@localhost ~]# tar -zxvf redis-4.2.0.tgz
[root@localhost ~]# cd redis-4.2.0
# ② 检测 PHP 的环境，在当前目录下生成 configure 文件
[root@localhost redis-4.2.0]# /usr/local/php/bin/phpize
# ③ 动态编译 PHP 的配置项
[root@localhost redis-4.2.0]# ./configure \
--with-php-config=/usr/local/php/bin/php-config
# ④ 重新编译安装 PHP
[root@localhost redis-4.2.0]# make && make install && cd ..
```

安装以上的操作重新完成 PHP 的编译安装后，就可以看到以下安装的扩展信息。

```
Installing shared extensions:
/usr/local/php/lib/php/extensions/no-debug-non-zts-20170718/
```

接下来，执行“vi /usr/local/php/lib/php.ini”打开 PHP 的配置文件，添加 Redis 扩展。

```
extension=/usr/local/php/lib/php/extensions/no-debug-non-zts-20170718/redis.so
```

保存配置文件后，利用 PHP-FPM 重新加载配置，使修改生效。

```
[root@localhost ~]# systemctl reload php-fpm
```

完成上述操作后，执行“php -m | grep redis”命令查看扩展是否已经正确安装。

2. 使用 PHP 操作 Redis

使用 PHP 连接 Redis 服务器，向 Redis 中存入数据并取出，示例代码如下。

```
1  <?php
2  // 实例化 Redis 对象
3  $redis = new Redis();
4  // 连接 Redis 服务器
5  $con = $redis->connect('127.0.0.1', '6379');
6  // Redis 密码认证
7  $res = $redis->auth('c25e7d03fa17b526');
8  if ($con && $res) {
9      // 设置数据
10     $redis->set('user:id:10:name', 'Tom');
11     $redis->set('user:id:10:email', 'Tom@163.com');
12     // 获取数据
13     echo $redis->get('user:id:10:name');    // 输出结果: Tom
14     echo $redis->get('user:id:10:email');  // 输出结果: Tom@163.com
15     // 输出结果:Array ( [0] => user:id:10:email [1] => user:id:10:name )
16     print_r($redis->keys('user:id:10*'));
17 } else {
18     echo '无法访问 Redis 服务';
19 }
```

在上述示例中，调用 auth()方法在进行密码认证时，读者需要根据自己 Redis 服务器中 requirepass 配置项的值进行设置。此处的认证密码仅供参考。

在 PHP 的手册中并没有给出 Redis 类的相关说明，读者在应用 PHP 操作 Redis 时，可以使用反射获取 Redis 类的所有方法。具体如下。

```
1  <?php
2  // 获取 Redis 类的反射对象
3  $redis = new ReflectionClass('Redis');
4  echo '<pre>';
5  // 获取 Redis 类提供的所有方法
6  print_r($redis->getMethods());
```

8.3.5 ThinkPHP 操作 Redis

1. 利用 Redis 缓存数据

在 ThinkPHP 中利用 Redis 缓存 Session 数据或普通数据，只需要修改对应的配置文件即可，Session 的配置文件为 config/session.php，缓存配置文件为 config/cache.php。常见的配置选项如下。

```
'type'     => 'redis',                        // 缓存的驱动方式
'host'     => '127.0.0.1',                    // Redis 服务器主机地址
'port'     => 6379,                           // Redis 服务器端口
'password' => 'c25e7d03fa17b526',             // Redis 的认证密码
```

在上述配置中，type 用于设置缓存 Session 或普通数据的驱动方式，设置为 redis 表示使用 Redis 进行缓存。host 指定 Redis 服务器的主机地址，port 指定服务器的端口号，开启 Redis 密码认证后，还需要设置 password 选项，给出认证的密码，否则 ThinkPHP 在不通过认证的情况下无法操作 Redis。

完成以上配置后，读者可参考 ThinkPHP 操作 Memcached 的案例将 Session 和普通数据存储到 Redis 中。这里不再演示。

2. ThinkPHP+Redis 模拟消息队列

电子商务网站的促销活动，经常会发生短时间内用户并发访问的问题，此时可以将用户的请求放入消息的队列中，然后再按照“先进先出”的原则依次执行用户的请求，就可以缓解短时间内大量用户的并发请求给服务器造成的压力，从而改善网站的性能。其中，消息可理解为计算机间传递的数据，而消息队列则可看作是消息传递过程中保存消息的容器。

为了读者更好地理解，下面通过 ThinkPHP 和 Redis 简单模拟消息队列的实现。在“/home/www/tp5.1”项目中创建 application/index/controller/Queue.php 文件，具体代码如下。

```
1  <?php
2  namespace app\index\controller;
3
4  use think\Controller;
5  use Redis;
6
7  class Queue extends Controller
8  {
9      protected $redis = null;
10     protected $beforeActionList = ['connect'];
11     protected function connect()
```

```
12      {
13          $this->redis = new Redis();
14          $con = $this->redis->connect('127.0.0.1', '6379');
15          $res = $this->redis->auth('c25e7d03fa17b526');
16          if (!$con || !$res) {
17              echo '无法访问 Redis 服务';
18              return ;
19          }
20      }
21      public function in()
22      {
23          $data = ['Tom', 'Lily', 'Jimmy', 'David', 'Alice'];
24          foreach($data as $v) {
25              $this->redis->lpush('mydata', $v);
26              echo '入队的数据: ' . $v . '<br>';
27          }
28      }
29      public function out()
30      {
31          while ($v = $this->redis->rpop('mydata')) {
32              echo '出队的数据: ' . $v . '<br>';
33          }
34          echo '数据出队完成';
35      }
36 }
```

上述第 9 行代码用于定义前置操作，从而在执行其他操作前先连接 Redis 服务器并进行密码认证。第 21~28 行代码用于模拟消息的入队操作，第 29~35 行用于模拟消息的出队操作。读者可通过浏览器请求 in()和 out()方法来测试，消息队列的操作效果如图 8-14 所示。

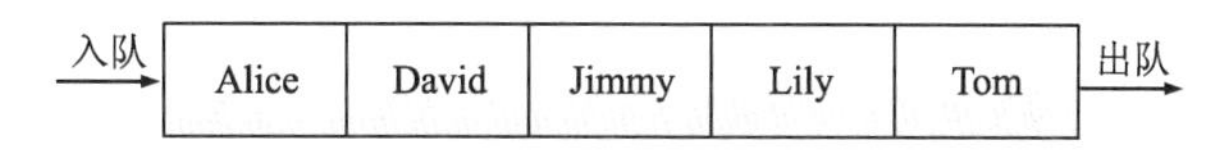

图 8-14　先进先出队列

8.4　MongoDB

8.4.1　初识 MongoDB

MongoDB 是一款文档型 NoSQL 数据库。它介于关系型数据库和非关系型数据库之间，在非关系数据库当中功能丰富，更接近关系数据库。支持的数据结构非常松散，类似 JSON 的 BSON 格式，可以存储比较复杂的数据类型。

MongoDB 最大的特点是它支持的查询语言非常强大，可以实现数据聚合、文本搜索、地理空间查询等。其语法有点类似于面向对象的查询语言，可以实现类似关系数据库单表查询的绝大部分功能，而且对数据还支持建立索引。

MongoDB 还是一个开源数据库，并且具有高性能、高可用性、自动扩展、易部署、存储数据非常方便等特点。对于大数据量、高并发、弱事务的互联网应用，MongoDB 完全可以满足 Web 2.0 和移动互联网的数据存储需求。

8.4.2 安装 MongoDB

在了解什么是 MongoDB 后，下面在 Linux 系统中安装 MongoDB。读者可以从 MongoDB 官方网站中获取软件的下载地址。根据网站中的提示可知，MongoDB 依赖 libcurl 和 openssl 包。为了检查当前系统是否已经安装了依赖包，可以使用“yum list installed | grep 包名称”命令来查看。由于当前 Linux 环境在前面的步骤中已安装了所需的依赖包，因此可以跳过依赖包的安装。

1. 下载和安装 MongoDB

下载和安装 MongoDB 的具体命令如下。

```
# ① 下载并解压 MongoDB 源码包
[root@localhost ~]# wget https://fastdl.mongodb.org/linux/mongodb-linux-x86_
64-4.0.4.tgz
root@localhost ~]# tar -zxvf mongodb-linux-x86_64-4.0.4.tgz
# ② 将解压后的文件保存到指定目录下
[root@localhost ~]# mv mongodb-linux-x86_64-4.0.4 /usr/local/mongodb
```

完成以上操作后，在“/usr/local/mongodb/bin”目录中就可以看到 MongoDB 的服务程序 mongod 和客户端程序 mongo。

2. 启动 MongoDB

创建配置文件并启动 MongoDB 服务，具体命令如下。

```
# ① 切换到 mongodb 目录
[root@localhost ~]# cd /usr/local/mongodb
# ② 创建 data、logs、config 和 run 目录保存数据、日志、配置和 pid
[root@localhost mongodb]# mkdir data logs config run
# ③ 创建 mongod 用户和 mongod 用户组，并配置目录权限，具体命令如下。
[root@localhost mongodb]# groupadd mongod
[root@localhost mongodb]# useradd -r -M -g mongod -s /bin/false mongod
[root@localhost mongodb]# chown mongod:mongod data logs run
# ④ 创建 MongoDB 的配置文件
[root@localhost mongodb]# vi config/mongodb.conf
# 在配置文件中添加以下内容
dbpath=/usr/local/mongodb/data
logpath=/usr/local/mongodb/logs/mongodb.log
pidfilepath=/usr/local/mongodb/run/mongodb.pid
port=27017
fork=true
bind_ip=192.168.127.128
```

在上述配置中，dbpath 用于指定 MongoDB 数据文件保存的路径，默认存储位置是“/var/lib/mongo”；logpath 用于指定日志文件保存的位置，默认存储位置是“/var/log/mongodb”；pidfilepath 用于指定 pid 文件的保存位置，省略时默认不会创建此文件。另外，默认 MongoDB 会到“/etc”目录下获取配置文件 mongod.conf，修改后启动 MongoDB 服务时需要使用“-f”指定 MongoDB 的配置文件。

3. 设置 MongoDB 开机自启动

执行如下命令，创建 mongod 服务管理文件。

```
[root@localhost mongodb]# vi /usr/lib/systemd/system/mongod.service
```

编写 mongod 服务管理文件，具体代码如下。

```
1  [Unit]
2  Description=MongoDB
3  After=network.target remote-fs.target nss-lookup.target
4
5  [Service]
6  Type=forking
7  User=mongod
8  Group=mongod
9  ExecStart=/usr/local/mongodb/bin/mongod -f /usr/local/mongodb/config/mongodb.conf
10 ExecStop=/usr/local/mongodb/bin/mongod -f /usr/local/mongodb/config/mongodb.conf
    --shutdown
11 PrivateTmp=true
12
13 [Install]
14 WantedBy=multi-user.target
```

完成上述脚本编写并保存后，可以使用如下命令管理 mongod 服务。

```
[root@localhost mongodb]# systemctl start mongod   # 启动 mongod 服务
[root@localhost mongodb]# systemctl stop mongod    # 停止 mongod 服务
```

最后执行如下命令，将 mongod 服务设为开机自动启动。

```
[root@localhost mongodb]# systemctl enable mongod
```

4. 登录 MongoDB 服务器

MongoDB 服务启动成功后，可以使用“/usr/local/mongodb/bin”目录下的 mongo 客户端程序来登录 MongoDB 服务器。为了方便启动 mongo 程序，执行如下命令创建软链接。

```
[root@localhost ~]# ln -s /usr/local/mongodb/bin/mongo /usr/local/bin/mongo
```

然后使用如下命令登录 MongoDB 服务器。

```
[root@localhost ~]# mongo 192.168.127.128:27017
```

此时启动的客户端没有进行身份验证，所以会有一些安全警告提示信息，在此处可先忽略。在登录后，输入 exit 命令可以退出。

8.4.3 MongoDB 入门

1. MongoDB 常见操作

MongoDB 中的常见操作包括数据库、集合（类似 MySQL 的表）和文档（也称为记录，类似 MySQL 中的行，但数据在文档中的存储方式是 JSON 对象）。一个数据库中可包含零个或多个集合，一个集合中可以含所有零个或多个文档。而文档是一个由字段和值组成的类似 JSON 对象（一般将其称为 BSON）的内容。在 MongoDB 中，除非需要设置集合大小和文档的验证规则外，集合都可以在创建文档时隐式创建。MongoDB 的常用操作如表 8-9 所示。

表 8-9　MongoDB 的常用操作

操　作	命　令	示　例
创建或选择数据库	use	> use test
插入文档	db.集合名.insert(文档)	> db.user.insert ({_id:1,name:"Tom",age:12}); > db.user.insert ([{_id:2,name:"Lily",age:15},{_id:3,name:"xixi",age:10}]);

续表

操　作	命　令	示　例
查询文档	db.集合名.find([条件])	> db.user.find();
更新文档	db.集合名.update (条件,更新内容)	>db.user.update({_id:3},{$set:{age:18}});
删除文档	db.集合名.remove(删除条件)	>db.user.remove({_id:3});
查看数据库	show dbs	>show dbs
查看集合	show tables 或 show collections	> show collections
删除集合	db.collection.drop()	> db.user.drop()
删除数据库	db.dropDatabase()	> db.dropDatabase();

表 8-9 中列出的仅是最常见的 MongoDB 命令，读者可以通过 MongoDB 手册获取更多内容，或在登录 MongoDB 的客户端后，使用 help、db.help()、db.集合名.help()查看。

值得一提的是，MongoDB 中所有文档都要有一个名称为_id 的字段，在添加文档时，若没有指定_id 字段的值，MongoDB 服务器会自动添加_id 字段，并使用 ObjectId()函数生成一个 12 个字节的标识，确保集合中每个文档都能被唯一标识。例如，ObjectId()返回值形式为 ObjectId("5c19aece59efbccd5e318784")。

2．身份验证

身份验证是 MongoDB 提供的一种安全策略。开启身份验证后，用户在客户端登录后，执行操作前需要进行验证通过后，才能执行用户指定角色的操作，具体步骤如下。

（1）登录 MongoDB 的 shell 客户端，创建用户。

```
> db.createUser({user:'lili', pwd:'123456', roles:[{role:'readWrite',db:'test'}]})
```

在上述命令中，user 用于指定用户名称，pwd 用于指定用户的密码，roles 是一个数组，表示授予用户的角色，每个元素对应可操作的数据库。其中 role 表示在指定数据库中的角色，如 readWrite 读取和修改非系统集合的权限，其他内置的角色读者可参考手册；db 表示当前用户可操作的数据库，如 test。

（2）修改服务文件，在启动 MongoDB 服务器时，添加“--auth”选项。

```
[root@localhost ~]# vi /usr/lib/systemd/system/mongod.service
# 找到 ExecStart 配置，在最后加上“--auth”
ExecStart=/usr/local/mongodb/bin/mongod -f /usr/local/mongodb/config/mongodb.conf --auth
[root@localhost ~]# systemctl daemon-reload
[root@localhost ~]# systemctl restart mongod
```

（3）重新登录 MongoDB 服务器。

```
[root@localhost ~]# mongo 192.168.127.128:27017
> use test
switched to db test
# ① 未进行身份验证，插入文档，系统会给出需要身份验证的提示
> db.user.insert({_id: 1, name: "Tom", age: 12});
WriteCommandError({
        "ok" : 0,
        "errmsg" : "command insert requires authentication",
        "code" : 13,
        "codeName" : "Unauthorized"
})
# ② 进行身份验证，验证通过返回 1
```

```
> db.auth('lili', '123456')
1
# ③ 再次执行插入文档的操作
> db.user.insert({_id: 1, name: "Tom", age:12});
WriteResult({ "nInserted" : 1 })
```

通过以上操作可以看出，在开启了身份验证功能后，用户在对 MongoDB 进行操作时，都需要进行验证，否则会出现 requires authentication 提示信息。

8.4.4 PHP 操作 MongoDB

1. 安装 PHP 的 MongoDB 扩展包

若要在 PHP 中操作 MongoDB，需要在 PHP 中安装相应的客户端扩展包，PHP 的 MongoDB 扩展可以在 PECL 网站中获取。具体安装步骤如下。

```
[root@localhost ~]# wget http://pecl.php.net/get/mongodb-1.5.3.tgz
[root@localhost ~]# tar -zxvf mongodb-1.5.3.tgz
[root@localhost ~]# cd mongodb-1.5.3
[root@localhost mongodb-1.5.3]# /usr/local/php/bin/phpize
[root@localhost mongodb-1.5.3]# ./configure \
--with-php-config=/usr/local/php/bin/php-config
[root@localhost mongodb-1.5.3]# make && make install && cd ..
```

按照以上的操作重新完成 PHP 的编译安装后，就可以看到以下安装的扩展信息。

```
Installing shared extensions:
/usr/local/php/lib/php/extensions/no-debug-non-zts-20170718/
```

执行“vi /usr/local/php/lib/php.ini”命令编辑 PHP 配置文件，添加 Redis 扩展。

```
extension=/usr/local/php/lib/php/extensions/no-debug-non-zts-20170718/mong
odb.so
```

保存配置文件后，执行如下命令重新加载配置，使修改生效。

```
[root@localhost ~]# systemctl reload php-fpm
```

完成上述操作后，执行“php -m | grep mongodb”命令查看扩展是否已经正确安装。

2. 使用 PHP 操作 MongoDB

从 PHP 7 开始使用 MongoDB 驱动类操作 MongoDB，具体可参考 PHP 手册中的介绍。常见的操作类如表 8-10 所示。

表 8-10　常见的 MongoDB 驱动类

类　名	说　　明
MongoDB\Driver\Manger	主要实现 MongoDB 的连接
MongoDB\Driver\Query	提供 MongoDB 的查询操作
MongoDB\Driver\BulkWrite	提供 MongoDB 的写入操作，如插入、更新和删除
MongoDB\Driver\WriteConcern	提供一个写入操作的环境

为了读者更好地理解，下面演示如何利用 PHP 操作 MongoDB 完成文档的增加、更改、删除和查询。创建“/usr/local/nginx/html/mongodb.php”文件，具体代码如下。

```
1  <?php
2  // 连接 MongoDB
3  $addr = 'mongodb://lili:123456@192.168.127.128:27017/test';
```

```
4  $mongodb = new MongoDB\Driver\Manager($addr);
5  // 获取写入的操作对象和写入的环境
6  $bulk = new MongoDB\Driver\BulkWrite;
7  $writeConcern = new MongoDB\Driver\WriteConcern(1);
8  $bulk->insert(['_id' => 2, 'name' => 'Lily', 'age' => 15]);     // 插入文档
9  $bulk->insert(['_id' => 3, 'name' => 'xixi', 'age' => 10]);     // 插入文档
10 $bulk->update(['_id' => 2], ['$set' => ['name' => 'haha']]); // 更新文档
11 $bulk->delete(['_id' => 3], ['limit' => 0]);                    // 删除文档
12 // 将插入、更新和删除操作写入 MongoDB 服务器
13 $mongodb->executeBulkWrite('test.user', $bulk, $writeConcern);
14 // 查询文档，参数为空数组表示查询所有的文档
15 $query = new \MongoDB\Driver\Query([]);
16 $data = $mongodb->executeQuery('test.user', $query);
17 foreach ($data as $doc) {
18     print_r($doc);
19 }
```

在上述代码中，第 3 行在实例化 MongoDB\Driver\Manager 类时，需要指定 MongoDB 的主机地址、端口号、身份认证的用户名和密码，以及数据库。第 6~7 行用于获取写入的操作对象和环境，第 8~11 调用 insert()、update()和 delete()方法实现文档的插入、更新和删除。第 13 行将以上的写入操作添加到 test 数据库的 user 集合中。第 15~19 行获取查询文档的对象，并利用 foreach 循环输出。

8.4.5 ThinkPHP 操作 MongoDB

若想要使用 ThinkPHP 5.1 提供的 MongoDB 驱动，首先需要按照 8.4.4 小节安装 PHP 的 MongoDB 扩展，然后再利用 composer 获取 ThinkPHP 5.1 提供的 MongoDB 驱动。

（1）执行如下命令，安装 ThinkPHP 5.1 的 MongoDB 驱动。

```
[root@localhost ~]# su - www
[www@localhost ~]$ cd tp5.1/
[www@localhost tp5.1]$ composer require topthink/think-mongo=2.*
```

（2）修改 ThinkPHP 的数据库文件 config/database.php，如下所示。

```
'type'     => '\\think\\mongo\\Connection',     // 数据库类型
'hostname' => '192.168.127.128',                // 服务器地址
'database' => 'test',                           // 数据库名
'username' => 'lili',                           // 用户名，用于身份认证
'password' => '123456',                         // 密码，用于身份认证
'hostport' => '27017',                          // 端口号
'query'    => '\\think\\mongo\\Query',          // 设置查询类
```

以上配置项中，hostname、hostport、database、username 和 password 的值仅供参考，读者在具体配置时要根据自己的 MongoDB 的进行设置。

（3）ThinkPHP 中操作 MongoDB 与操作 MySQL 数据库相同。在控制器中导入 think\Db 类的命名空间后，就可以直接使用以下的方式获取 test 数据库下 user 集合内的所有文档。示例代码如下。

```
1  public function read()
2  {
3      dump( Db::table('user')->find());  // 获取 user 集合中的第 1 个文档
4      dump(Db::name('user')->find());    // 获取 user 集合中的第 1 个文档
5      // 指定获取的文档字段、限定条数、排序规则
```

```
6       dump(Db::name('user')->field('age')->limit(10)->order('age', 'asc')->select());
7   }
```

需要注意的是，ThinkPHP 在操作 MongoDB 时，即使限定了查询的文档字段，最后返回的结果中依然会包含文档的主键_id 字段。

小提示：

在使用 ThinkPHP 的 MongoDB 驱动操作数据库时，有可能会出现“Authentication failed.”的问题，此时，读者可以打开 vendor/topthink/think-mongo/src/Connection.php 文件，检查$host 赋值的字符串中是否缺少了待认证的数据库$config['database']，如下所示。

```
$host = 'mongodb://' . ($config['username'] ? "{$config['username']}" : '') .
($config['password'] ? ":{$config['password']}@" : '') . $config['hostname'] .
($config['hostport'] ? ":{$config['hostport']}" : '');
```

为了在不改动 MongoDB 驱动的前提下解决这个问题，可以打开 config/database.php 文件，将端口号修改为“27017/test”。

8.5　Elasticsearch

8.5.1　初识 Elasticsearch

Elasticsearch 是一个分布式的、RESTful 风格的搜索和数据分析引擎。为便于初学者更好地理解，可将 Elasticsearch 简单地理解为一个数据库，但它有一套自己的查询语言，可以快速地存储、搜索和分析大量的数据。通常在开发中为具有复杂搜索功能和要求的应用程序提供支持。例如，电商网站中为用户提供搜索和自动填充的功能，收集并分析交易记录挖掘用户的潜在价值、兴趣爱好点等信息。

Elasticsearch 是一个建立在 Apache Lucene（全文检索引擎工具）上的开源搜索引擎，相比 Apache Lucene 的复杂，Elasticsearch 提供了一套简单一致的 RESTFUL API（规范前端与后端交互的一套协议），可以使全文检索变得更简单。Elasticsearch 具有的特点如下所示。

- 搜索方式多样化。支持结构化搜索、全文搜索、多字段搜索、高亮搜索、根据相关性得分实现近似或部分匹配等。
- 数据分析聚合化。Elasticsearch 不仅可以获取搜索的数据，它还可对搜索的数据进行聚合，即时生成一些精细的分析结果，更便于数据的分析。
- 执行速度非常快。Elasticsearch 利用倒排索引的方式存储文档数据，即使是 PB 级别数据，也能够使用户快速获取搜索结果。
- 集群分布式存储。集群中各节点之间可协同工作，共享数据，在某个节点发生故障后，可轻松实现故障转移，另外还便于不同环境的无缝切换。
- 多语言支持。采用标准的 RESTful 风格的 API，可使 Java、Python、PHP 等多种语言与 Elasticsearch 交互，使用方式简单，不会给开发者造成负担。

在基本了解了 Elasticsearch 后，下面从 Elasticsearch 的安装、使用以及在 ThinkPHP 中如何操作 Elasticsearch 这 3 个方面进一步认识 Elasticsearch。

8.5.2 安装 Elasticsearch

在 Elasticsearch 官网中下载 Linux 版本的软件包，这里以 elasticsearch-7.1.1.tar.gz 为例进行讲解。具体安装步骤如下。

```
# ① 下载并解压 Elasticsearch，将文件保存到/usr/local/elasticsearch 目录中
[root@localhost ~]# wget https://artifacts.elastic.co/downloads/elasticsearch/elasticsearch-7.1.1-linux-x86_64.tar.gz
[root@localhost ~]# tar -xzvf elasticsearch-7.1.1-linux-x86_64.tar.gz
[root@localhost ~]# mv elasticsearch-7.1.1 /usr/local/elasticsearch
# ② 因 Elasticsearch 不能使用 root 用户操作，在启动前为 Elasticsearch 设置操作用户
[root@localhost ~]# useradd es
[root@localhost ~]# chown -R es:es /usr/local/elasticsearch
[root@localhost ~]# cd /usr/local/elasticsearch
# ③ 切换到 es 用户，启动 Elasticsearch，-d 表示 Elasticsearch 作为守护进程在后台运行
[root@localhost elasticsearch]# su es
[es@localhost elasticsearch]$ ./bin/elasticsearch -d
# ④ 在命令行中使用 curl 访问 Elasticsearch
[es@localhost elasticsearch]$ curl 127.0.0.1:9200
{
  "name" : "localhost.localdomain",
  "cluster_name" : "elasticsearch",
  "cluster_uuid" : "9v8VrRaDR9iaZi7kCsR3Xw",
  "version" : {
    "number" : "7.1.1",
    "build_flavor" : "default",
    "build_type" : "tar",
    "build_hash" : "7a013de",
    "build_date" : "2019-05-23T14:04:00.380842Z",
    "build_snapshot" : false,
    "lucene_version" : "8.0.0",
    "minimum_wire_compatibility_version" : "6.8.0",
    "minimum_index_compatibility_version" : "6.0.0-beta1"
  },
  "tagline" : "You Know, for Search"
}
```

从以上获取到的信息，可以看到当前启动的 Elasticsearch 版本号、集群名称、id 等信息。其中，9200 是 Elasticsearch 的默认端口号。

由于 Elasticsearch 默认绑定到本机（127.0.0.1）上，若想要在其他计算机中也可以访问，需要执行“vi config/elasticsearch.yml”打开配置文件，修改如下配置项。

```
network.host: 192.168.127.128
http.port: 9200
cluster.initial_master_nodes: ["node-1"]
```

在以上配置中，network.host 可以指定为 0.0.0.0，让所有计算机都可以访问，但这样做会存在安全风险，建议指定一个具体的 IP。cluster.initial_master_nodes 用于配置主节点服务器。

修改完成后，读者可通过“kill 进程号”的方式关闭 Elasticsearch，然后再重新启动 Elasticsearch 使配置生效。另外。为让其他计算机可通过浏览器访问 Elasticsearch，就需要开放 9200 端口。

```
[es@localhost elasticsearch]$ exit
```

```
[root@localhost ~]# firewall-cmd --zone=public --add-port=9200/tcp --permanent
[root@localhost ~]# systemctl reload firewalld
```

完成以上操作，读者可到浏览器中访问 http://192.168.127.128:9200/，查看服务器信息。

多学一招：解决Elasticsearch启动失败的问题

在启动 Elasticsearch 时，可能会碰到以下的错误提示信息（以守护进程方式启动需要到 Elasticsearch 的日志目录 logs 中查看 elasticsearch.log 日志文件）。

```
# 在日志中找到错误信息
ERROR: [3] bootstrap checks failed
[1]: max file descriptors [4096] for elasticsearch process is too low, increase to at least [65536]
[2]: max virtual memory areas vm.max_map_count [65530] is too low, increase to at least [262144]
[3]: max number of threads [3795] for user [es] is too low, increase to at least [4096]
```

为了解决这个问题，需要更改系统的资源限制，如下所示。

```
# ① 解除 Linux 系统的资源限制
[root@localhost ~]# vi /etc/security/limits.conf
# 将如下代码添加到文件中，es 表示运行 Elasticsearch 的用户
es   -   nofile   65535
# ② 在系统控制文件中，设置最大虚拟内存
[root@localhost ~]# vi /etc/sysctl.conf
vm.max_map_count=262144
# 修改后执行如下命令使配置生效
[root@localhost ~]# sysctl -p
# ③ 重新运行 Elasticsearch
[root@localhost ~]# su es
[es@localhost ~]$ /usr/local/elasticsearch/bin/elasticsearch -d
```

8.5.3　使用 Elasticsearch

ElasticSearch 采用分布式集群的方式存储数据，允许多个实例协同工作，集群中至少有一个实例。每个 ElasticSearch 实例称为一个节点（Node），相应地，一个集群由一个或多个节点组成。默认情况下，Elasticsearch 是一个单节点的集群，集群的唯一标识名默认为 elasticsearch，节点的名称默认是一个随机分配的 UUID。在学习或开发阶段，可以在一台服务器上部署多个 ElasticSearch 实例，共同组成一个集群。

数据在 Elasticsearch 中是以文档（Document）形式存储到指定的索引（Index）中。文档相当于 MySQL 中的记录，索引相当于 MySQL 中的数据库。文档是建立索引最基本的单元信息，由字段组成，每个字段有字段名和字段值，采用 JSON 对象的格式进行描述。

值得一提的是，为了提高 Elasticsearch 处理数据的效率，在 6.x 版本中已经废弃了 Type（对索引的中文档进行逻辑划分，同一个索引中可存储不同类型的文档）并在 7.x 版本中移除。在新版本中，默认同一个索引中仅包含一个 Type，统一命名为_doc。

在实际应用中，Elasticsearch 为了解决实际应用中单机容量以及容灾的问题，设计了分片（Shards）和副本（Replicas）机制。在创建索引时，Elasticsearch 会自动将索引划分为多个分片，

每个分片都是一个功能齐全的“独立索引”，可存放在集群中的任意一个节点上，这个过程完全由 Elasticsearch 管理。而副本则可以理解为分片的“备份”，它可用于分片或节点发生故障时，依然可从副本中获取数据，提供高可用性。另外，还可通过副本扩展搜索量。在创建索引时若没有设置分片数和副本数，则 Elasticsearch 默认为索引分配 5 个分片和 1 个副本。

Elasticsearch 中索引、文档等的操作都采用 REST 访问模式，在访问时，首先指定 HTTP 动词，如 PUT 用于创建，GET 用于查询，DELETE 用于删除，POST 用于更新等。然后再指定访问的主机及端口号，添加参数完成对应的操作。读者在学习 Elasticsearch 时，可以借助 Postman 工具，或使用 curl 命令直接发送请求。这里就以 curl 命令为例进行讲解，具体如下。

1. 集群健康检查

集群的健康检查是维护集群的常用手段之一，通过根据查询的结果可以掌握当前集群运行的状况。Elasticsearch 提供的_cat API 用于查看集群的健康状况。具体如下。

```
[root@localhost ~]# curl -X GET 192.168.127.128:9200/_cat/health?v
epoch      timestamp cluster       status node.total node.data shards pri relo init
1545449954 03:39:14  elasticsearch green           1         1      0   0    0    0
unassign pending_tasks max_task_wait_time active_shards_percent
       0             0                  -                 100.0%
[root@localhost ~]# curl -X GET 192.168.127.128:9200/_cat/nodes?v
ip              heap.percent ram.percent cpu load_1m load_5m load_15m
192.168.127.128           18          94  14    0.58    0.93     0.48
node.role master name
mdi       *      localhost.localdomain
```

在以上的响应结果中，cluster 集群的名称为 elasticsearch；status 的值为 green，表示集群功能齐全，一切正常，当其值为 yellow 时表示集群中没有副本，当其值为 red 时表示集群中部分功能出现故障；node.total 的值为 1 表示当前集群中只有一个节点。

2. 索引的基本操作

使用如下命令在 Elasticsearch 中创建一个 test 索引。

```
[root@localhost ~]# curl -X PUT 192.168.127.128:9200/test?pretty
{
  "acknowledged" : true,
  "shards_acknowledged" : true,
  "index" : "test"
}
```

在创建索引时，HTTP 请求方式需要指定为 PUT，test 表示索引的名称，必须全部为小写，pretty 参数表示以美化的形式展示响应结果。在响应结果中，acknowledged 为 true 表示索引创建成功。

接下来，使用_cat API 查看当前 Elasticsearch 中都有哪些索引。

```
[root@localhost ~]# curl -X GET 192.168.127.128:9200/_cat/indices?v
health status index uuid pri rep docs.count docs.deleted store.size pri.store.size
yellow open   test  ...    5   1          0            0      1.1kb          1.1kb
```

在上述命令中，HTTP 请求方式需要指定为 GET，_cat 表示使用_cat API，indices 表示获取当前集群中的所有索引，v 参数表示显示详细的信息。在响应结果中，health 的值为 yellow 是因为当前是单节点集群，所以没有分配副本，在分配副本后该值就会变为 green。index 的值为 test 表示当前集群中有一个名为 test 的索引。uuid 的值是随机分配的，如 4XlNNThkSfO8KhWXiC6U5g。

若要删除索引，HTTP 请求方式需要指定为 DELETE，具体操作如下。

```
[root@localhost ~]# curl -X DELETE 192.168.127.128:9200/test?pretty
{
  "acknowledged" : true
}
```

以上操作响应的结果，acknowledged 值为 true 表示删除索引成功。

3. 文档的基本操作

在 Elasticsearch 中创建文档的命令如下。

```
[root@localhost ~]# curl -X PUT -H "Content-Type: application/json" \
192.168.127.128:9200/test/_doc/1 \
-d'{"name":"xiao ming","age":18}'
```

上述命令执行后，返回的结果如下。

```
{"_index":"test","_type":"_doc","_id":"1","_version":1,"result":"created",
"_shards":{"total":2,"successful":1,"failed":0},"_seq_no":0,"_primary_term":1}
```

在创建文档时，HTTP 请求方式需要指定为 PUT，提交数据的方式指定为“application/json”，1 用于设置创建文档的 id，“-d' ……'”设置文档体。值得一提的是，在创建文档时，若当前集群中没有指定的索引，则 Elasticsearch 会自动创建。

接下来，查看 id 为 1 的文档，具体操作如下。

```
[root@localhost ~]# curl -X GET 192.168.127.128:9200/test/_doc/1
{"_index":"test","_type":"_doc","_id":"1","_version":1,"found":true,
"_source":{"name":"xiao ming","age":18}}
```

在以上响应的信息中，_source 保存该文档中具体存储的数据，也就是文档体。

Elasticsearch 中文档的更新是通过删除旧文档，再添加文档的方式实现的。若想要在更新文档时，保留未更新的字段，使用以下两种方式的一种即可。

```
# 方式 1
[root@localhost ~]# curl -X POST -H "Content-Type: application/json" \
192.168.127.128:9200/test/_doc/1/_update \
-d'{"doc":{"age":25}}'
# 返回结果
{"_index":"test","_type":"_doc","_id":"1","_version":2,"result":"updated",
"_shards":{"total":2,"successful":1,"failed":0},"_seq_no":1,"_primary_term":1}
# 方式 2
[root@localhost ~]# curl -X POST -H "Content-Type: application/json" \
192.168.127.128:9200/test/_doc/1/_update \
-d'{"script":"ctx._source.age += 5"}'
# 返回结果
{"_index":"test","_type":"_doc","_id":"1","_version":3,"result":"updated",
"_shards":{"total":2,"successful":1,"failed":0},"_seq_no":2,"_primary_term":1}
```

在更新文档时，HTTP 请求方式需要设置为 POST，提交数据的方式指定为“application/json”，添加_update 表示更新，在“-d' ……'”中使用 doc 字段指定仅需要更新的字段。方式 2 是通过 script 脚本方式更新，其中“ctx._source”表示即将更新的当前源文档。

若要删除文档，将 HTTP 请求方式指定为 DELETE，并指定删除文档的索引、类型和 id，如下所示。

```
[root@localhost ~]# curl -X DELETE 192.168.127.128:9200/test/_doc/1
{"_index":"test","_type":"_doc","_id":"1","_version":4,"result":"deleted",
"_shards":{"total":2,"successful":1,"failed":0},"_seq_no":3,"_primary_term":1}
```

删除成功后，result 字段的值为 deleted。

8.5.4 ThinkPHP 操作 Elasticsearch

对于 PHP 而言，若要操作 Elasticsearch，只需要使用 Composer 安装对应的客户端代码即可。例如，在 ThinkPHP 框架中使用 Elasticsearch，具体步骤如下。

（1）在 ThinkPHP 框架所在目录，使用如下命令获取并安装 Elasticsearch 包。

```
[root@localhost ~]# su - www
[www@localhost ~]$ cd tp5.1
[www@localhost tp5.1]$ composer require elasticsearch/elasticsearch
```

（2）创建控制器 Test.php，引入 Elasticsearch\ClientBuilder 类，连接 Elasticsearch 服务器。

```
1  <?php
2  namespace app\index\controller;
3
4  use think\Controller;
5  use Elasticsearch\ClientBuilder;
6
7  class Test extends Controller
8  {
9      public function index()
10     {
11         $es = ClientBuilder::create()->setHosts(['192.168.127.128:9200'])->build();
12         $data = ['id' => 1, 'body' => ['name' => 'Tom', 'age' => 18]];
13         $params = [
14             'index' => 'blog',
15             'type' => '_doc',
16             'id' => $data['id'],
17             'body' => $data['body']
18         ];
19         $response = $es->index($params);
20         dump($response);
21     }
22 }
```

上述第 5 行用于引入 Elasticsearch 的客户端操作类，第 11 行用于连接指定的 Elasticsearch 服务器，第 13~18 行用于设置创建文档所需的参数，index 指定索引名称，type 指定类型，id 指定文件的主键，body 指定文档体数据。第 19 行调用 index()方法创建文档，第 20 行输出响应结果。

（3）通过浏览器访问测试，运行结果如图 8-15 所示。

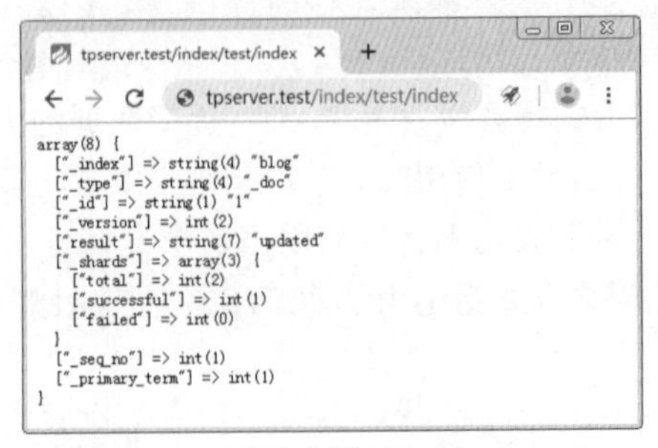

图 8-15　PHP 操作 Elasticsearch

以上是 PHP 中简单使用 Elasticsearch 创建文档的操作演示，关于其他操作 Elasticsearch 的方法，读者可参考 Elasticsearch 文档进行详细学习。

8.6　Swoole

8.6.1　初识 Swoole

通常情况下，用户与 PHP+Apache 或 PHP+Nginx 之间采用同步的通信方式，即发送者向接收者发送请求后，要接收到响应后，才能继续处理其他请求。若要实现一个异步在线聊天的功能，传统的方式是使用 Ajax,但是这种方式效率很低,不能够满足实际需求。此时就可利用 Swoole+PHP 实现。

Swoole 是一个面向生产环境的 PHP 异步网络通信引擎，它是一个使用 C 语言开发的 PHP 扩展，提供了 PHP 语言的异步多线程服务器、异步 TCP/UDP 网络客户端、异步 MySQL/Redis、数据库连接池、异步任务、消息队列、毫秒定时器等功能。另外，Swoole 内置了 HTTP 2.0 服务器端、WebSocket 服务器端和客户端。因此，Swoole 也可代替 Apache、Nginx 等 Web 服务器，与 PHP 结合实现 Web 开发。

Swoole 的出现，在很大程度上弥补了 PHP 的不足，使得 PHP 开发人员可以编写高性能异步并发的服务。Swoole 在移动互联网、物联网、微服务、智能家居、在线聊天系统等领域被广泛应用。

8.6.2　安装 Swoole

Swoole 作为 PHP 的扩展，读者可到 PHP 的社区扩展库 PECL 网站中获取。这里以 4.2.9 版本为例进行讲解。具体安装步骤如下。

```
[root@localhost ~]# wget https://pecl.php.net/get/swoole-4.2.9.tgz
[root@localhost ~]# tar -zxvf swoole-4.2.9.tgz
[root@localhost ~]# cd swoole-4.2.9
[root@localhost swoole-4.2.9]# /usr/local/php/bin/phpize
[root@localhost swoole-4.2.9]# ./configure \
--with-php-config=/usr/local/php/bin/php-config
[root@localhost swoole-4.2.9]# make && make install && cd ..
```

按照以上的操作重新完成 PHP 的编译安装后，就可以看到以下安装的扩展信息。

```
Installing shared extensions:
/usr/local/php/lib/php/extensions/no-debug-non-zts-20170718/
Installing header files:          /usr/local/php/include/php/
```

接下来，执行“vi /usr/local/php/lib/php.ini”打开 PHP 的配置文件，添加对 Swoole 的扩展支持。

```
extension=/usr/local/php/lib/php/extensions/no-debug-non-zts-20170718/swoole.so
```

保存配置文件后，利用 PHP-FPM 重新加载配置，使修改生效。

```
[root@localhost ~]# systemctl reload php-fpm
```

完成上述操作后，执行“php -m | grep swoole”命令查看扩展是否已经正确安装。

8.6.3 使用 Swoole

1. 使用 Swoole 作为 TCP 服务器

Swoole 的许多功能都只能运行在 cli 模式（CommandLine，命令行模式）下，下面利用 Swoole 创建一个 TCP 服务器，演示 Swoole 的使用。在/usr/local/nginx/html 目录下创建 tcp.php，具体代码如下。

```
1  <?php
2  $tcp = new swoole_server('127.0.0.1', 9555);
3  $tcp->on('connect', function ($tcp, $fd) {
4      echo "客户端已连接\n";
5  });
6  $tcp->on('receive', function ($tcp, $fd, $from_id, $data) {
7      $tcp->send($fd, '服务器接收的数据: ' . $data);
8  });
9  $tcp->on('close', function ($tcp, $fd) {
10     echo "客户端已关闭\n";
11 });
12 echo "服务器启动\n";
13 $tcp->start();
```

以上第 2 行代码用于创建 Server 对象，监听 127.0.0.1:9555 端口。第 3~5 行用于监听客户端连接的事件，在有客户端连接时，执行第 4 行代码输出提示信息。第 6~8 行用于监听服务器接收客户端发送数据的事件，第 7 行代码用于将数据发送给客户端。第 9~11 行用于监听客户端关闭连接的事件，执行第 10 行代码输出提示信息。

打开两个终端，第 1 个终端作为 TCP 服务器运行 tcp.php，其他客户端进行连接，具体步骤如下。

```
# ① 终端 A 作为服务器开启 TCP 服务
[root@localhost ~]# php /usr/local/nginx/html/tcp.php
服务器启动
# ② 终端 B 作为客户端请求 TCP 服务
[root@localhost ~]# telnet 127.0.0.1 9555
Trying 127.0.0.1...
Connected to 127.0.0.1.
Escape character is '^]'.
# 终端 A 在收到终端 B 的连接后，会输出以下提示信息
客户端已连接
# ③ 终端 B 输入信息（如 hello swoole），可收到返回信息
hello swoole
服务器接收的数据: hello swoole
# ④ 终端 B 依次按 Ctrl+]、Ctrl+D 组合键关闭客户端
# 终端 A 在终端 B 关闭连接后，会输出以下的提示信息
客户端已关闭
# ⑤ 使用 Ctrl+C 组合键关闭终端 A 的服务器
```

在上述操作中，客户端可以有多个，这里仅选择一个进行测试。在客户端连接服务器后，可以向服务器发送任意内容，查看服务器的返回结果。

以上仅是 Swoole 作为 TCP 服务的简单测试，读者可通过 Swoole 手册获取更多学习内容。

2. 使用 Swoole 作为 ThinkPHP 的 HTTP 服务器

ThinkPHP 提供了 think-swoole 扩展，使用该扩展就可以使 ThinkPHP 工作在 Swoole 环境下。下面演示如何使用 Swoole 作为 ThinkPHP 的 HTTP 服务器，具体步骤如下。

```
# ① 安装 ThinkPHP 的 think-swoole 扩展
[root@localhost ~]# su - www
[www@localhost ~]$ cd tp5.1
[www@localhost tp5.1]$ composer require topthink/think-swoole=2.*
# ② 启动 Swoole 作为 HTTP 服务器
[www@localhost tp5.1]$ php think swoole
Starting swoole http server...
Swoole http server started: <http://0.0.0.0:9501>
You can exit with `CTRL-C`
# ③ 打开新的终端，开放防火墙 9501 端口
[root@localhost ~]# firewall-cmd --zone=public --add-port=9501/tcp --permanent
[root@localhost ~]# systemctl reload firewalld
```

完成上述操作后，通过浏览器访问 http://192.168.78.128:9501，观察 HTTP 服务器是否可以访问。

8.7 Docker

8.7.1 初识 Docker

Docker 可以让使用者在容器中开发、部署和运行应用程序，容器是镜像运行时的一个实例，一个镜像是一个可执行的包，包括运行应用程序所需的代码、库、环境变量、配置文件等所有东西，而镜像统一由 Docker Hub（Docker 仓库）集中管理。对于初学者来说，暂时可将容器类比成一个虚拟机，但是容器与虚拟机有本质的区别，如图 8-16 所示。

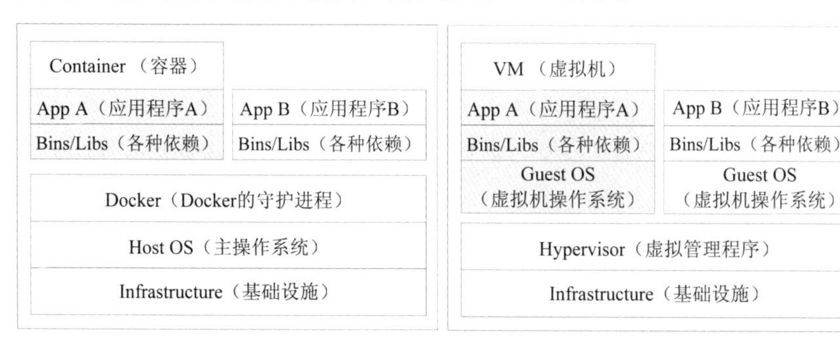

图 8-16　Docker 容器与虚拟机的对比

从图 8-16 可以看出，Docker 中的容器共同使用一个 Host OS（主操作系统），不比其他程序需要更多的内存；而每个 VM（虚拟机）都有一套功能完善的 Guest OS（虚拟机操作系统），通常情况下 VM 提供的环境资源比大多数应用程序需要的资源要多。这也是为什么 Docker 容器更加轻量、灵活的原因。

8.7.2 安装 Docker

通过 yum 安装 Docker 的具体步骤如下。

```
# ① 检查 Linux 内核版本，至少在 3.8 以上
[root@localhost ~]# uname -a
Linux localhost.localdomain 3.10.0-862.el7.x86_64 #1 …
# ② 使用 yum 更新系统
[root@localhost ~]# yum -y update
# ③ 安装需要的软件包，yum-util 提供 yum-config-manager 功能，另外两个是 devicemapper
驱动依赖的
[root@localhost ~]# yum install -y yum-utils device-mapper-persistent-data lvm2
# ④ 设置 docker 的 yum 源
[root@localhost ~]# yum-config-manager --add-repo \
https://download.docker.com/linux/centos/docker-ce.repo
# ⑤ 查看 docker 版本，并选择特定的社区版本（ce）安装
[root@localhost ~]# yum list docker-ce --showduplicates | sort -r
[root@localhost ~]# yum -y install docker-ce-18.06.0.ce
# ⑥ 启动 Docker，并设置开机自启动
[root@localhost ~]# systemctl start docker
[root@localhost ~]# systemctl enable docker
# ⑦ 查看 Docker 的版本、信息、使用命令
[root@localhost ~]# docker --version
[root@localhost ~]# docker version
[root@localhost ~]# docker help
```

以上 docker 操作中，带“--”的 version 表示获取 Docker 的版本号，不带“--”的 version 表示获取 Docker 的详细信息，也可使用“docker info”获取。

8.7.3 使用 Docker

安装 Docker 后，可以通过如下命令测试 Docker 是否可用。

```
# ① 从 Docker 仓库拉取（获取）名为 hello-world 的镜像
[root@localhost ~]# docker pull hello-world
# ② 运行容器
[root@localhost ~]# docker run hello-world
Hello from Docker!
……（省略获取内容）
```

运行容器后，会获取到一些信息内容，讲解为了生成这条消息，Docker 采取的具体步骤以及 Docker 的一些使用示例。

接下来，利用 Docker 创建自己的镜像，具体步骤如下。

```
# ① 从 Docker 仓库拉取 centos 镜像
[root@localhost ~]# docker pull centos
# ② 运行 centos 镜像
[root@localhost ~]# docker run -it centos /bin/bash
# ③ 在此 centos 的容器的终端中可以做任何操作，例如，安装 php 等应用程序
[root@53beb05eeda5 /]# yum -y install php
# ④ 查看容器的 IP 地址
[root@53beb05eeda5 /]# cat /etc/hosts | grep 53beb05eeda5
172.17.0.2   53beb05eeda5
# ⑤ 退出容器
[root@53beb05eeda5 /]# exit
# ⑥ 保存镜像，53beb05eeda5 是容器 id，centos-php 是保存的镜像名称
[root@localhost ~]# docker commit 53beb05eeda5 centos-php
```

在保存镜像后，可以“docker ps -a”查看所有容器运行状态，使用“docker images”查看所有镜像，使用“docker rm 容器id”删除容器，使用“docker rmi 镜像id”删除镜像。

在容器中安装PHP后，为了使物理机可以访问，通过Nginx进行反向代理，具体步骤如下。

```
# ① 创建虚拟主机配置文件
[root@localhost ~]# vi /usr/local/nginx/conf/vhost/docker.test.conf
# ② 在文件中编写如下内容
server {
    listen 80;
    server_name docker.test;
    location / {
        proxy_pass http://172.17.0.2;
    }
}
# ③ 保存文件后，使配置生效
[root@localhost ~]# systemctl reload nginx
# ④ 启动容器
[root@localhost ~]# docker start -id 53beb05eeda5
# ⑤ 编写phpinfo
[root@53beb05eeda5 /]# echo '<?php phpinfo();' > /var/www/html/test.php
# ⑥ 运行httpd服务器
[root@53beb05eeda5 /]# httpd
```

修改物理机hosts文件，将docker.test域名解析到192.168.178.128，然后访问http://docker.test/test.php，即可看到容器中的phpinfo信息。

以上仅是Docker运行容器和创建镜像的简单应用，其他功能及相关命令的参数可以参考Docker手册进行学习。

本章小结

本章首先讲解了LNMP环境的部署以及相关的注意事项，随后讲解了常见的key-value存储数据的NoSQL产品Memcached和Redis、文档形式存储数据的NoSQL产品MongoDB、RESTful风格的搜索和数据分析引擎Elasticsearch、PHP异步网络通信引擎Swoole，以及Docker容器的应用。通过本章的学习，希望读者能够掌握Linux环境相关的操作以及常用的技术。

课后练习

一、填空题

1. yum添加________选项表示程序安装的全部过程执行默认的yes操作。
2. Docker中镜像是可执行的包，________是镜像运行时的一个实例。
3. Elasticsearch默认安装后是一个含有________个分片和________个副本的单节点集群。
4. ________配置项可用于指定Redis接收请求的IP地址。
5. 登录MongoDB的客户端后，执行________方法可进行身份验证。

二、判断题

1. Elasticsearch不能使用root用户操作。 （ ）

2. session 在 Memcached 中存储的 key 是以 "memc." 为前缀的 session 的 ID。 ( )
3. Memcached 只能存储字符串类型的数据。 ( )
4. Swoole 可以作为 Web 服务器与 PHP 结合进行开发。 ( )
5. Redis 不仅比 Memcached 数据类型丰富，还支持建立索引。 ( )

三、选择题

1. 以下选项中，( ) 是文档型的 NoSQL 产品。

   A. MySQL　B. Memcached　C. Redis　D. MongoDB

2. 下列选项中属于 Redis 数据库特点的是 ( )。

   A. 数据聚合　B. 地理空间查询　C. 消息队列　D. 以上选项全部正确

3. 下列端口号中 ( ) 是 Memcached 的默认端口号。

   A. 11211　B. 6379　C. 27017　D. 9200

4. 下面对 "ln -s `pwd`/mysql /usr/local/bin/mysql" 操作描述错误的是 ( )。

   A. -s 表示创建软连接　B. `pwd`用于获取当前目录的路径

   C. 第 2 个参数是目标地址　D. 以上答案都不正确

5. php 程序的 ( ) 选项可查看已安装的扩展

   A. -h　B. -m　C. -a　D. -f

四、简答题

1. 简述编译安装 PHP 时，选项前缀是 enable 和 with 的区别。
2. 简述 Memcached、Redis、MongoDB 的区别与联系。

第 9 章 ThinkPHP+Vue.js 轻社区项目

学习目标

◎ 掌握前后端如何实现接口开发。

◎ 掌握 ThinkPHP 如何实现后端接口开发。

◎ 熟悉 Vue.js+Bootstrap 的前端开发。

经过前面深入的学习，相信读者已经熟练掌握 ThinkPHP 中的各种功能。本章将带读者完成一个前后端分离开发的综合项目——跨平台的轻社区。运用 ThinkPHP 提供后端 API 接口，利用 Vue.js、Vuex、Vue Router、Bootstrap 和 Axios 等技术实现前端开发。

9.1 前后端分离开发概述

在前后端分离开发出现之前，一个项目的开发由产品经理（或客户或领导）提出需求，然后再由 UI 设计师出设计图，接着前端工程师实现 HTML 页面，最后交给后端工程师向 HTML 页面添加数据，完成前后端的交互，才能完成项目的开发。这种开发方式前后端的依赖性太强，后端工程师必须等待前端工程师完成后才能开发，若 HTML 页面发生改变，则需前端人员修改后，再交给后端，开发效率过低、不易维护，同时也会前后端工作分配不均的问题，造成后端工程师工作压力大。

目前，大部分项目都采用前后端分离的方式完成，在 UI 设计师完成项目效果制作后，前后端开发人员可以按照约定的 API 接口同步开发，后端工程师只需关注数据的输出和业务逻辑的处理，而前端只需完成页面的实现、负责 URL 的跳转及传参。两者独立开发，互不依赖，开发效率更快。如图 9-1 所示。

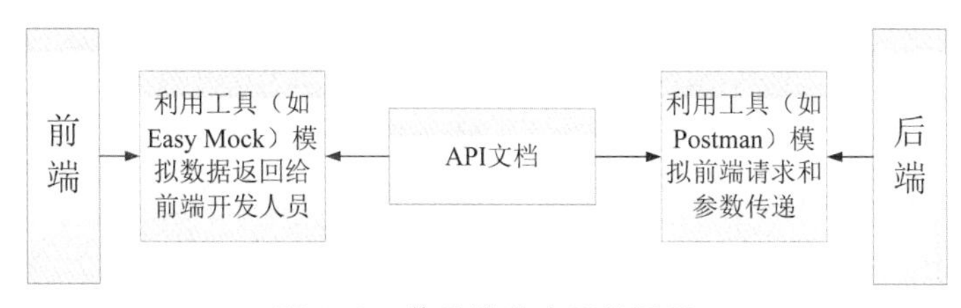

图 9-1 前后端分离开发图示

在图 9-1 中，前后端要想实现分离，在开发之前必须约定并设计好 API 文档，API 文档可以是 Word、Excel 形式的文件，也可以是 swagger 等成熟的 API 文档生成框架，具体可根据项目开发需求进行选择。这里不做过多的介绍。另外，关于前端模拟数据和后端模拟请求的工具，推荐读者参考官方文档进行学习，这里不做过多介绍。

9.2 项 目 介 绍

9.2.1 项目展示

本项目是一个轻社区，主要完成用户管理（注册、登录、退出、修改用户个人信息等）、分类管理、主题管理和评论管理功能。效果如图 9-2~图 9-7 所示。

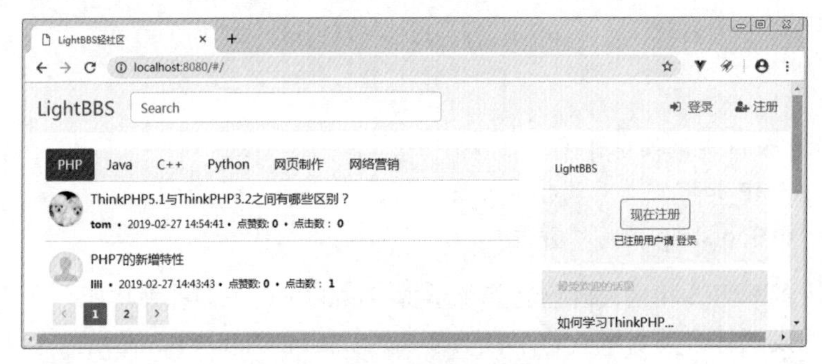

图 9-2 轻社区首页

图 9-3 用户注册

图 9-4 用户登录

图 9-5 个人信息

图 9-6　发布主题

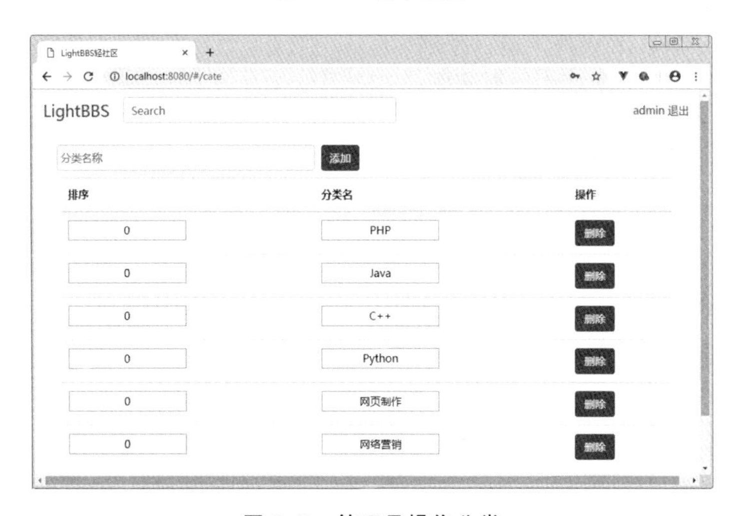

图 9-7　管理员操作分类

9.2.2　需求分析

“LightBBS”是一个交流的轻社区平台，主要用于某类主题的讨论与分享。社区中的分类只有管理员用户才可以添加、修改和删除。普通用户注册后，则可以在社区中发布话题，对某个话题进行评论、点赞或取消点赞。用户注册后可在个人中心上传头像、修改邮箱、重置密码、修改用户名或找回密码。关于本项目的具体需求如下。

（1）用户管理：包括用户注册、登录、退出功能。注册的用户必须填写邮箱，只有在邮箱激活后，才可使用注册的账号登录，在忘记密码时，填写此邮箱即可找回用户密码。登录后还可到个人用户中心上传用户头像、修改用户名、重置密码和修改邮箱。

（2）分类管理：只有管理员用户才能操作分类，实现分类的添加、修改和删除操作。

（3）主题管理：只有登录的用户才可以发布主题，主题发布后，当前登录的用户可以修改和删除该用户发表过的主题。

（4）评论管理：只有登录的用户才可以对主题进行评论，并可编辑或删除当前登录用户发表的评论。

9.2.3 技术方案

本项目是一个前后端分离的轻社区，本书在配套源代码中提供了已经开发完成的前端 API，用于提供轻社区平台的前端页面展示。下面将针对前端和后端所用到的技术方案进行介绍。

1. 前端方案

- Vue.js：用于构建用户界面的渐进式框架。
- Vuex：实现响应式统一存储状态，例如用户登录状态。
- Vue Router：统一管理 Vue.js 项目中的路由。
- Axios：用于实现异步请求，从后端接口获取数据。
- Bootstrap：快速构建前台响应式页面。
- Font Awesome：提供图标字体库。

2. 后端方案

- Apache：用于提供 Web 服务器的基础功能。
- MySQL：用于提供数据库服务器功能。
- Redis：用于临时存储邮箱验证的 key 值。
- PHP：负责处理 Apache 的动态请求，并与 MySQL 服务器进行交互。
- ThinkPHP：用于快速实现 Web 开发的 PHP 开发框架。
- PHPMailer：为 PHP 提供发送邮件的功能。

9.2.4 数据库设计

根据项目开发需求，创建 lightbbs 数据库，并在该数据库中创建数据表，如表 9-1~表 9-5 所示。

表 9-1　用户表

字 段 名	数据类型和约束	说　明
id	INT PRIMARY KEY AUTO_INCREMENT	用户 id
name	VARCHAR(100) NOT NULL UNIQUE DEFAULT ''	用户名
password	VARCHAR(255) NOT NULL DEFAULT ''	密码
salt	CHAR(32) NOT NULL DEFAULT ''	密码盐
email	VARCHAR(128) NOT NULL DEFAULT ''	邮箱
is_active	INT UNSIGNED NOT NULL DEFAULT 0	邮箱是否激活
role	VARCHAR(100) NOT NULL DEFAULT 'user'	用户角色
img_url	VARCHAR(255) NOT NULL DEFAULT ''	用户头像地址
create_time	TIMESTAMP NOT NULL DEFAULT CURRENT_TIMESTAMP	注册时间
update_time	TIMESTAMP NULL DEFAULT NULL	更新时间

在表 9-1 中，salt 用于保存密码加密的随机值，role 默认值为 user，表示普通用户，admin 表示管理员用户。is_active 表示邮箱是否激活，默认值 0 未激活，1 表示已激活。

表 9-2 分类表

字 段 名	数据类型和约束	说 明
id	INT PRIMARY KEY AUTO_INCREMENT	分类 id
name	VARCHAR(100) NOT NULL DEFAULT ''	名称
sort	INT NOT NULL DEFAULT 0	排序
create_time	TIMESTAMP NOT NULL DEFAULT CURRENT_TIMESTAMP	创建时间
update_time	TIMESTAMP NULL DEFAULT NULL	更新时间

表 9-3 主题表

字 段 名	数据类型和约束	说 明
id	INT PRIMARY KEY AUTO_INCREMENT	主题 id
title	VARCHAR(100) NOT NULL DEFAULT ''	标题
category_id	INT NOT NULL DEFAULT 0	分类 id
content	TEXT NOT NULL	主题内容
user_id	INT UNSIGNED NOT NULL DEFAULT 0	用户 id
is_show	TINYINT UNSIGNED NOT NULL DEFAULT 1	是否显示
hits	INT UNSIGNED NOT NULL DEFAULT 0	点击量
likenum	INT UNSIGNED NOT NULL DEFAULT 0	点赞量
create_time	TIMESTAMP NOT NULL DEFAULT CURRENT_TIMESTAMP	创建时间
update_time	TIMESTAMP NULL DEFAULT NULL	更新时间

在表 9-3 中，为方便根据分类快速查询数据到主题数据，建议为 category_id 字段创建索引。

表 9-4 回复表

字 段 名	数据类型和约束	说 明
id	INT UNSIGNED PRIMARY KEY AUTO_INCREMENT	回复 id
topic_id	INT UNSIGNED NOT NULL DEFAULT 0	主题 id
user_id	INT UNSIGNED NOT NULL DEFAULT 0	用户 id
content	TEXT NOT NULL	回复内容
is_show	TINYINT UNSIGNED NOT NULL DEFAULT 1	是否显示
create_time	TIMESTAMP NOT NULL DEFAULT CURRENT_TIMESTAMP	回复时间
update_time	TIMESTAMP NULL DEFAULT NULL	更新时间

表 9-5 点赞表

字 段 名	数据类型和约束	说 明
id	INT UNSIGNED PRIMARY KEY AUTO_INCREMENT	点赞 id
topic_id	INT UNSIGNED NOT NULL DEFAULT 0	主题 id
user_id	INT UNSIGNED NOT NULL DEFAULT 0	用户 id
create_time	TIMESTAMP NOT NULL DEFAULT CURRENT_TIMESTAMP	点赞时间
update_time	TIMESTAMP NULL DEFAULT NULL	更新时间

9.3 项目开发说明

在本书的配套源代码包中，提供了本项目的所有源代码和开发文档，读者可通过这些资源进行学习。开发文档的大纲如表 9-6 所示。

表 9-6 轻社区项目开发文档

9.1【准备工作】搭建开发环境 9.1.1 配置虚拟主机 9.1.2 项目部署 9.1.3 目录结构	9.7【任务 6】后端 API-评论管理 9.7.1 任务描述 9.7.2 接口分析 9.7.3 代码实现
9.2【任务 1】后端 API-登录管理 9.2.1 任务描述 9.2.2 接口分析 9.2.3 代码实现	9.8【任务 7】前端开发-登录与注册管理 9.8.1 任务描述 9.8.2 接口分析 9.8.3 代码实现
9.3【任务 2】后端 API-用户管理 9.3.1 任务描述 9.3.2 接口分析 9.3.3 代码实现	9.9【任务 8】前端开发-用户管理 9.9.1 任务描述 9.9.2 接口分析 9.9.3 代码实现
9.4【任务 3】后端 API-分类管理 9.4.1 任务描述 9.4.2 接口分析 9.4.3 代码实现	9.10【任务 9】前端开发-分类管理 9.10.1 任务描述 9.10.2 接口分析 9.10.3 代码实现
9.5【任务 4】后端 API-主题管理 9.5.1 任务描述 9.5.2 接口分析 9.5.3 代码实现	9.11【任务 10】前端开发-主题管理 9.11.1 任务描述 9.11.2 接口分析 9.11.3 代码实现
9.6【任务 5】后端 API-点赞管理 9.6.1 任务描述 9.6.2 接口分析 9.6.3 代码实现	9.12【任务 11】前端开发-点赞管理 9.12.1 任务描述 9.12.2 接口分析 9.12.3 代码实现

本章小结

本章通过轻社区项目的开发，带领读者了解什么是前后端分离开发，如何通过 API 接口进行数据交互。通过本章项目的学习，读者需要将所学技术运用到项目开发中，对前后端分离开发有一定的认识。